U0742818

高等职业教育（本科）机电类专业系列教材

# 工程材料与热成型

主　编◎张文灼　赵宇辉　王　林

副主编◎赵　博　戴艳涛　赵红美　孙宏强

参　编◎田姗姗　张鹏跃　王　刚　李胜利

主　审◎刘雅俊　朱承科

机械工业出版社

CHINA MACHINE PRESS

全书由 10 个模块构成，系统介绍了工程材料及其性能、金属学知识、铁碳合金及碳素钢、钢的热处理、合金钢及硬质合金、铸铁、有色金属及其合金、非金属材料及新型材料、机械零件选材、零件毛坯的热成形工艺。设计了 9 个典型且易操作的实践任务穿插于书中，结构合理，便于理实一体化教学。

本书由多所一流公办职业技术大学的具有多年教学经验的骨干教师与资深企业工程师共同编写，理论够用、突出应用，突破传统体例、创新内容，让教师与学生"双轻松"，即"教师愉快教"与"学生快乐学"，双色印刷，配有大量工程实物图，融入大量与本书内容高度契合的素质教育元素，正文关键处恰当设置"便签式"生产经验提示和知识链接，配有催人奋进和趣味盎然的"拓展阅读"，注重激发读者的好奇心和求知欲。

本书适合高等职业教育本科和应用型本科装备制造大类专业学生使用，也可用于高等职业教育专科、中等职业教育、成人教育、自学考试和相关专业人员的培训教材及参考书。

为方便教学，本书配有 PPT 课件和 Word 版的教案、课程标准、教学指南、习题答案、模拟试卷及参考答案等，还有助学动画，凡选用本书作为授课教材的教师，均可登录机械工业出版社教育服务网（http://www.cmpedu.com）注册后免费下载。

图书在版编目（CIP）数据

工程材料与热成型／张文灼，赵宇辉，王林主编．
北京：机械工业出版社，2025. 5. -- （高等职业教育（本科）机电类专业系列教材）. -- ISBN 978-7-111-78188-2

Ⅰ. TB3
中国国家版本馆 CIP 数据核字第 202584AB69 号

机械工业出版社（北京市百万庄大街 22 号　邮政编码 100037）
策划编辑：王宗锋　　　　　　责任编辑：王宗锋　王　宁
责任校对：张爱妮　张　征　　封面设计：马精明
责任印制：任维东
三河市航远印刷有限公司印刷
2025 年 8 月第 1 版第 1 次印刷
184mm×260mm · 18 印张 · 469 千字
标准书号：ISBN 978-7-111-78188-2
定价：55.00 元

电话服务　　　　　　　　　网络服务
客服电话：010-88361066　　机　工　官　网：www.cmpbook.com
　　　　　010-88379833　　机　工　官　博：weibo.com/cmp1952
　　　　　010-68326294　　金　书　网：www.golden-book.com
**封底无防伪标均为盗版**　机工教育服务网：www.cmpedu.com

# 前言 PREFACE

本书是为了适应新时期高端技能人才培养需求，解决高等职业教育本科教材短缺问题，满足新技术、新标准的发展与应用以及高等职业教育本科教育改革趋势，在广泛调研的基础上，结合多所公办职业技术大学的建设实践和"双高"建设成果，组织优秀团队，吸收优秀企业资深工程师，总结编者多年教学经验、教材编写经验编写而成的。

本书以满足本科属性且突出职业特征为原则，充分体现"理论知识宽厚，职业特征明显"，充分考虑如何有利于教与学，以广受欢迎、发行量很大的高等职业教育专科教材（《机械工程材料与热处理》，ISBN：978-7-111-74731-4）为蓝本，从充实理论、优化案例、升级内容、改进资源四个维度进行了全面升级，以满足当前高等职业教育本科和应用型本科相关专业的教学需要。设计方式和内容选择注重激发学生的好奇心和求知欲，引起其主动阅读的兴趣，在愉悦的阅读过程中逐步拓宽视野。

本书最大特色为基于岗位、针对职业本科进行模块化设计，让教师与学生"双轻松"，即"教师愉快教"，"学生快乐学"，具体体现如下：

（1）校企联合开发，体现"五新"　联合行业龙头企业资深工程师共同开发，将新技术、新工艺、新标准、新规范和新材料纳入教材，确保全部采用现行国家标准及符号，内容紧跟前沿。

（2）"岗课证"融通，针对高等职业教育本科编排　整合校企资源，围绕工程材料选用与金属热处理、热成形岗位的实际要求和相关职业资格证书的内容，专门针对高等职业教育本科学生特点编排，确保理论够用，注重突出工程材料的性能和典型应用，双色印刷、图文并茂，设置了大量工程实物图片方便学生感性认识。

（3）模块化设计，三级递进教学　教材划分为10个模块和9个实践任务，每个模块由课前学习引导（思维导图、引导案例、课前思考与预习）、课中学习（专业知识、实践任务）、课后能力拓展（案例释疑、拓展阅读、模块小结、模块考核与评价）组成，三级递进，逐步深化，强化生产性资源，注重过程性考核。

（4）坚持立德树人，深挖素质教育元素　融入了大量与教材内容高度契合的"社会主义伟大成就""攻关卡脖子""大爱无疆""大国工匠""劳动精神""职业素养""民族瑰宝"等新时代素质教育元素，如盐入水、有味无痕。

（5）案例导引、导读，调动学习主动性　每个模块以有趣而又典型的"引导案例"切入，并设置了恰当的"案例导读"，把握学生兴趣，创建学习情境，提出疑问，引出相关内容，在模块末尾给出"案例释疑"，充分调动学生的学习积极性。

（6）便于学习、备课和授课　知识条目化、浅显化，嵌入丰富的二维码微课，并在正文关键处恰当设置"便签式"的生产经验提示，配有催人奋进或趣味盎然的"拓展阅读"；配有授课PPT课件、教案、练习题及参考答案。

本书由河北工业职业技术大学张文灼、赵宇辉，新疆生产建设兵团兴新职业技术学院王林任主编；广东轻工职业技术大学赵博、哈尔滨职业技术大学戴艳涛、唐山工业职业技术大学赵红美、石家庄学院孙宏强任副主编；河北工业职业技术大学田姗姗、张鹏跃、王刚，河北华北柴油机有限责任公司李胜利参与编写。本书由张文灼、赵宇辉、王林负责全书总策划，并对全书统一修改、定稿。

本书为校企合作教材，河北华北柴油机有限责任公司李胜利提供了丰富的企业案例资源，对现场生产教学视频内容进行了审核，提供了许多本领域内的新技术、新工艺、新标准、新规范和新材料。

本书由河北科技师范学院刘雅俊和新疆生产建设兵团兴新职业技术学院朱承科主审，他们对全书进行了认真细致的审阅，提出了许多宝贵意见和建议，在此谨表谢意。

由于高等职业教育本科教育教学改革尚在不断探索中，加之编者水平所限，书中不妥之处在所难免，敬请广大同行、专家和读者批评指正，以便改进，建议和意见请发至 JXGCCL@126.com，不胜感激。

编　者

# 二维码索引 | QR CODE INDEX

（续）

（续）

# 目录 CONTENTS

# 绪 论

**材料的重要地位与发展历史**

从古到今，材料与人类日常生活密切相关，材料的发展与进步不断改善与提高人类的生活质量，每一种新材料的发现，每一项新材料技术的应用，都会给社会生产和人类生活带来巨大改变，将人类文明推向前进。材料的发展进程如图 0-1 所示。

图 0-1　材料的发展进程

### 1. 石器时代

早在公元前 6000—前 5000 年的新石器时代，中华民族先人就能用黏土烧制陶器，到东汉时期又出现瓷器，并流传海外。

### 2. 青铜时代

在 4000 年前的夏朝，我们的祖先就已经能够炼铜，到殷商时期，我国的青铜冶炼和铸造技术已经达到很高的水平。后母戊鼎（旧称为司母戊鼎）是我国商代后期王室祭祀用的青铜方鼎，1939 年 3 月 19 日在河南省安阳市武官村的野地中出土，因其腹部著有"后母戊"三字而得名，现藏于中国国家博物馆。后母戊鼎器型高大厚重，又称为后母戊大方鼎，高 133cm，口长 112cm，口宽 79.2cm，重 832.84kg，鼎腹长方形，上竖两只直耳，下有四根圆柱形鼎足，是目前世界已出土的最重的青铜器（见图 0-2）。

图 0-2　后母戊鼎

### 3. 铁器时代

从春秋战国时期开始，人们大量使用铁器；东汉时传入欧洲，从西汉到明朝的 1500 多年间，其技术均远远超过欧洲。

**4. 钢铁时代**

19 世纪发展起来的现代钢铁材料推动了机器制造工业的飞速发展，为 20 世纪的物质文明奠定了基础。

**5. 新材料时代**

半个多世纪以来，合成高分子材料、新兴陶瓷材料、复合材料如雨后春笋般涌现出来，丰富着我们的生产和生活。就现代生活而言，人们的衣、食、住、行、休闲及娱乐更是样样离不开新材料，以穿衣为例，衣料早已由天然的棉、毛、丝及麻发展到各种的人造纤维（人造棉）与合成纤维（尼龙、的确良、腈纶等）。现今世界上编织纤维中已有约 54% 是化学纤维，化学纤维不仅具有耐磨损、不起皱及色泽鲜艳等优点，而且生成过程不占用耕地。

## 单元 0.2　常用工程材料的分类

认识常用工程材料

工程材料是指在机械、船舶、化工、建筑、车辆、仪表及航空航天等工程领域中用于制造工程构件和机械零件的材料。

**1. 分类**

（1）按化学组成分　主要包括金属材料和非金属材料两大类。金属材料包括纯金属与合金；非金属材料包括高分子材料、陶瓷材料和复合材料等。工程材料的分类如图 0-3 所示。

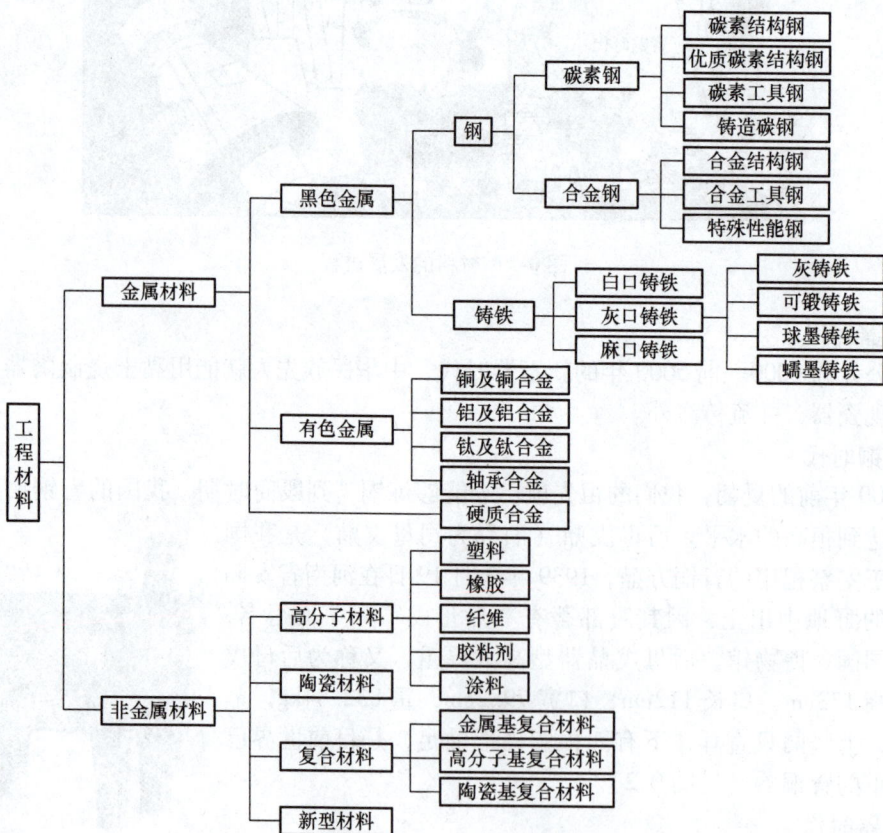

图 0-3　工程材料的分类

（2）按使用性能分　分为结构材料和功能材料。

（3）按使用领域分　分为信息材料、能源材料、建筑材料、机械工程材料和生物材料。

**2. 金属材料**

金属材料是以金属元素或金属元素为主构成的具有金属特性的材料的统称。金属材料又可分为黑色金属材料和有色金属材料两类，黑色金属材料主要是指各类钢和铸铁，有色金属材料是除黑色金属材料之外的其他金属材料的统称，主要是指铝、铜、锌、镁、铅、钛、锡等及其合金。

金属材料是现代机械制造业的基本材料，广泛应用于工业生产和生活用品制造。纯金属在工业生产中虽然具有一定的用途，但是由于它的强度、硬度一般都较低，而且冶炼技术复杂，价格较高，所以在使用上受到很大的限制。目前在工农业生产、建筑及国防建设中，广泛采用的是合金状态的金属材料。

**3. 合金材料**

合金材料是指两种或两种以上的金属元素或金属元素与非金属元素组成的金属材料，如普通黄铜是由铜和锌两种金属元素组成的合金，普通白铜是由铜和镍两种金属元素组成的合金，碳素钢是由铁元素和碳元素组成的合金。合金具有较好的力学性能，还可以通过调整合金的组成元素之间的比例，获得一系列性能不同的合金，从而满足生产中的不同需求。

当今社会科学技术突飞猛进，新材料层出不穷，而且使用量也不断增加，但到目前为止，在机械工业中使用最多的材料仍然是金属材料，主要是因为它具有优良的使用性能和加工工艺性能。

🔊 **生产经验提示**：各种机械设备、汽车、船舶、飞机和军用装备的设计师们，精心设计出自己的产品后，都需选用恰当的材料来制造，从而保证制成的产品具有最佳形貌和性能。如选材不当，产品将不能发挥出最佳性能，并可能导致使用寿命降低或成本太高而失去市场竞争力。所以，从事机械设计与制造的工程技术人员，必须对经常使用的各类材料有一定了解。

## 单元0.3　热成形技术的发展及地位

机械产品的制造过程一般是将工程材料制成零件的毛坯或半成品，再经过机械加工制成所需零件，最后将零件装配成机械产品，如图0-4所示。

图0-4　机械产品的制造过程简图

热成形加工是指铸造、锻造及焊接等工艺方法。商朝铸造的后母戊鼎是世界上迄今出土的最大最重的青铜器，经测定，大鼎含铜84.77%、锡11.64%、铅2.79%，其他0.8%，与古文献记载制鼎的铜锡比例基本相符，制作如此大型器物，所需金属原料在 1000kg 以上，且须有较大熔炉，在塑造泥模、翻制陶范及合范灌注等环节中，存在一系列复杂的技术问题，后母戊鼎的铸造充分说明 3000 多年前的商代青铜铸造业宏大的生产规模和高超的技术水平；河南辉县战国墓中出土的铜器，其本体、耳、足部都是用锡钎焊和银钎焊连接，比欧洲国家应用钎焊技术早 2000 多年；河北藁城出土的商朝铁刃铜钺，说明在 3000 多年前我国就掌握了锻造技术。如今，我国的铸造、锻造、焊接正朝着高速、自动、精密化方向快速发展。

据统计，在机床和通用机械中铸件质量占 70% ~ 80%；在农业机械中铸件质量占 40% ~ 70%；在汽车中铸件质量约占 20%，锻件质量约占 70%；飞机上的锻件质量约占 85%；发电设备中的主要零件如主轴、叶轮、转子等，其毛坯均为锻件；家用电器和通信产品中 60% ~ 80% 的零部件是冲压件和塑料成型件。图 0-5 所示为某轿车外部组成及材料的选择和成形方法，图 0-6 所示为某轿车内部组成及材料的选择和成形方法。

图 0-5　某轿车外部组成及材料的选择和成形方法

图 0-6　某轿车内部组成及材料的选择和成形方法

## 单元0.4　课程性质、目的及学习方法

**1. 课程性质与目的**

本课程是研究机械零件常用材料和热成形工艺的一门专业基础必修课，有较强的理论性和应用性。目的是使学生在掌握机械工程材料基本理论及知识的基础上，具备根据机械零件使用条件和性能要求进行合理选材及制订零件热加工工艺路线的初步能力。

**2. 课程主要内容**

课程整体分为两部分：第一部分为机械工程材料，主要是从材料（重点是金属材料）的使用出发，紧紧围绕材料的化学成分、组织结构和性能的关系，阐述各类材料的性能，改善材料性能的途径（主要是热处理工艺）以及合理选择材料、使用材料的原则和方法；第二部分为热成形工艺基础，主要介绍各种热成形工艺的基本原理、工艺特点和应用场合，使学生具有进行材料热成形工艺分析和合理选择毛坯（或零件）成形方法的初步能力，以及综合运用工艺知识分析零件结构工艺性的初步能力，并了解与材料成形技术有关的新材料、新工艺及其发展趋势。

**3. 课程学习方法**

本课程是一门体系较为庞杂、知识点多而分散的课程，因此在学习中要注意抓好课程的主线。对于机械工程材料部分，其内容基本上是围绕着材料的"成分—性能—应用"这条主线开展；对于热成形工艺基础部分，其内容基本上都是围绕着"工艺原理—成形方法及应用—成形工艺设计—工件的结构工艺性"这样一条主线开展的。按照主线对知识点进行归纳整理，将有利于在学习中保持清晰的思路，有利于对本课程内容的总体把握。

# 模块1　测定工程材料的常见性能指标

## 能力目标

◇ 掌握金属材料常用力学性能指标的测定方法及其工程意义。

◇ 掌握强度、塑性、硬度、冲击韧度及疲劳强度等指标的测定方法和工程意义。

◇ 理解金属材料的物理、化学及工艺性能以及工程意义。

## 素质目标

◇ 树立为国担当的信念，国家的发展离不开制造业的强大，我们要扎实学习，以求报国。

◇ 新时期，上到探月飞船，下到深海潜艇，以及工业中各种机器和各类生活日用品，对可靠性和寿命要求越来越高，材料的选择非常关键，学好工程材料及其常见性能指标至关重要。

◇ 培养分析、归纳和总结的能力，将知识性内容合理归纳，帮助理解。

◇ 培养细致耐心的学习态度与浓厚的兴趣，走上材料分析与选用之路，将来为社会贡献力量。

◇ 培养严谨的工作态度，在各性能指标测定中，每步操作均需按照操作规范进行，否则无法得出准确数值。

## 课前学习引导

### 思维导图

工程材料及其性能
- 金属材料的常用力学性能
  - 金属材料所受载荷与常用力学性能
  - 强度
  - 塑性
  - 硬度
  - 韧性
  - 疲劳强度
  - 金属材料的高温、低温力学性能
- 金属材料的工艺性能
- 金属材料的物理性能和化学性能
  - 物理性能
  - 化学性能

## 引导案例——金属疲劳引发的一起航空事故

2011年4月1日下午，某国一架波音737客机起飞40min后，因"机舱失压"紧急降落，在"令人恐惧的4min"内从10900m高空坠至3300m的位置，急降7600m。所幸飞行员临危不乱，成功迫降到某机场，仅一名空乘人员受轻伤。

事后一名乘客回忆，"我突然被惊醒，听到'类似枪声'的声音，随后看见机舱顶部撕裂了一个洞，就在靠近行李架的位置。"另一名乘客说："机组刚刚发过饮料，突然听到响声，大家的氧气面罩全都弹出去了。"由于飞机急速下坠，机舱气压下降，一名乘客和一名空乘人员因缺氧而昏倒，头部撞在一起。一些人目睹这一切，因恐惧而哭泣。

相关部门调查结果显示，此次事故是机身破损引起的。飞机机舱顶部有一个6ft（约1.8m）的破洞（如图1-1所示，左图和右图分别为机身内、外部破损情况）。专家表示，机身破损是由金属疲劳现象引起的。

金属疲劳其实是工程材料的一种力学性能指标，那么什么是"金属疲劳"呢？工程材料还有哪些性能指标呢？

图1-1 失事飞机机舱顶因金属疲劳出现破洞

## 课前思考与预习

1. 根据引导案例，进行思考与预习。
2. 你能区分生活中遇到的钢件与铸铁件吗？它们有什么区别？列举几种区分方法。
3. 根据思维导图，梳理知识点，扫描二维码预习相关知识。

## 学习备忘

--------------------------------------------------------------------------------

--------------------------------------------------------------------------------

--------------------------------------------------------------------------------

--------------------------------------------------------------------------------

--------------------------------------------------------------------------------

--------------------------------------------------------------------------------

为了正确地使用工程材料，我们应充分了解和掌握材料的性能。通常所说的工程材料的性能有两个方面的意义：一是材料的使用性能，二是材料的工艺性能。

材料的使用性能是指材料在使用条件下表现出的性能，包括强度、塑性、韧性等力学性能，声、光、电、磁等物理性能，以及耐蚀性、抗氧化、耐热性等化学性能。材料的工艺性能是指材料在加工过程中表现出的性能，如铸造性能、锻造性能、焊接性能、热处理性能及切削加工性能等。

## 单元1.1 测定金属材料的常用力学性能

## 案例导读

某单位购进一批螺纹钢用于建造桥梁，如图1-2所示，为确保桥梁的安全性，需要对螺纹钢进行抽检，你认为应从哪些方面进行检测，哪些性能指标最关键？下面我们学习测定金属材料力学性能的方法。

在机械制造业中，大多数机械零件或构件都是用金属材料制成的，并在不同的载荷与环境条件下服役。如果金属材料对变形和断裂的抗力与服役条件不相适应，就会使机械零件构件失去预定的效能而损坏，即产生所谓"失效现象"。常见的失效形式有断裂、磨损、过量弹性变形和过量塑性变形等。从零件的服役条件和失效分析出发，找出各种失效抗力指标，就是该零件应具备的力学性能指标。

图1-2 螺纹钢

掌握材料的力学性能不仅是设计零件、选用材料时的重要依据，而且是按验收技术标准来鉴定材料的依据，以及对产品的工艺进行质量控制的重要参数。当外加载荷的性质、环境的温度与介质等外在因素不同时，对金属材料要求的力学性能也将不同。

### 1.1.1 分析金属材料所受载荷与常用力学性能

**1. 金属材料承受的载荷**

金属材料在加工和使用过程中所受到的外力称为载荷。按外力的作用性质不同，常分为如下三种：

（1）静载荷 大小不变或变化很慢的载荷称为静载荷。如桌上放置重量不变的箱子，桌子所受的力；机床的主轴箱对机床床身的压力等。

（2）冲击载荷 突然增加或消失的载荷称为冲击载荷。例如，在墙上钉钉子，钉子所受的力；空气锤锤头下落时锤杆所承受的载荷；冲压时压力机对冲模的冲击作用等。

（3）交变载荷 周期性的动载荷称为交变载荷，如机床主轴就是在交变载荷的作用下工作的。

根据作用形式不同，载荷又可分为拉伸载荷、压缩载荷、弯曲载荷、剪切载荷和扭转载荷等，如图1-3所示。

a) 拉伸载荷　　b) 压缩载荷　　c) 弯曲载荷　　d) 剪切载荷　　e) 扭转载荷

图1-3 载荷的作用形式

**2. 载荷下的变形**

（1）弹性变形 随外力消除而消失的变形称为弹性变形。

（2）塑性变形 当外力去除时，不能恢复的变形称为塑性变形。

**3. 常用力学性能指标**

金属材料的力学性能是指材料在各种载荷作用下表现出来的抵抗变形和断裂的能力。常用的力学性能指标有强度、塑性、硬度、冲击韧度及疲劳强度等，它们是衡量材料性能和决定材料应用范围的重要指标。

🔊 **生产经验提示**：近几年国家新标准不断推行并得到应用，但在工程实际以及很多资料和书籍中，依然能看到或用到老标准，常用工程材料力学性能指标符号新旧标准对比见表 1-1。

表 1-1　常用工程材料力学性能指标符号新旧标准对比

| 新标准 | | 旧标准 | |
|---|---|---|---|
| 符号 | 名称 | 符号 | 名称 |
| $R_m$ | 抗拉强度 | $\sigma_b$ | 抗拉强度 |
| $R_{eL}$、$R_{eH}$ | 下屈服强度、上屈服强度 | $\sigma_s$ | 屈服强度 |
| $R_{p0.2}$ | 条件（名义）屈服强度 | $\sigma_{0.2}$ | 条件屈服强度 |
| $A$ | 断后伸长率 | $\delta$ | 伸长率 |
| $Z$ | 断面收缩率 | $\Psi$ | 断面收缩率 |
| $K(KU、KV)$ | 吸收能量（冲击吸收功） | $A(A_{KU}、A_{KV})$ | 吸收能量（冲击吸收功） |
| $S$ | 疲劳强度 | $\sigma_{-1}$ | 疲劳强度 |

## 1.1.2　强度

金属材料在载荷作用下抵抗塑性变形或断裂的能力称为**强度**。材料强度越高，可承受的载荷越大。不同金属材料的强度指标，可通过拉伸试验和其他力学性能试验方法测定。

测定金属材料的强度

### 1. 拉伸试验

试验前，如图 1-4 所示，将被测试的金属材料制成标准试样，将标准试样装夹在拉伸试验机上，然后对其逐渐施加拉伸载荷 $F$，同时连续测量力和试样相应的伸长，直至试样被拉断，可得到拉力 $F$ 与伸长量 $\Delta l$ 的关系曲线图，即 $F-\Delta l$ 曲线，纵坐标表示力 $F$，单位为 N；横坐标表示伸长量 $\Delta l$，单位为 mm。$F-\Delta l$ 曲线反映了金属材料在拉伸过程中从弹性变形到断裂的全部力学特性。

a) 拉伸试样及局部缩颈

b) 拉伸试验机

拉伸曲线原理动画

c) $F-\Delta l$ 曲线

图 1-4　拉伸试样、拉伸试验机及 $F-\Delta l$ 曲线

由图 1-4 可知，拉伸过程分为如下几个阶段：

（1）$Oe$——弹性变形阶段　试样在外力作用下均匀伸长，伸长量与拉力大小保持正比关系，$e$ 点所对应的应力点为弹性极限。

（2）$es$——屈服阶段　试样所受的拉力超过 $e$ 点后，材料除产生弹性变形外，开始出现塑性变形，拉力与伸长量之间不再保持正比关系，拉力达到图形中 $s$ 点后，即使拉力不再增加，材料仍会伸长一定距离，即 $s$ 点右侧的接近水平或锯齿状的线段，此现象称为"屈服"，标志着材料在此处丧失了抵抗塑性变形的能力，并产生微量的塑性变形。"屈服"时所对应的应力 $R_e$ 称为屈服强度。

（3）$sb$——塑性变形阶段　试样所受的载荷大小超过 $s$ 点后，试样的变形随拉力的增大而逐渐增大，试样发生均匀而明显的塑性变形。

（4）$bk$——缩颈阶段　当试样所受的力达到 $k$ 点后，试样在标距长度内直径明显地出现局部变细，即"缩颈"现象。由于横截面积的减小，变形集中在"缩颈"处，试样保持持续拉长到断裂，所需的拉力逐渐下降，在 $k$ 点试样断裂。

**2. 强度指标**

根据外力作用方式的不同，强度有多种指标，如抗拉强度、抗压强度、抗弯强度、抗剪强度和抗扭强度等，常用的强度指标有屈服强度、抗拉强度和刚度。

（1）屈服强度 $R_e$（MPa）　屈服强度指材料呈屈服现象时产生塑性变形而力不增加时的应力点，应区分上屈服强度 $R_{eH}$ 和下屈服强度 $R_{eL}$，它们是机械设计的主要依据，也是评定金属材料优劣的重要指标，计算公式为

$$R_{eH} = F_{eH}/S_0$$
$$R_{eL} = F_{eL}/S_0$$

式中，$F_{eH}$ 为试样发生屈服而力首次下降前的最大力（N）；$F_{eL}$ 为试样在屈服期间不计初始瞬时效应时的最小力（N）；$S_0$ 为试样原始横截面面积（$mm^2$）。

高碳钢、铸铁等无明显屈服现象的材料，用试样标距长度产生 0.2% 塑性变形时的应力值作为屈服强度，用 $R_{p0.2}$ 表示，称为条件（名义）屈服强度。

（2）抗拉强度 $R_m$（MPa）　抗拉强度指材料抵抗外力而不致断裂的最大应力值，是机械零件评定和选材时的重要强度指标，计算公式为

$$R_m = F_m/S_0$$

式中，$F_m$ 为试样在断裂前所受的最大外力（N）；$S_0$ 为试样原始横截面面积（$mm^2$）。

强度是材料的重要性能指标，一般零件使用时不允许发生塑性变形，也就是要求零件所受应力要小于屈服强度，所以选材设计的主要依据是屈服强度。$R_e/R_m$ 的值称为屈强比。屈强比越小，说明工程构件的屈服点距离断裂点越远，可靠性越高，也就是万一超载也不至于马上断裂。但屈强比小，材料强度有效利用率也低。

> 🔊 **生产经验提示**：在不允许零件发生塑性变形（即失效）的情况下，选用屈服强度来作为设计和评定依据，如紧固螺栓、连杆和销轴等；而对于产生塑性变形要求不严格但要保证不产生断裂的零件，选用抗拉强度作为设计和评定指标更为合理。

（3）刚度　材料在受力时抵抗弹性变形的能力称为刚度，它表示材料弹性变形的难易程度。材料刚度的大小一般用弹性模量 $E$ 和切变模量 $G$ 来评价。材料在弹性范围内，内应力与应变的关系服从胡克定律，即

$$\sigma = E\varepsilon \ 或 \ \tau = G\gamma$$

式中，$\sigma$、$\tau$ 为正应力和切应力；$\varepsilon$、$\gamma$ 为正应变和切应变。

从图 1-4 中可以看出，弹性模量 $E$ 是 $F - \Delta l$ 曲线 $Oe$ 的斜率，即斜率越大，弹性模量 $E$ 也越大，说明弹性变形越不容易进行。因此，$E$ 和 $G$ 是表示材料抵抗弹性变形能力和衡量材料刚度的指标。弹性模量越大，材料的刚度越大，即具有特定外形尺寸的零件或构件保持其原有形状与尺寸的能力越强。

绝大多数机器零件在工作时基本都是处于弹性变形阶段，即均会发生一定量的弹性变形。但若弹性变形量过大，则工件不能正常工作。如果说强度保证了材料不发生过量塑性变形甚至断裂的话，刚度则保证了材料不发生过量弹性变形，从这个角度来看，刚度和强度具有相同的技术意义，同等重要，因而机械设计既包括强度设计又包括刚度设计。

设计与选材时刚度很重要，必须考虑影响刚度的因素，原因在于：一是与稳态挠度有关（如镗床的镗杆）；二是与弹性能的储存与吸收有关（如弹簧等弹性元件）；三是与失稳引起的不能正常工作有关（如薄壁件扭曲及细长压杆屈曲）。

在设计中，如要求零件刚度大，应选用具有较高弹性模量的材料。一般来说，钢铁材料的弹性模量较大。例如，车床主轴应有足够的刚度，如果主轴刚度不足，车刀进给量大时，车床主轴的弹性变形就会变大，从而影响零件的加工精度。

### 1.1.3　塑性

材料在外力作用下，产生永久性不能自行恢复的变形而不破坏的性能称为塑性。塑性也是在拉伸试验中测定的，常用的塑性指标是断后伸长率和断面收缩率。

**1. 断后伸长率**

断后伸长率指试样拉断后标距长度的伸长量与标距原始长度之比值的百分率，用符号 $A$ 表示，计算公式为

$$A = \frac{L_u - L_0}{L_0} \times 100\%$$

式中，$L_0$ 为试样原始标距长度（mm）；$L_u$ 为试样拉断后的标距长度（mm）。

**2. 断面收缩率**

断面收缩率是指试样拉断后缩颈处横截面面积的最大缩减量与原始横截面面积的百分比，用符号 $Z$ 表示。$Z$ 不受试样尺寸的影响，计算公式为

$$Z = \frac{S_0 - S_u}{S_0} \times 100\%$$

式中，$S_0$ 为试样原始横截面面积；$S_u$ 为试样拉断后缩颈处横截面面积。

**3. 塑性的工程意义**

材料的 $A$ 值和 $Z$ 值越大，表示塑性越好。塑性好的金属材料如铜、铝、铁等，可以发生大量塑性变形而不被破坏，便于通过各种压力加工获得形状复杂的零件。工业纯铁 $A$ 值可达 50%，$Z$ 值可达 80%，可以拉成细丝，压成薄板；奥氏体不锈钢的 $A$ 值可达 40% ~ 60%，可深冲成型（见图 1-5）；铸铁的塑性很差，$A$ 值和 $Z$ 值几乎为零，不能进行塑性变形加工。塑性好的材料在受力过大时，由于首先产生塑性变形而不至于发生突然断裂，所以较安全。

图 1-5　不锈钢薄板深冲为水槽

## 1.1.4 测定硬度

硬度通常是指金属材料抵抗更硬物体压入其表面的能力，是金属抵抗其表面局部变形和破坏的能力，简单说就是材料的软硬程度。

通常材料越硬，其耐磨性越好。机械制造业所用的刀具、量具及模具等，都应具备足够的硬度，才能保证使用性能和寿命。有些机械零件如齿轮、轴承等，也要求一定的硬度，以保证足够的耐磨性和使用寿命。

目前常用的硬度测量方法是压入法，主要有布氏硬度试验、洛氏硬度试验和维氏硬度试验等，布氏硬度、洛氏硬度应用较为广泛。

**测定材料的布氏硬度**

### 1. 布氏硬度（HBW）

（1）原理与测定方法　布氏硬度试验如图 1-6 所示，用直径为 $D$ 的硬质合金球作为压头，以压力 $F$ 压入被测试样表面，保持规定时间后去除压力 $F$，在试样表面留下球形压痕。依据球面压痕单位表面积（由尺寸 $d$ 计算）上所承受的平均压力来测定布氏硬度值。布氏硬度常用符号 HBW 表示，计算公式为

$$HBW = \frac{F}{S} = 0.102 \times \frac{2F}{\pi D(D - \sqrt{D^2 - d^2})}$$

式中，$F$ 为试验力（N）；$S$ 为压痕表面积（$mm^2$）；$D$ 为硬质合金球直径（mm）；$d$ 为压痕平均直径（mm）。

**布氏硬度测试原理及过程模拟**

a) 原理图　　　　　　　　　b) 硬质合金钢球

图 1-6　布氏硬度试验

> 🔊 **生产经验提示**：工程实际中，在试验后，硬度值不需按公式计算。典型的布氏硬度仪器如图 1-7 所示，不论何种样式，标准配置中一般都含一个 20 倍压痕读数显微镜，用于读取压痕直径 $d$。根据压痕直径与布氏硬度对照表（见附录 A）可查出相应的布氏硬度值，但人为测量误差较大且工作效率低。如今，一种全新、高智能化的便携式布氏压痕自动测量仪已开始被采用，在被测件上压好压痕后，只要将测头放置在压痕上即可通过硬度仪的显示屏直接读取压痕直径 $d$，有的甚至可直接读取布氏硬度值。

（2）特点　一般来说，布氏硬度值越小，材料越软，其压痕直径越大；反之，布氏硬度值越大，材料越硬。布氏硬度试验的优点是具有较高的测量精度，压痕面积大，能在较大范围内反映材料的平均硬度，测得的硬度值也较准确，数据重复性强。

（3）应用　布氏硬度测量法适用于铸铁、非铁合金、各种退火及调质的钢材，不宜测定

a) 便携式　　　　　b) 普通式　　　　　c) 全自动数显式

图 1-7 典型布氏硬度仪器

太硬、太小、太薄和表面不允许有较大压痕的试样或工件。

（4）试验规范　测定硬度值时，由于金属材料有硬有软，被测工件有厚有薄，有大有小，如果只采用一种标准的试验力 $F$、加压保持时间和硬质合金球直径 $D$，就会对某些材料和工件产生不适应的现象。因此国家标准规定：试验力标准保持时间为 $10 \sim 15s$（根据协议可延长）；试验力的选择应保证压痕直径在 $0.24D \sim 0.6D$ 之间，并尽可能选择大的硬质合金球直径；试验力与硬质合金球直径二次方的比率（$0.102 \times F/D^2$）应根据材料和硬度选择。不同材料的试验力与硬质合金球直径二次方的比率见表 1-2。

表 1-2 不同材料的试验力与硬质合金球直径二次方的比率

| 材料 | 布氏硬度 HBW | 试验力与硬质合金球直径二次方的比率[2] $0.102 \times F/D^2/(N/mm^2)$ |
|---|---|---|
| 钢、镍基合金、钛合金 | | 30 |
| 铸铁[1] | $< 140$ | 10 |
| | $\geqslant 140$ | 30 |
| 铜和铜合金 | $< 35$ | 5 |
| | $35 \sim 200$ | 10 |
| | $> 200$ | 30 |
| 轻金属及其合金 | $< 35$ | 2.5 |
| | | 5 |
| | $35 \sim 80$ | 10 |
| | | 15 |
| | $> 80$ | 10 |
| | | 15 |
| 铅、锡 | | 1 |

① 对于铸铁试验，硬质合金球的名义直径应为 2.5mm、5mm 或 10mm。

② 试验力与硬质合金球直径二次方的比率可理解为施加在 1mm 直径的硬质合金球上的实验力对应的 kgf（千克力）值。

（5）布氏硬度表达方法　国家标准规定布氏硬度采用如下表达方式：

布氏硬度值 HBW　硬质合金球直径（mm）/施加的试验力对应的 kgf 值/保持时间（如用标准值 10～15s 可省略）。

如 600HBW 1/30/20，代表直径为 $\phi 1mm$ 的硬质合金球在 30kgf（294.2N）试验力下保持 20s 测定的布氏硬度值为 600。鉴于国家标准的普及程度，很多资料及工程实际中习惯只用 600HBW 的形式来表达。

**2. 洛氏硬度（HR）**

（1）原理与测定方法　洛氏硬度试验以直径为 $\phi 1.588mm$ 的淬火钢球或顶角为 120°的金刚石圆锥作为压头，先施加初载荷 $F_0$ 使压头与试样表面良好接触，再施加主载荷 $F_1$，保持规定时间后卸掉主载荷保持初载荷，依据由 $F_1$ 压入试样表面留下的深度来测定材料的洛氏硬度值，用符号 HR 表示。采用 120°的金刚石圆锥作为压头的洛氏硬度试验如图 1-8 所示，图中 $h_3$ 为卸掉主载荷压痕回弹后留下的深度，由主载荷压入的深度为 $h_3 - h_1$，即 $e$。

图 1-8　采用 120°的金刚石圆锥作为压头的洛氏硬度试验

材料的压痕深度越浅，其洛氏硬度越高；反之，洛氏硬度越低。计算公式为

$$HR = \frac{K - e}{0.002}$$

式中，$K$ 为常数，用金刚石圆锥作为压头时 $K$ 取 0.2mm，用淬火钢球作为压头时 $K$ 取 0.26mm；$e$ 为卸掉主载荷后试样表面由主载荷所形成的压痕深度（mm）。

（2）优缺点　洛氏硬度测定设备简单，操作迅速方便，可用来测定各种金属材料的硬度。测定仅产生很小的压痕，并不损坏零件，因而适合于成品检验，但测一点无代表性，不准确，需多点测量，然后取平均值。

（3）试验条件及应用　根据压头的种类和总载荷的大小，洛氏硬度根据所采用的标尺类型来表示，常用的有 HRA、HRB、HRC（对应 A、B、C 标尺）三种，见表 1-3，其中以 HRC 应用最广。

表 1-3　常用洛氏硬度的试验条件及使用范围

| 硬度符号 | 压头 | 总载荷 | 有效硬度值范围 | 使用范围 |
|---|---|---|---|---|
| HRA | 120°金刚石圆锥 | 588.4N（60kgf） | 20～88 HRA | 硬质合金、碳化物、浅层表面硬化钢 |
| HRB | $\phi 1.588mm$ 淬火钢球 | 980.7N（100kgf） | 20～100 HRB | 退火及正火钢、有色金属、铸铁 |
| HRC | 120°金刚石圆锥 | 1471N（150kgf） | 20～70 HRC | 调质钢、淬火钢、深层表面硬化钢 |

（4）符号表示　国家标准规定：采用钢球压头试验时，符号加字母"S"；采用硬质合金球压头时，符号加字母"W"；采用金刚石圆锥压头时，不加符号。例如，B 标尺、硬质合金球压头测定的洛氏硬度值为 60，表示为"60HRBW"；洛氏硬度 62 HRC，表示用金刚石圆锥

压头，总载荷为 1471N 测得的洛氏硬度值。

> 🔊 **生产经验提示**：实际测定时硬度值可直接由洛氏硬度仪器表盘或液晶屏读出，如图 1-9 所示。布氏硬度和洛氏硬度没有理论换算关系，不能直接比较，可查阅硬度换算表进行比较，也可粗略地按经验关系换算，硬度在 200～600HBW 时，1HRC 相当于 10HBW。

### 1.1.5　冲击韧度的测试及工程意义

🔄 **案例导读**

机械零件如活塞销（图 1-10 中活塞与连杆相连的中间转轴）、锤杆、冲模和锻模等，除在静载荷下工作外，还经常承受具有更大破坏作用的冲击载荷。这些部件不仅要满足静载荷作用下的强度、塑性及硬度等性能指标，还必须具备足够的韧性，下面学习韧性及冲击韧度。

**1. 韧性及冲击韧度**

韧性是材料在受力发生塑性变形和破裂过程中所能吸收的能量与其体积的比值，在国际单位制中其单位为焦耳每立方米（$J/m^3$）。材料的韧性越好，发生脆性断裂的可能性就越小。

图 1-9　洛氏硬度仪器

韧性可分为断裂韧性和塑性韧性，断裂韧性是指材料阻止裂纹失稳扩展即抵抗脆断的能力，是材料抵抗断裂能力的指标；塑性韧性则是指材料抵抗发生任意变形的能力。

冲击韧度是指金属材料抵抗突然增加的冲击载荷而不破坏的能力，经常被当作材料韧性的评价指标。材料冲击韧度大小的主要判据是冲击吸收能量，可通过冲击试验来测量。

图 1-10　曲轴活塞连杆组

**2. 冲击试验**

冲击试验如图 1-11 所示。试验时将试样安放在试验机的机架上，使试样的缺口（U 型或 V 型）位于两支架中间，并背向摆锤的冲击方向。

a) 试样局部放大　　　　b) 冲击试验原理　　　　c) 冲击试验设备实物

图 1-11　冲击试验

将摆锤 $G$ 升高到规定高度 $H$，使摆锤从 $H$ 高度自由落下，冲断试样后向另一方向回升至高度 $h$，产生摆锤的势能差，冲击吸收能量是试样在冲击试验力作用下折断时所吸收的能量，用符号 $K$ 表示，单位为 J，试样缺口为 U 型或 V 型时可分别用 $KU$ 和 $KV$ 表示，其值可以从试验机刻度盘直接读出。

**3. 工程意义**

冲击吸收能量 $KU$（或 $KV$）主要消耗于裂纹出现至断裂的过程。$KU$（或 $KV$）的大小反映出金属材料韧性的好坏。$KU$（或 $KV$）越大，表示材料的韧性越好，抵抗冲击载荷而不被破坏的能力越大，即受冲击时不易断裂的能力越大。所以，在实际生产制造中，对于长期在冲击作用力下工作的零件，需要进行冲击试验，如压力机的曲柄、空气锤的锤杆、发动机的转子等。冲击吸收能量 $KU$（或 $KV$）一般只作为选材的参考，并不直接用于强度计算的依据。

实际中受冲击载荷的机械零件，很少因受到大能量的一次冲击而破坏，大多都是受到小能量多次冲击后才失效破坏的。因此，材料抵抗大能量一次冲击的能力取决于材料的塑性，而抵抗小能量多次冲击的能力取决于材料的强度。所以，在机械零件设计时，不能片面地追求高的 $K$ 值，$K$ 值过高必然会降低材料的强度，从而导致零件在使用过程中因强度不足而过早失效。

### 1.1.6 提高材料的疲劳强度

**提高金属材料的疲劳强度**

**1. 疲劳破坏**

许多机械零件，如轴、齿轮、轴承、叶片及弹簧等（见图 1-12），在工作过程中各点的应力随时间做周期性的变化，这种随时间做周期性变化的应力称为交变应力（也称循环应力）。在交变应力作用下，虽然零件所承受的应力低于材料的抗拉强度甚至低于材料的屈服强度，但经过较长时间的工作后产生裂纹或突然发生完全断裂的现象称为金属的疲劳。

**图 1-12 受交变应力的零件**

**2. 疲劳破坏的特征**

1）疲劳断裂时并没有明显的宏观塑性变形，断裂前没有预兆，而是突然破坏。

2）引起疲劳断裂的应力很低，常常低于材料的屈服强度。

3）疲劳断裂的宏观断口一般有三个区域，即疲劳裂纹策源地、疲劳裂纹扩展区（光亮部分）和最后断裂区（粗糙部分），如图 1-13 所示。

疲劳裂纹扩展区
（光亮部分）

疲劳裂纹策源地

最后断裂区
（粗糙部分）

裂纹在夹杂物处起裂

a）宏观断口区域　　　　b）实物宏观断口　　　　c）实物断口局部放大

**图 1-13 疲劳断裂宏观断口及零件实物断口**

模块
1

生产经验提示：疲劳断裂与静载荷下的断裂不同，无论在静载荷下显示为脆性材料还是韧性材料，在疲劳断裂时，都不产生明显的塑性变形，断裂是突然发生的，甚至在小载荷工况下断裂，因此具有很大的危险性，常常造成严重的事故。

**3. 疲劳强度**

金属材料在无限多次交变载荷作用下而不被破坏的最大应力称为疲劳强度。

实际上，金属材料并不可能做无限多次交变载荷试验。一般试验时规定，钢在经受 $10^7$ 次、非铁（有色）金属材料经受 $10^8$ 次交变载荷作用时不产生断裂时的最大应力称为疲劳强度。

据统计，在机械零件失效中大约有 80% 以上属于疲劳破坏，所以对于轴、齿轮、轴承、叶片及弹簧等承受交变载荷的零件，要选择疲劳强度较好的材料来制造。

**4. 疲劳破坏的原因**

机械零件之所以产生疲劳破坏，是由于材料表面或内部有缺陷（夹杂、划痕、显微裂纹等），这些地方的局部应力大于屈服强度，从而产生局部塑性变形而导致开裂。这些微裂纹随应力循环次数的增加而逐渐扩展，直至最后承载的横截面减小到不能承受所加载荷而突然断裂。

**5. 提高疲劳强度的措施**

合理选材，改善材料的结构形状，减少开孔、挖槽及切口等，避免应力集中，减小材料和零件的缺陷；降低零件表面粗糙度值；对表面进行强化，喷丸处理，避免表面划伤、腐蚀等。另外要在可能发生疲劳破坏前采取相应的保护措施，如更换或加固零部件等。

## 1.1.7　金属材料的高温、低温力学性能

温度是影响材料性能的重要外部因素之一。一般随着温度的升高，材料的强度和硬度降低，而塑性增加。在高温下，载荷作用时间对材料的性能也会产生很大的影响，如蒸汽锅炉、汽轮机、燃气轮机、核动力及化工设备中的一些高温高压管道，虽然工作应力小于工作温度下材料的屈服强度，但在长期使用过程中，会产生缓慢而连续的塑性变形，使管径增大，最后可能导致管道破裂。因此，在高温或者低温条件下工作的零部件，需要认真考虑材料的高温、低温力学性能。

**1. 材料的高温力学性能**

对金属材料而言，所谓高温是指其工作温度超过再结晶温度。材料的高温力学性能主要有蠕变强度、持久强度、高温韧性和高温疲劳强度等指标。

（1）蠕变强度　材料在长时间的恒温、恒应力作用下，即使所受到的应力小于屈服强度，也会缓慢地产生塑性变形的现象称为蠕变。在高温条件下金属材料力学行为的重要特点就是产生蠕变，碳钢在超过 300℃，合金钢在超过 400℃ 的条件下工作时，就会产生蠕变。由于蠕变而导致材料的断裂称为蠕变断裂。

蠕变强度是指材料在规定时间内，在一定的温度下，产生一定蠕变变形量所对应的应力值。蠕变强度是反映材料在长时间高温作用下的塑性变形抗力的指标。

（2）持久强度　材料在高温长期载荷作用下抵抗断裂的能力称为持久强度。持久强度极限是指材料在恒定温度下，达到规定的时间而不断裂的最大应力。持久强度常用于考虑高温工况下，在规定应力作用下零部件使用寿命的设计。

（3）高温韧性　材料的高温韧性一般通过高温冲击试验来测定。高温冲击试验与常温、

低温冲击试验的本质是一致的，只不过是将试样加热，在高温下进行冲击试验。高温韧性是判定材料高温脆化倾向的重要指标。

（4）高温疲劳强度　材料或构件在高温（一般为熔点的1.4～1.5倍）和交变应力（或应变）共同作用下会出现疲劳现象，使材料性能改变，降低强度与抗疲劳能力，易萌生裂纹，加速破坏。

材料在高温下承受载荷，其总应变保持不变而应力随时间的延长逐渐降低的现象称为应力松弛。如拧紧的螺母、过盈配合的叶轮、一定紧度的弹簧，在使用过程中都会产生应力松弛现象。有机高分子材料在室温下就会产生蠕变与应力松弛。

**2. 材料的低温力学性能**

随着温度的下降，多数材料会出现脆性增加的现象，易产生脆断。工程上使用的中、低强度钢，具有明显的冷脆性，其他一些具有体心立方或密排立方结构的金属也都具有冷脆性。

低温冲击试验是将试样放在规定温度的冷却介质中冷却，然后进行冲击试验，测定其冲击吸收能量和冲击韧度，绘制出冲击韧度随温度变化的曲线，确定材料由韧性转变为脆性的韧脆转变温度 $T_K$。韧脆转变温度对于比较材料的低温力学性能具有重要的意义。

为了提高材料的低温韧性，工业上采用了许多措施，如，减少间隙杂质；加入表面活性元素钼或加入稀土元素；加入弥散质点，细化晶粒；添加明显提高原子间金属键合力的元素或通过热处理工艺提高低温韧性等。

随着温度的下降，材料的韧性在某一温度内急剧下降，该温度范围称为韧脆转变温度，如图1-14所示。温度在韧脆转变温度之上，材料是韧性材料，发生韧性断裂；温度在韧脆转变温度之下，材料是脆性材料，发生脆性断裂。韧脆转变温度越低，材料的低温抗冲击性能越好。大型金属结构，如储气罐（见图1-15）、船体、桥梁、输送管道，以及处于低温和严寒地区工作的零部件，为确保其安全可靠，都要选用韧脆转变温度较低的材料。

图1-14　温度与冲击韧度的关系

图1-15　储气罐

> 🔊 **生产经验提示**：在较长时间的循环应力的作用下，即使零件所承受的应力低于其屈服强度，也会发生塑性变形甚至断裂，此时应考虑材料的疲劳强度；在高温条件下长期工作，即使零件所承受的应力低于其屈服强度，也有可能发生蠕变或断裂，此时应考虑材料的蠕变强度和持久强度；在低于韧脆转变温度的温度下工作，材料处于脆性状态，有可能发生低应力脆性破坏，此时应考虑材料的韧脆转变温度。

## 单元 1.2 金属材料的物理性能和化学性能

### 1.2.1 物理性能

金属材料在固态时所表现出来的一系列物理现象的性能称为物理性能，包括密度、熔点、热膨胀性、导热性、导电性和磁性等。

**1. 密度**

物质单位体积的质量称为该物质的密度，用符号 $\rho$ 表示，单位为 $kg/m^3$。

机械工程中通常用密度来计算材料或零件的质量（$m = \rho V$）。体积相同的不同类金属，金属密度越大，质量也越大，密度越小，质量也越小。

**2. 熔点**

金属从固态转变为液态时的最低熔化温度称为熔点。

**3. 热膨胀性**

金属材料在受热时体积增大、冷却时体积缩小，这种热胀冷缩的性能称为热膨胀性。例如，利用材料的热膨胀性，可使过盈配合的两个零件紧固在一起或使原来紧配的两零件加热松弛而卸下；铺设铁轨时，两铁轨衔接处应留有一定的空隙，使钢轨在长度方向有伸缩的余量。

**4. 导热性**

金属材料传导热量的能力称为导热性，金属材料的热导率越大，说明导热性越好。

**5. 导电性**

金属材料传导电流的能力称为导电性。金属及其合金具有良好的导电性，银的导电性最好，铜、铝次之，但银较贵，故工业上常用铜、铝及其合金作为导电材料，如电线、电缆及电器元件等。导电性差、电阻率高的金属用来制造电阻器和电热元件。

**6. 磁性**

（1）铁磁性材料 铁磁性材料在外磁场中能强烈地被磁化，如铁、钴等，可用于制造变压器、电动机及测量仪表等。铁磁性材料在温度升高到一定数值时，其磁畴被破坏，变为顺磁性材料，这个转变温度称为居里点，如铁的居里点是770℃。

（2）顺磁性材料 在外磁场中只能微弱地被磁化，如锰、铬等。例如，在医学中可用顺磁性纳米粒子标记癌细胞或靶向输送药物；在石油勘探中，可利用顺磁性材料寻找油田；在材料科学中，顺磁性材料被用于生产高效磁性记录材料等。

（3）抗磁性材料 能抗拒或削弱外磁场对材料本身的磁化作用，如铜、锌等。用于要求避免电磁场干扰的零件和结构材料，如航海罗盘；在电容器、电感器等电子器件中也常使用抗磁性材料提高工作效率和稳定性；在 MRI 等医疗设备（见图1-16）中用抗磁性材料避免对设备本身的干扰和减小对人体组织的磁化损伤。

图 1-16 核磁共振检测仪

### 1.2.2 化学性能

金属的化学性能是指金属在室温或高温下抵抗外界化学介质侵蚀的能力，主要包括耐蚀性和抗氧化性等。

### 1. 耐蚀性

金属材料会与其周围的介质发生化学作用而使其表面被破坏，如钢铁生锈、铜产生铜绿等，这种现象称为锈蚀或腐蚀，金属材料抵抗锈蚀或腐蚀的能力称为耐蚀性。

### 2. 抗氧化性

金属材料在高温下容易被周围环境中的氧气氧化而遭破坏，金属材料在高温下抵抗氧化作用的能力称为抗氧化性。

> 📢 **生产经验提示**：金属材料的耐蚀性和抗氧化性统称为化学稳定性。在高温下的化学稳定性称为热稳定性。在高温条件下工作的设备，如锅炉、汽轮机、喷气发动机等部件和零件应选择热稳定性好的材料来制造。

## 单元1.3　分析金属材料的工艺性能

金属材料工艺性能的好坏直接影响制造零件的工艺方法、质量及成本。

### 1. 铸造性能

材料铸造成形获得优良铸件的能力称为铸造性能。几种金属材料铸造性能的比较见表1-4。

表 1-4　几种金属材料铸造性能的比较

| 材料 | 流动性 | 收缩性 | | 偏析倾向 | 其他 |
| --- | --- | --- | --- | --- | --- |
| | | 体收缩 | 线收缩 | | |
| 灰铸铁 | 好 | 小 | 小 | 小 | 铸造内应力小 |
| 球墨铸铁 | 稍差 | 大 | 小 | 小 | 易形成缩孔、疏松，白口化倾向小 |
| 铸钢 | 差 | 大 | 大 | 大 | 导热性差，易发生冷裂 |
| 铸造黄铜 | 好 | 小 | 较小 | 较小 | 易形成集中缩孔 |
| 铸造铝合金 | 尚好 | 小 | 小 | 较大 | 易吸气，易氧化 |

衡量铸造性能的指标有如下三种：

（1）流动性　熔融材料的流动能力称为流动性，主要受化学成分和浇注温度等因素的影响。流动性好的材料容易充满型腔，从而获得外形完整、尺寸精确和轮廓清晰的铸件。

（2）收缩性　铸件在凝固和冷却过程中，其体积和尺寸减小的现象称为收缩性。铸件收缩不仅影响尺寸，还会使铸件产生缩孔（见图1-17）、疏松、内应力、变形和开裂等缺陷。因此用于铸造的材料，其收缩性越小越好。

（3）偏析　铸件凝固后，内部化学成分和组织的不均匀现象称为偏析。偏析严重的铸件各部分的力学性能会有很大差异，降低产品的质量。

一般来说，铸铁比钢的铸造性能好，金属材料比工程塑料的铸造性能好。

图 1-17　铸件的缩孔缺陷

### 2. 锻造性能

锻造性能是指材料是否易于进行压力加工的性能，取决于材料的塑性和变形抗力，塑性越好，变形抗力越小，材料的锻造性能越好。例如，纯铜在室温下就有良好的锻造性能，碳钢在加热状态锻造性能良好，铸铁则不能锻造。热塑性塑料可经挤压和压塑成型，与金属挤压和模压成型相似。

**3. 焊接性能**

两块材料在局部加热至熔融状态下能牢固地焊接在一起的能力称为该材料的焊接性能。碳钢的焊接性主要由化学成分决定，其中碳含量的影响最大。例如，低碳钢具有良好的焊接性，而高碳钢、铸铁的焊接性不好。

**4. 热处理性能**

生产上，热处理既可用于提高材料的力学性能及某些特殊性能，以进一步充分发挥材料的潜力，也可用于改善材料的加工工艺性能，如改善切削加工、拉拔挤压加工和焊接性能等。常用的热处理方法有退火、正火、淬火、回火及表面热处理（表面淬火及化学热处理）等。

**5. 切削加工性能**

材料接受切削加工的难易程度称为切削加工性能。切削加工性能主要用切削速度、加工表面粗糙度和刀具使用寿命来衡量。影响切削加工性能的因素有工件的化学成分、组织、硬度、导热性及加工硬化程度等。一般认为，具有适当硬度（170～230HBW）和足够脆性的金属材料切削性能良好。所以灰铸铁比钢切削性能好，碳钢比高合金钢切削性能好。改变钢的成分（如加入少量铅、磷等元素）和进行适当的热处理（如低碳钢进行退火，高碳钢进行球化退火）可改善钢的切削加工性能。

## 实践任务 1　测定金属材料的拉伸性能指标

**1. 实验目的**

1）了解万能材料试验机的主要功能，掌握其操作规程及使用注意事项。

2）测定低碳钢的上屈服极限 $R_{eH}$、抗拉强度 $R_m$、断后伸长率 $A$ 和断面收缩率 $Z$。

3）测定铸铁的抗拉强度 $R_m$。

4）观察金属材料在拉伸过程中的各种力学现象，了解受力与变形的关系。

5）比较低碳钢与铸铁拉伸性能的差别。

**2. 实验设备及试样**

（1）设备　万能材料试验机简图如图 1-18 所示。

（2）量具　游标卡尺。

（3）试样　低碳钢拉伸试样和铸铁拉伸试样若干个。试样中段用于测量拉伸变形，此段的长度 $L_0$ 称为原始标距。两端较粗的部分是头部，根据试验机的夹头的要求而定，为装入试验机中传递拉力之用。试样的尺寸和材料对实验结果具有一定的影响，为了避免这种影响和便于各种材料力学性能的数值能互相比较，对试件的尺寸和形状，国家定出统一规定，国标规定拉力试样分为比例试样和非比例试样两种。比例试样是指原始标距与横截面面积间具有下列关系的试样 $L_0 = k \sqrt{S_0}$，其中比例系数 $k$ 通常为 5.65 和 11.3，前者称为短试样，后者称为长试样。因此，直径为 $d_0$ 的短、长圆形试样的原始标距 $L_0$ 分别等于 $5d_0$ 和 $10d_0$。

**3. 实验步骤**

1）标刻度。为了量取试样的原始标距和断后标距，在实验前应将试样的原始标距段刻上均匀的刻度，如图 1-19 所示。

2）用分规和游标卡尺测量试样的原始直径 $d_0$ 和原始标距 $L_0$。在标距中央及两条标距线附近各取一截面进行测量，每一横截面沿互垂方向各测一次取其平均值，再用所得的 3 个数据中的最小值计算试样的横截面面积。将数据填入表 1-5 中。

图 1-18 万能材料试验机简图

1—上横梁 2—活塞 3—工作油缸 4—传力柱 5—活动平台 6—上夹头 7—试样 8—下夹头 9—蜗杆传动机构
10—调位电动机 11—油泵 12—油泵电动机 13—油箱 14—测力活塞 15—测力油缸 16—传动杆
17—摆锤 18—拨杆 19—测力齿杆 20—进油管 21—回油管 22—记录纸
23—滚筒 24—回油阀 25—传动绳 26—送油阀

图 1-19 试样标距与刻度

表 1-5 原始尺寸记录

| 材料 | 原始标距 $L_0/mm$ | 直径 $d_0/mm$ | | | | | | | | | 最小横截面面积 $S_0/mm^2$ |
| | | 横截面 I | | | 横截面 II | | | 横截面 III | | | |
| | | 1 | 2 | 平均 | 1 | 2 | 平均 | 1 | 2 | 平均 | |
| | | | | | | | | | | | |
| | | | | | | | | | | | |

3）分析试验机能否满足要求。根据试样的材料，估算试样所能承受的最大载荷，考虑试验机量程是否能够满足要求。

4）开始实验。经教师检查后开动机器进行实验。实验过程中，注意观察自动绘图装置、载荷刻度盘及试样的变形，特别是弹性、屈服、强化和缩颈各阶段的特征，注意记录上屈服载荷 $F_{eH}$ 及最大载荷 $F_m$。试样断裂后，立即关闭电动机。

5）收集数据。卸下拉断的试样，测量缩颈处最小直径 $d_1$ 和标距长度 $L_1$，对于圆形试样，在缩颈最小处两个垂直方向上测量其直径，用两者的平均值作为 $d_1$。将实验数据填入表 1-6 中。

表 1-6　实验数据记录

| 材料 | 上屈服载荷 $F_{eH}$/kN | 最大载荷 $F_m$/kN | 拉断后标距 $L_1$/mm | 缩颈处最小直径 $d_1$/mm | | 缩颈处最小横截面面积 $S_1$/mm$^2$ |
|---|---|---|---|---|---|---|
| | | | | ① | 平均 | |
| | | | | ② | | |
| | | | | | | |

6）观察破坏现象并画下破坏断口的草图。

7）测量断后数据。

8）取下绘图纸，对拉伸图进行修整，注明坐标及比例尺。

9）切断电源，整理现场。

铸铁拉伸实验可参照低碳钢拉伸实验步骤进行。

**4. 实验注意事项**

1）开机前和停机后，送油阀一定要置于关闭位置。加载、卸载和回油均须缓慢进行。

2）拉伸试样夹住后，不得再调整下夹头的位置。

3）机器开动时，操纵者不得擅自离开。

4）实验过程中不得触动摆锤。

5）使用时，听见异声或发生任何故障应立即停止。

6）调整测力指针指零时，一定要开机进油，使活动平台上升少许。

7）试样装夹必须正确，防止偏斜和夹入部分过短的现象。读测力刻度盘显示值时，测力指针所指的刻度值必须与所挂摆锤相对应。

**5. 实验结果分析**

根据实验测定数据，可分别计算材料的强度指标和塑性指标，将数据填入表 1-7 中。

表 1-7　计算结果记录

| 材料 | 强度指标 | | 塑性指标 | |
|---|---|---|---|---|
| | 上屈服强度 $R_{eH}$/MPa | 抗拉强度 $R_m$/MPa | 断后伸长率 $A$(%) | 断面收缩率 $Z$(%) |
| | | | | |
| | | | | |

注：计算结果取 3 位有效数字即可。

1）低碳钢。强度指标包括屈服强度、抗拉强度；塑性指标包括断后伸长率、断面收缩率。

2）铸铁。强度指标包括抗拉强度。

3）绘出 $F - \Delta l$ 曲线，对实验中的各种现象进行分析比较，并写进实验报告中。

**6. 实践任务完成评价**（见表 1-8）

表 1-8　实践任务完成评价表

| 姓名 | | 专业班级 | | | | 学号 | | | 日期 | | |
|---|---|---|---|---|---|---|---|---|---|---|---|
| 序号 | 评价项目 | 过程性评价观测点 | | 配分 | 自评分 | 小组评分 | 教师评分 | 心得体会 | | 不足与改进 | |
| 1 | 实验表现 | 1. 出勤情况<br>2. 遵守纪律情况<br>3. 回答问题、互动等表现情况 | | 20分 | | | | | | | |
| 2 | 素养态度 | 1. 团队合作情况<br>2. 热爱劳动，注重加强动手能力<br>3. 实验工位卫生情况<br>4. 节约实验耗材，合理使用材料 | | 20分 | | | | | | | |
| 3 | 实践能力 | 1. 善于理论联系实际，积极关注真实生产，注重提高综合实践能力<br>2. 在实验中能积极主动地操作<br>3. 实验设备操作规范，操作熟练<br>4. 实验项目完成情况 | | 50分 | | | | | | | |
| 4 | 安全文明生产评价 | 1. 遵守纪律，听从指导教师指挥<br>2. 掌握操作规程和消防、灭火等安全知识<br>3. 严格遵守安全操作规程、设备使用规范及各项规章制度<br>4. 发生重大事故者取消实验资格，总成绩为0 | | 10分 | | | | | | | |
| 5 | | 合计 | | | | | | | | | |
| 6 | | 总评等级（画√） | | | □优　□良　□中　□及格　□不及格 | | | | | | | |
| 备忘记录 | | | | | | | | | | | |

# 实践任务 2　测定金属材料的硬度

**1. 实验目的**

1）了解硬度测定的基本原理及常用硬度试验法的应用范围。

2）掌握布氏硬度和洛氏硬度的测量方法。

3）学会正确使用硬度计。

**2. 实验设备及试样**

（1）布氏硬度测量　准备布氏硬度计；准备热轧状态 45 钢试样、黄铜试样若干块。根据国标规定，试样厚度至少为压痕深度的 10 倍，表面应光滑平整，无氧化物和污物，以保证测量结果的准确。

（2）洛氏硬度测量　准备洛氏硬度计；准备表面光滑、无氧化皮、无凹坑和明显的加工痕迹的试样，被测表面的表面粗糙度值 $Ra$ 不应低于 $0.8\mu m$，同时要求试样在加工过程中，不应因受热或冷加工硬化而改变材料的性能，试样或实验层最小厚度应不小于压痕深度的 10 倍。

**3. 实验步骤**

布氏硬度测量步骤如下：

1）将试样实验面处理平坦，表面粗糙度 $Ra$ 一般不大于 $0.80\mu m$。

2）结合表 1-2，根据试样材料选择合适的压头和载荷。

3）加载荷并保持一定的时间。

4）卸载荷。

5）将试样取下，用带刻度的低倍放大镜测压痕直径 $d$。

6）查附录 A《压痕直径与布氏硬度对照表》得到布氏硬度值。

洛氏硬度测量步骤如下：

1）将试样实验面处理平坦，表面粗糙度 $Ra$ 一般不大于 $0.80\mu m$。

2）结合表 1-3，根据试样材料选择合适的压头和初载荷 $F_0$。

3）施加与试样的试验面垂直的初载荷 $F_0$。

4）对于洛氏硬度，应调整硬度计指针指示至零点，在 $2\sim8s$ 内平稳地施加主载荷 $F_1$。

5）施加主载荷 $F_1$ 后，保持一定时间。

6）主载荷 $F_1$ 要达到要求的保持时间。达到要求的保持时间后，要在 $2s$ 内平稳地卸除主载荷 $F_1$，保持初载荷 $F_0$，从相应的标尺刻度上读出洛氏硬度值。

7）每个试样上的试验点数应不少于 4 点（第 1 点不计）。对大批量试样的检验，点数可适当减少。

8）洛氏硬度值应精确至 0.5 个洛氏硬度单位。

**4. 实验注意事项**

1）试样两端要平行，表面要平整，若有油污或氧化皮，可用砂纸打磨，以免影响测试。

2）圆柱形试样应放在带有 V 形槽的工作台上操作，以免试样滚动。

3）加载时应细心操作，以免损坏压头。

4）加初载荷 $F_0$ 时，若发现阻力太大，应停止加载，立即报告，检查原因。

5）测定硬度值，卸掉载荷后，必须使压头完全离开试样后再取下试样。

6）金刚钻压头是贵重物件，质硬而脆，使用时要小心谨慎，严禁与试样或其他物体碰撞。

7）应根据硬度试验机使用范围，按规定合理选用不同的载荷和压头，超过使用范围将不能获得准确的硬度值。

**5. 实验报告**

1）简述布氏硬度和洛氏硬度试验原理。

2）测定碳素钢（20 、45 、60 、T8 、T12）退火试样的布氏硬度值（HBW）。

3）测定碳素钢（45 、T8 、T12）正火及淬火试样的洛氏硬度值（HRC）。

4）测定 45 钢调质试样的洛氏硬度值（HRC）。

### 6. 实践任务完成评价（见表1-9）

表1-9　实践任务完成评价表

| 姓名 | | 专业班级 | | | | 学号 | | | 日期 | | |
|---|---|---|---|---|---|---|---|---|---|---|---|
| 序号 | 评价项目 | 过程性评价观测点 | | 配分 | 自评分 | 小组评分 | 教师评分 | 心得体会 | | 不足与改进 | |
| 1 | 实验表现 | 1. 出勤情况<br>2. 遵守纪律情况<br>3. 回答问题、互动等表现情况 | | 20分 | | | | | | | |
| 2 | 素养态度 | 1. 团队合作情况<br>2. 热爱劳动，注重加强动手能力<br>3. 实验工位卫生情况<br>4. 节约实验耗材，合理使用材料 | | 20分 | | | | | | | |
| 3 | 实践能力 | 1. 善于理论联系实际，积极关注真实生产，注重提高综合实践能力<br>2. 在实验中能积极主动地操作<br>3. 实验设备操作规范，操作熟练<br>4. 实验项目完成情况 | | 50分 | | | | | | | |
| 4 | 安全文明生产评价 | 1. 遵守纪律，听从指导教师指挥<br>2. 掌握操作规程和消防、灭火等安全知识<br>3. 严格遵守安全操作规程、设备使用规范及各项规章制度<br>4. 发生重大事故者取消实验资格，总成绩为0 | | 10分 | | | | | | | |
| 5 | 合计 | | | | | | | | | | |
| 6 | 总评等级（画√） | | | | □优　□良　□中　□及格　□不及格 | | | | | | |
| 备忘记录 | | | | | | | | | | | |

## 课后能力拓展

### 案例释疑

**分析：** 引导案例中航空事故所在国的航空管理和运输安全部门对这起事故进行调查显示，出事飞机已投入运营15年，机身破损"看起来是机械损伤"。专家表示，机身破损通常源于金属疲劳和闪电，而该国国家气象局表明事发区域内当时天气晴朗，所以机身出现破洞是由金属疲劳现象引起的。疲劳破坏是指金属材料在小于屈服强度极限的循环载荷长期作用下发生破坏的现象。

人过度疲劳后会导致个体的生病或死亡，而金属疲劳会造成更大的损害或人员伤亡。一些金属大桥的断裂、房屋的倒塌、车祸、飞机失事等重大事故，调查结果显示很多都是因金属疲劳而引发的，很多甚至是在正常负荷工况且没有任何征兆的情况下突然发生的。

1. 金属为何会疲劳

实践证明，金属疲劳是十分普遍的现象。据 150 多年来的统计，金属部件中有 80% 以上的损坏是由于疲劳而引起的，不仅仅是安全专家会遭遇到金属疲劳的问题，在人们的日常生活中，也同样会发生金属疲劳带来危害的现象，比如，炒菜时锅铲突然意外折断，导致油沫飞溅到脸上而出现烫伤；挖地时，铁锹突然断裂，可能令人摔一跟头。

将一把金属汤匙柄的根部微微弯曲数次，最后金属将因为过度疲劳而断裂，就像人过度疲劳会生病一样。人的疲劳感觉来自于长期的劳累或一次过重的负荷，金属也是一样。金属的力学性能会随着时间而渐渐变弱，这就是金属的疲劳。在正常使用机械时，重复的推、拉、扭或其他的外力情况下都会造成机械部件中金属的疲劳。这是因为机械受压时，金属中原子的排列会大大改变，太大的压力会使金属原子间的化学键断裂而导致金属裂开。

2. 为金属做体检

早在 100 多年以前，人们就发现了金属疲劳给各方面带来的损害。但由于技术落后，还不能查明疲劳破坏的原因。在第二次世界大战期间，美国的 5000 艘货船共发生 1000 多次破坏事故，有 238 艘完全报废，其中大部分要归咎于金属疲劳。

研究表明，金属疲劳并非完全难以检测，应用科学的检测手段避免了不少因金属疲劳而可能发生的事故。汽车制动突然失灵而掉下悬崖、飞机发动机突然爆裂、强风使铁桥崩塌等惨祸发生前，制动、机身、桥梁上都会产生异常振动，实际就是"金属疲劳"的一种征兆。

所有金属表面都存在微小缺陷，有的肉眼可见，有的看不见。这些瑕疵都会使得应力在该处产生，从而导致金属开始裂开，所以，当一次负载过重或是多次猛烈晃动时，都会导致金属疲劳而从瑕疵处裂开。冶金学家可以用显微镜来检视金属表面看不见的瑕疵，他们研究如何以最好的方法来保护金属，以免使得金属疲劳。日本原子能研究所研制出了一种"聪明涂料"，这种涂料初看和普通涂料并无区别，但涂料中掺入了钛酸铅粉末。将"聪明涂料"涂在金属板上，再敲击金属板使其振动，涂膜中会产生电流，可作为研究人员分析金属疲劳程度的信息。例如，将"聪明涂料"涂在飞机机翼上，然后经常测定涂膜中产生的电流，一旦发现异常电流，立即实施紧急精密检查，及时查明原因，便可排除事故隐患。

3. 让金属"强身健体"

在现今这个机器时代和未来的机器人时代，防止金属疲劳尤为重要。现在人们已经知道了一些改进和强化金属的方法，相当于提高了金属的"健康"程度，可以让金属尽量少出现"疲劳"现象。

古人早就知道了如何让金属"强壮"的方法，即锻炼金属，令金属"百炼成钢"。另外一个方法是向单一金属中掺入其他物质，填补金属中的空隙和瑕疵，如制造合金和碳钢。在金属材料中添加各种"维生素"，也是增强金属抗疲劳的有效办法。例如在钢铁和有色金属里，加进万分之几或千万分之几的稀土元素，即可大大提高金属抗疲劳的本领。

结论：在设计、制造各类机械零件时，应尽量采用合理的结构形状，避免表面划伤、腐蚀，尽可能采用表面强化方法等手段，尽可能降低残余内应力，避免发生疲劳破坏；另外要在可能发生疲劳破坏前采取相应保护措施，如更换或加固零部件等。

随着科技的进步，已研制出更多含有金属的复合材料，如金属和玻璃纤维或塑料的合成物。这些复合材料使得金属不但保留了原来的强度，还增加了纤维和塑料的韧性，使得金属不再轻易疲劳。

启示：努力学好专业知识非常关键，可以运用知识去科学地解释工程事故的原因，尤其是可运用所学知识合理规避事故的发生。

📖 **拓展阅读** ——"全国劳动模范"职教英才荣彦明：为祖国轧最好的钢

千度烈焰，淬国之重器。探索精轧极限，只为山河织锦。他是轧钢操作的"活词典"和"轧钢状元"，先后荣获了全国劳动模范、全国五一劳动奖章、全国技术能手、全国机械冶金建材行业工匠、北京市劳动模范、北京大工匠、"国企楷模·北京榜样"十大人物等诸多荣誉，并被推选为2023年"大国工匠年度人物"提名人选。他就是首钢京唐钢铁联合有限责任公司钢轧作业部MCCR作业区精轧操作工、高级技师荣彦明。

2009年荣彦明从河北工业职业技术大学（原河北工业职业技术学院）毕业。2008年到公司顶岗实习后工作至今，得到企业充分认可，先后被首钢京唐公司评为"青年创新标兵""首钢技术能手""首钢劳动模范"等称号，成为首钢高技能青年职工的杰出代表。

在热轧2250分厂精轧操作工岗位上，荣彦明自学了33本技术书籍，记下了十几本工作心得，练就了"手、眼、心"合一，"稳、准、快"的精轧操作基本功，成为了轧钢操作的"活词典"。生产中，创出了轧制高端精品板材、降低热轧加工成本两个国内领先的"绝活"，他轧制的板材内外部金属结构组织均匀，达到了国内先进水平。

"只有不断挑战极限、追求极致，工作才更有意义。"这是荣彦明常挂在嘴边的一句话。高难度轧制的钢种生产，对工艺路线、设备精度、生产操作都是极大考验。荣彦明凭借着对轧钢精湛技能的执着追求，不断攻坚克难，取得了一个又一个新突破：第一个轧制出高强度汽车用钢；第一个轧制出SPA-H极限规格集装箱板；第一个轧制出出口瑞士的高表面等级的汽车外板。

2018年，世界首条多模式全连续铸轧生产线——MCCR产线项目落地，作为金牌轧钢工的荣彦明义无反顾地投身到建设之中。由于MCCR生产线为世界首例，许多解题方法需要突破性的思考，毫无经验可借鉴，调试过程异常艰辛。为了快速突破调试瓶颈，荣彦明与建设团队成员夜以继日扑在产线上。功夫不负有心人，快速变厚控制、动态窜辊、负荷分配等一系列外方专家都难以破解的技术难题被他们逐一攻克。经过他们的不懈努力，仅用了两年时间MCCR产线便完成了达产目标。

MCCR钢卷卷形是生产线外观质量的重要指标，同时也是无头轧制重点研究课题之一。荣彦明与技术团队深入研究影响卷形的关键因素，通过优化夹送辊辊型等解决了薄规格头部碎浪难题。同时，积极开发层冷冷却模式、投入塔形修复设备，极大降低了偏卷和塔形返生率，塔形返修率从5.47%降低到1.44%，为MCCR产线外观质量提升做出了积极贡献。

在MCCR产线攻关的过程中，京唐公司搭建了以荣彦明为领军人物的创新工作室，团队攻关能力得到进一步提升。产线投产以来，曾经多次尝试薄板坯领域极限规格（0.8mm薄板）轧制，均以失败告终。但是，荣彦明等人并没有气馁，而是通过深入分析制约薄规格稳定轧制的不利因素，最终锁定了造成板形缺陷的原因。为了解决卡脖子难题，荣彦明带领创新工作室成员开展了专项攻关，通过制定薄规格轧制过程中拉速控制规则、优化活套控制程序等一系列措施，有效缓解了轧制中心线波动造成的跑偏问题。

同时，轧机治水攻关团队深入产线，开展设备改造，突破设计瓶颈，独立摸索出一套适合现场轧制状态的轧辊冷却方案，提升了带钢温度和轧辊冷却温度的均匀性。在各攻关组的协同努力下，轧制0.8mm规格这块硬骨头终于被啃了下来，而这个过程总结出的经验《MCCR

产线高效轧制关键技术研究与应用》也获得了首钢科学技术二等奖，MCCR产线制造能力达到行业先进水平。

"一花独放不是春，百花齐放春满园"，荣彦明深知团队整体技术实力的提升对于完全驾驭这条产线至关重要。他默默下决心，一定要借助创新工作室这个平台打造一支技术过硬的操作团队。编教材、定制度、练操作……为了加快MCCR轧钢人才培养，荣彦明将自己的经验毫无保留地传授给身边同事，培养了一批优秀高技能人才，对产线的顺利调试起到了支撑作用，并编写了《精轧机械培训》《无头轧制注意事项》等一系列教材，很多新职工只用1年时间就成长为班组的生产骨干。

经过不懈努力，MCCR产线各项指标不断取得新突破，月产量突破19万吨（超过设计产能）；平均厚度1.83mm（设计2.17mm）；无头比例达到95%以上（设计71%），最高轧制公里数231km，最薄规格0.8mm；连铸机最高拉速达到6.0m/min，通钢量居世界第一。

荣彦明充分展现了职教学子高标准的职业素养和顽强执着、自强不息、勇于拼搏的奋斗精神，我们广大同学应以荣彦明为榜样，实现个人价值与社会价值的统一。

## 模块小结

（1）工程材料是指在机械、船舶、化工、建筑、车辆、仪表及航空航天等工程领域中用于制造工程构件和机械零件的材料。

（2）金属材料的常用力学性能指标有强度、塑性、硬度、韧性及疲劳强度等，它们是衡量材料性能和决定材料应用的重要指标。

（3）金属材料工艺性能的好坏直接影响制造零件的工艺方法、质量及成本。

## 模块考核与评价

1. 什么是弹性变形？什么是塑性变形？
2. $R_{p0.2}$的含义是什么？为什么低碳钢不用此指标？
3. 什么是抗拉强度？
4. 什么是疲劳强度？如何避免疲劳破坏？
5. 布氏硬度测量法适用于测量什么类型的材料硬度？
6. 下列硬度写法是否正确？为什么？

（1）80~85HRC　　（2）HBW350~400

7. 下列几种工件应该采用何种硬度试验法测定其硬度？

（1）锉刀　　（2）黄铜轴套　　（3）供应状态的各种碳钢钢材　　（4）硬质合金刀片

8. 以自身感受谈谈工程材料对制造行业的现实意义。
9. 课外调研与观察。

（1）观察你周围的工具、器皿和机械设备等，分析其制造材料的性能及与使用要求的关系。

（2）你能区分生活中遇到的钢件与铸铁件吗？思考一下区分方法有几种。

10. 请通过课外资料拓展学习维氏硬度相关知识。

表 1-10　模块学习过程评价表

| 姓名 | | 专业班级 | | | 学号 | | | 日期 | |
|---|---|---|---|---|---|---|---|---|---|
| 序号 | 评价项目 | 过程性评价观测点 | | 配分 | 自评分 | 小组评分 | 教师评分 | 心得体会 | 不足与改进 |
| 1 | 综合素质评价 | 平时表现 | 1. 学习期间出勤情况<br>2. 遵守课堂纪律情况<br>3. 回答问题、课堂互动等表现情况<br>4. 课堂作业及实践任务完成情况 | 20 分 | | | | | |
| | | 素养态度 | 1. 团队合作情况<br>2. 热爱劳动，注重加强动手能力<br>3. 实验工位及学习工位卫生情况<br>4. 节约实验耗材，合理使用材料 | 10 分 | | | | | |
| 2 | 综合专业水平评价 | 基本知识 | 1. 认识工程材料的性能指标<br>2. 金属材料常用力学性能的测定<br>3. 理解金属材料的物理性能和化学性能<br>4. 分析金属材料的工艺性能 | 35 分 | | | | | |
| | | 实践能力 | 1. 善于理论联系实际，积极关注真实生产，注重提高综合实践能力<br>2. 在实验中能积极主动地操作<br>3. 熟悉实验设备操作规范，操作熟练 | 25 分 | | | | | |
| 3 | 安全文明生产评价 | 1. 遵守纪律，听从指导教师指挥<br>2. 掌握操作规程和消防、灭火等安全知识<br>3. 严格遵守安全操作规程、设备使用规范、实验中心规章制度<br>4. 发生重大事故者本项成绩为 0 | | 10 分 | | | | | |
| 4 | 合计 | | | | | | | | |
| 5 | 总评等级（画√） | | | □优　□良　□中　□及格　□不及格 | | | | | |
| 备忘记录 | | | | | | | | | |

**小贴士**

　　职业教育，将使受教育者各得一技之长，以从事于社会生产事业，藉获适当之生活；同时更注意于共同之大目标，即养成青年自求知识之能力、巩固之意志、优美之感情，不惟以之应用于职业，且能进而协助社会、国家，为其健全优良之分子也。

——黄炎培

模块
1

# 模块2　分析金属的晶体结构与塑性变形

## 能力目标

◇ 理解纯金属的晶体结构与结晶。
◇ 了解合金的晶体结构。
◇ 理解金属冷塑性变形时性能的变化。
◇ 理解冷塑性变形金属加热后的回复与再结晶。
◇ 掌握金属的热塑性变形及对其性能的影响。

## 素质目标

◇ 虽然材料种类成千上万，但透过现象看本质，其实万变不离其宗。
◇ 通过材料的结晶过程，可以体会从量变到质变的哲学思想。
◇ 增强理论联系实际的能力，培养抽象思维及逻辑思维能力。
◇ 材料的结晶过程聚小成多，我们要具有团队合作精神。
◇ 加强职业素质教育，培养创新精神。

## 课前学习引导

### 思维导图

```
                                    ┌─ 晶体与非晶体
                                    ├─ 晶体结构
                        纯金属的晶体结构 ─┼─ 金属晶格的类型
                                    ├─ 实际金属的晶体结构
                                    └─ 实际金属的晶体缺陷

                                    ┌─ 纯金属的过冷现象与过冷度
                                    ├─ 纯金属的结晶过程
                        金属的结晶 ──┼─ 合金铸件(或铸锭)结晶分析
                                    ├─ 晶粒大小及其控制
                                    └─ 铸锭的缺陷

     金属学基础知识 ──┤          合金的晶体结构 ─┬─ 合金的基本概念
                                    └─ 合金的相结构

                                    ┌─ 金属的塑性变形
                      金属的冷塑性变形 ─┼─ 金属的冷塑性变形
                                    └─ 冷塑性变形金属在加热时的回复与再结晶

                      金属的热塑性变形 ─┬─ 热加工与冷加工的区别
                                    └─ 热加工对金属组织和性能的影响
```

## 🔍 引导案例 ——我国古老的冰糖制作与金属结晶的秘密

制糖为我国首创，早在 3000 多年前我国就有用谷物制作饴糖的记载。根据《齐民要术》的记载，后汉时期我国已经生产蔗糖和冰糖了。冰糖是砂糖的结晶再制品，有白色、微黄、微红、深红等色，结晶如冰状，故名冰糖。冰糖以透明者质量最好，纯净，杂质少，口味清甜，半透明者次之。中医认为冰糖具有润肺、止咳、清痰和去火的作用；冰糖也是泡制药酒、炖煮补品的辅料，还可作为糖果食用。

在市场上，大家都知道冰糖有单晶冰糖和多晶冰糖（见图 2-1），一般单晶冰糖要贵一些。很多人会问，单晶冰糖和多晶冰糖除了价格不一样，其他地方有区别吗？营养价值哪个更好？

其实上述问题可以通过本模块对金属结晶过程的分析加以解释，因为冰糖与金属的结晶过程相似。

图 2-1　单晶冰糖和多晶冰糖

## 💡 课前思考与预习

1. 根据引导案例，进行思考与预习。
2. 什么是晶体与非晶体？列举几种晶体。
3. 根据思维导图，梳理知识点，扫描二维码资源预习。

## 📝 学习备忘

---

## 单元 2.1　分析纯金属的晶体结构

### 2.1.1　晶体与非晶体

金属材料的化学成分不同，其性能也不同。但对于同种成分的金属材料，通过不同的加工处理工艺，改变材料内部组织结构，也可使其性能发生极大变化。所以，除化学成分外，金属的内部结构和组织状态也是决定金属材料性能的重要因素。这就促使人们致力于通过金属及其合金内部结构的研究，以寻求改善和发展金属材料。金属及其合金在固态下通常都是晶体，要了解金属及其合金的内部结构，首先必须了解晶体的结构。

**分析金属的晶体结构**

**1. 晶体**

固态下原子（或分子）呈规则排列而形成的聚集状态，称为晶体，如纯铝、纯铁、纯铜等都属于晶体。晶体有固定的熔点，绝大多数金属及其合金在固态下都属于晶体。

**2. 非晶体**

原子（或分子）呈无规则无序堆积的聚集状态，称为非晶体，如松香、玻璃、沥青、石蜡等都属于非晶体。

**3. 晶体与非晶体的区别**

由于晶体中的原子呈一定规律重复排列，晶体与非晶体在性能上存在明显的不同。

1）晶体具有一定的熔点，非晶体则没有。在熔点以上，晶体变成液体，处于非结晶状态；在熔点以下，液体又变成固体，处于结晶状态。从固体至液体或从液体至固体的转变是突变的。而非晶体没有固定的熔点，随着温度升高，固态非晶体将逐渐变软，最终成为有显著流动性的液体；液体冷却时将逐渐稠化，最终变为固体。

2）晶体的性能，如强度、弹性模量、导电性、热膨胀性等，在不同方向上具有不同的数值，即具有各向异性。而非晶体则各向同性。

3）许多晶体的天然外形呈现出规则的几何形状，表面保持一定的角度，具有一定的对称性，如天然金刚石、水晶、结晶盐等。而非晶体则没有这个特点。

> 🔊 **生产经验提示**：晶体与非晶体在一定条件下可互相转化。如金属液体在高速冷却下可得到非晶态金属；玻璃经适当热处理可形成晶体玻璃。有些物质的内部可看成是有序和无序的中间状态，如塑料、液晶等。

## 2.1.2 晶体结构

**1. 晶格**

晶体内部原子是按一定的几何规律排列的。为了便于理解，把金属内部的原子近似地看成是刚性小球，则金属晶体就可看成是由刚性小球按一定几何规则紧密堆积而成的物体，如图 2-2a 所示。

为形象地描述晶体内部原子的排列规律，可以将原子抽象为一个个的几何点，用假想的线条将这些点连接起来，构成有明显规律性的空间格架。这种表示原子在晶体中排列规律的空间格架称为晶格，如图 2-2b 所示。

晶体结构
动画仿真

a) 晶体内部原子排列　　　　b) 晶格　　　　c) 晶胞

**图 2-2　晶体内部原子排列、晶格及晶胞**

**2. 晶胞**

由图 2-2b 可见，晶格是由许多形状、大小相同的最小几何单元重复堆积而成的。能够完整地反映晶格特征的最小几何单元称为晶胞，如图 2-2c 所示。

## 2.1.3　金属晶格的类型

在工业常用金属中，除少数具有复杂晶体结构外，室温下有85%～90%金属的晶体结构都属于比较简单的三种类型：体心立方晶格、面心立方晶格和密排六方晶格。

**1. 体心立方晶格**

晶胞是一个立方体，原子位于立方体的八个顶角上和立方体的中心，如图2-3所示。属于这种晶格类型的金属有铬（Cr）、钒（V）、钨（W）、钼（Mo）及α-铁（α-Fe）等。

图 2-3　体心立方晶格

**2. 面心立方晶格**

晶胞也是一个立方体，原子位于立方体的八个顶角上和立方体六个面的中心，如图2-4所示。属于这种晶格类型的金属有铝（Al）、铜（Cu）、铅（Pb）、镍（Ni）及γ-铁（γ-Fe）等。

图 2-4　面心立方晶格

**3. 密排六方晶格**

晶胞是一个正六棱柱体，原子排列在柱体的每个顶角和上、下底面的中心，另外三个原子排列在柱体内，如图2-5所示。属于这种晶格类型的金属有镁（Mg）、铍（Be）、镉（Cd）及锌（Zn）等。

图 2-5　密排六方晶格

### 2.1.4 实际金属的晶体结构

金属内部的晶格位向完全一致的晶体称为单晶体，如图 2-6a 所示。单晶体在自然界几乎不存在，但可用人工方法制成某些单晶体（如单晶硅、冰糖）。

实际金属材料都是多晶体，由许多不规则的、颗粒状的小晶体（称为晶粒）组成，晶粒与晶粒之间的界面称为晶界，每个晶粒内部的晶格位向是一致的，而各小晶体之间位向却不相同，使得各晶粒的有向性互相抵消，因而整个多晶体呈现出无向性，如图 2-6b 所示。

a) 单晶体    b) 多晶体

图 2-6　金属的晶体结构

> 生产经验提示：晶体性能在不同方向上具有不同数值，此现象称为各向异性，它是区别晶体和非晶体的一个重要特征。
>
> 单晶体的各向异性是因为不同晶面和晶向上的原子排列情况不同，因而原子间距不同，原子作用强弱也不同，所以宏观性能就出现了方向性。
>
> 多晶体中各向异性很不明显，如 $\alpha$-Fe 多晶体从各方向测出的弹性模量 $E$ 几乎都是 206GPa，看不出方向性，仿佛是各向同性。实际上，在多晶体中，每个晶粒本身都是各向异性的，但由于各晶粒位向都散乱无序，因此晶体性能在各方向上互相影响，加上晶界作用，就完全掩盖了每个晶粒的各向异性，所以也称多晶体具有伪各向同性。

### 2.1.5 实际金属的晶体缺陷

在实际使用的金属材料中，由于加入了其他种类的原子，并且材料在冶炼后的凝固过程中受到各种因素的影响，所以使本来有规律的原子堆积方式受到干扰，不像理想晶体那样规则，存在原子不规则排列的局部区域，这些区域称为晶体缺陷。晶体缺陷按几何形态可分为点缺陷、线缺陷和面缺陷。

> 生产经验提示：晶体缺陷会造成晶格畸变，使变形抗力增大，从而提高材料的强度、硬度，因此晶体缺陷是一种有益的工程需要。

**1. 点缺陷——空位、间隙原子、置代原子**

点缺陷包括以下几类：在晶格中某个原子脱离了平衡位置，形成空结点，称为空位；某个晶格间隙挤进了原子，称为间隙原子；异类原子占据晶格的结点位置，称为置代原子。图 2-7 所示为空位、间隙原子和置代原子示意图。

空位、间隙原子和置代原子周围的晶格偏离理想晶格，即发生了"晶格畸变"，点缺陷的存在提高了材料的硬度和强度，点缺陷是动态变化的，它是造成金属中物质扩散的原因。

**2. 线缺陷——刃形位错、螺形位错**

线缺陷是在晶体中某处有一列或若干列原子发生了有规律的错排现象。晶体中最普通的线缺陷就是位错，这种错排现象是由晶体内部局部滑移造成的，根据局部滑移的方式不同，可以分别形成刃形位错和螺形位错。图 2-8a、b 所示为较简单的刃形位错示意图，在晶体的某一水平面（*ABCD*）上方，多出一个原子面（*EFGH*），中断于 *ABCD* 面上的 *EF* 处，*EFGH* 原子面如同刀刃一样插入晶体，故称为刃形位错。

螺形位错又称为螺旋位错，一个晶体的某部分相对于其余部分发生滑移，原子平面沿一根轴线盘旋上升，每绕轴线一周，原子面上升一个晶面间距，在中央轴线处即为一个螺形位错。当晶体存在螺形位错时，位错线 *OO′* 与原子滑移方向相平行，原来的一族平行晶面就变为以位错线为轴的螺型面，犹如坡度很小的无台阶楼梯，如图 2-8c 所示；位错线周围的原子呈螺旋状布置，如图 2-8d 所示的空心原子，且有左、右旋之分。

图 2-7　空位、间隙原子和置代原子示意图

a) 立体模型

b) 平面图形

c) 与螺形位错垂直的晶面形状

d) 螺形位错滑移面两侧晶面上原子滑移情况

图 2-8　刃形位错和螺形位错示意图

在位错周围，由于原子的错排使晶格发生了畸变，使金属的强度提高，但塑性和韧性下降。实际晶体中往往含有大量位错，生产中还可通过冷变形使金属位错增多，有效提高金属强度。

**3. 面缺陷——晶界、亚晶界**

实际金属多是由大量外形不规则的晶粒组成的多晶体。每个晶粒相当于一个单晶体，所有晶粒结构完全相同，但彼此之间的位向不同，一般相差几度或几十度，晶界处的原子排列是不规则的，此处的原子处于不稳定的状态，如图 2-9a 所示。

即使在一颗晶粒内部，其晶格位向也不像理想晶体那样完全一致，而是分隔成许多尺寸很小、位向差很小（只有几分，一般小于 1°～2°）的小晶块，它们相互嵌镶成一颗晶粒，这些小晶块称为亚晶粒（或嵌镶块）。亚晶粒之间的界面称为亚晶界，此处的原子排列与晶界相

图 2-9　面缺陷示意图

似，也是不规则的，如图 2-9b 所示。

面缺陷同样使晶格产生畸变，能提高金属材料的强度。通过细化晶粒可增加晶界的数量，也是强化金属的有效手段，同时，细晶粒的金属塑性和韧性也得到改善。

## 单元2.2　控制金属的结晶粒度大小

金属材料由液态凝固为固态晶体的过程称为结晶。结晶过程是使金属由原子不规则排列的液体转变为规则排列的固体。一般金属制品都要经过熔炼和铸造，都要经历由液态转变为固态的结晶过程。焊接时，焊缝中的金属也要发生结晶。金属结晶后所形成的组织，包括各种相的形状、大小和分布等，将极大地影响到金属的加工性能和使用性能。对于铸件和焊接件来说，结晶过程就基本上决定了它的使用性能和使用寿命，而对于尚需进一步加工的铸件来说，结晶过程既直接影响其轧制和锻压工艺性能，又不同程度地影响其制成品的使用性能。

研究和控制金属的结晶过程已成为提高金属力学性能和工艺性能的一个重要手段。此外，液体向固体的转变又是一个相变过程。因此，掌握结晶过程的基本规律将为研究其他相变奠定基础。纯金属和合金的结晶，两者既有联系又有区别，为简化问题，先研究纯金属的结晶。

### 2.2.1　纯金属的过冷现象与过冷度

#### 1. 过冷现象

纯金属都有一个固定的熔点（或结晶温度），高于此温度熔化，低于此温度才能结晶为晶体。纯金属的冷却曲线，如图 2-10 所示，液态金属随着冷却时间的延长，温度不断下降，但当冷却到某一温度时，在曲线上出现了一个水平线段，其所对应的温度就是金属的结晶温度。金属结晶时释放出结晶潜热，补偿了冷却散失的热量，从而使结晶在恒温下进行。结晶完成后，由于散热，温度又继续下降。

观察纯金属的结晶

图 2-10　纯金属的冷却曲线

> 知识链接：金属的结晶温度和结晶过程可通过热分析法进行研究，首先将金属加热到熔化状态，然后使其缓慢冷却，冷却过程中每隔一定时间测量一次温度，直至冷却到室温，将测量数据画在温度-时间坐标图上，便得到一条冷却曲线。

### 2. 过冷度

金属在极其缓慢的冷却条件下（即平衡条件下）所测得的结晶温度，称为理论结晶温度，用 $T_0$ 表示。

实际生产中金属结晶时冷却速度都很快，金属总是在理论结晶温度以下某一温度开始进行结晶，这一温度称为实际结晶温度，用 $T_n$ 表示。金属实际结晶温度低于理论结晶温度的现象称为过冷现象。

理论结晶温度与实际结晶温度之差称为过冷度，用 $\Delta T$ 表示，即 $\Delta T = T_0 - T_n$。

过冷度随金属的本性和纯度的不同以及冷却速度的差异可以在很大范围内变化。金属不同，过冷度的大小也不同；金属的纯度越高，则过冷度越大。当这两个因素确定后，过冷度大小主要取决于冷却速度，冷却速度越快，则过冷度越大，即实际结晶温度越低；反之，冷却速度越慢，则过冷度越小，实际结晶温度越接近理论结晶温度。

但不管冷却速度多么缓慢，也不可能在理论结晶温度进行结晶，即对于金属来说，过冷度有一最小值，若过冷度小于这个值，结晶过程就不能进行。实际上金属总是在过冷的情况下结晶，所以，过冷度是金属结晶的必要条件。

## 2.2.2　纯金属的结晶过程

纯金属的结晶过程是在冷却曲线上的水平线段所经历的时间内发生的，是一个不断形成晶核和晶核不断长大的过程。

液态金属的结晶不可能在瞬间完成，必须经过一个由小到大，由局部到整体的发展过程。大量实验证明，纯金属结晶时，首先是在液态金属中形成一些极微小的晶体，然后以这些微小晶体为核心不断吸收周围液体中的原子而不断长大，这些小晶体称为晶核。在晶核不断长大的同时，又会在液体中产生新的晶核并开始不断长大，直到液态金属全部消失并且形成的晶体彼此接触为止。每个晶核长成一个晶粒，这样，结晶后的金属便是由许多晶粒所组成的多晶体结构。纯金属的结晶过程示意图如图 2-11 所示。

纯金属的结晶过程动画仿真

图 2-11　纯金属的结晶过程示意图

纯金属结晶是自发形核，而在实际铸造生产中，结晶过程主要是非自发形核。通常液态金属中总是存在着各种固态杂质微粒，依附在这些杂质表面很容易形成晶核，要比纯金属结晶快。

> 🔊 生产经验提示：纯金属虽然具有许多优良性能并获广泛应用，但其强度和硬度一般都很低，远远不能满足零件的使用要求。因此，工业上用量最大、范围最广的金属材料是合金。

### 2.2.3 合金铸件（或铸锭）结晶分析

工业上应用的零部件通常由两种途径获得：一种是由合金在一定几何形状与尺寸的铸型中直接凝固而成，称为铸件；另一种是通过合金浇注成方或圆的铸锭，然后开坯，再通过热轧或热锻，最终通过机加工和热处理甚至焊接来获得部件的几何尺寸和性能。

金属和合金凝固后的晶粒较为粗大，通常是宏观可见的，铸件的组织结构不均匀，图 2-12 所示为铸锭结构示意图。铸态组织包括晶粒的大小、形状和取向，合金元素和杂质的分布以及铸锭中的缺陷。对铸件来说，铸态组织直接影响到它的力学性能和使用寿命；对铸锭来说，铸态组织不但影响到它的压力加工性能，还影响到压力加工后的金属制品的组织及性能。因此，应该了解铸件（铸锭）的组织及其形成规律，并设法改善其组织。

**图 2-12 铸锭结构示意图**
1—表层细晶区 2—柱状晶区
3—中心等轴晶区

#### 1. 表层细晶区

当液态合金注入铸型中后，型壁温度低，与型壁接触的很薄一层熔液产生强烈过冷，而且型壁可作为非均匀形核的基底，因此，立刻形成大量的晶核，这些晶核迅速长大至互相接触，形成由细小的、方向杂乱的等轴晶粒组成的细晶区。

表层细晶区的形核数目决定于下列因素：型壁的形核能力以及型壁处所能达到的过冷度大小，后者主要依赖于铸锭模的表面温度、铸锭模的热传导能力和浇注温度等因素。如果铸锭模的表面温度低，热传导能力好以及浇注温度较低，便可以获得较大的过冷度，从而使形核率增加，细晶区的厚度即可增大。相反，如果浇注温度高、铸锭模的热传导能力差而使其温度很快升高，就会大大降低晶核数目，细晶区的厚度也要相应地减小。

#### 2. 柱状晶区

随着"细晶区"壳形成，型壁被熔液加热而不断升温，使剩余液体的冷却变慢，并且由于结晶时释放潜热，故细晶区前沿液体的过冷度减小，形核生成变得困难，只有细晶区中现有的晶体向液体中生长。在此情况下，只有一次轴（即生长速度最快的晶向）垂直于型壁（散热最快方向）的晶体才能得到优先生长，而其他取向的晶粒，由于受邻近晶粒的限制而不能发展，因此，这些与散热相反方向的晶体择优生长而形成柱状晶区，各柱状晶的生长方向是相同的。

在柱状晶区中，晶粒彼此间的界面比较平直，气泡缩孔很小，所以组织比较致密。此外，柱状晶区的性能有方向性，对塑性好的金属或合金，即使全部为柱状晶组织，也能顺利通过热轧而不致开裂；而对塑性差的金属或合金，如钢铁和镍合金等，应力求避免形成发达的柱状晶区，否则会导致热轧开裂而产生废品。

**3. 中心等轴晶区**

柱状晶生长到一定程度，由于前沿液体远离型壁，散热困难，冷却速度变慢，而且熔液中的温差随之减小，这将阻止柱状晶的快速生长，当整个熔液温度降至熔点以下时，熔液中出现许多晶核并沿各方向长大，就形成中心等轴晶区。

与柱状晶区相比，等轴晶区的各个晶粒在长大时彼此交叉，枝杈间的搭接牢固，裂纹不易扩展，不存在明显的脆弱界面；各晶粒的取向各不相同，其性能也没有方向性，这是等轴晶区的优点。但其缺点是等轴晶区的树枝状晶体比较发达，分枝较多，因此显微缩孔较多，组织不够致密。但显微缩孔一般均未氧化，因此铸锭经热压力加工后，一般均可焊合，对性能影响不大。由此可见，一般的铸锭，尤其是铸件，都要求得到发达的等轴晶组织。

## 2.2.4　晶粒大小及其控制

**1. 晶粒大小对金属力学性能的影响**

金属结晶后的晶粒大小对金属的力学性能影响很大。一般情况下，晶粒越细小，金属的强度和硬度越高，塑性和韧性也越好。因此，细化晶粒是使金属材料强韧化的有效途径。

**2. 晶粒大小的控制**

在工业生产中，为了获得细晶粒组织，常采用以下方法：

（1）增大过冷度　金属结晶时的冷却速度越大，则过冷度越大。实践证明，增加过冷度，会使金属结晶时形成的晶核数目增多，则结晶后将获得细晶粒组织。如在铸造生产中，常用金属型代替砂型来加快冷却速度（金属型导热散热快），以达到细化晶粒的目的。

（2）变质处理　变质处理是在浇注前向液态金属中人为地加入少量被称为变质剂的物质，以起到晶核的作用，使结晶时晶核数目增多，从而使晶粒细化。例如，向铸铁中加入硅铁或硅钙合金，向铝硅合金中加入钠或钠盐等，都是变质处理的典型实例。

（3）振动处理　在金属结晶过程中，采用机械振动、超声波振动、电磁振动等方法，使正在长大的晶体折断、破碎，也能增加晶核数目，从而细化晶粒。

## 2.2.5　铸锭的缺陷

虽然通过加入人工晶核等方法能使铸锭获得均匀细小的等轴晶组织，从而能改善钢的性能。但在实际生产中，铸锭还是会产生许多难以避免的缩孔、疏松、成分偏析及气泡等组织缺陷。铸锭在使用前还必须通过压力加工来消除各类缺陷，以改善内部组织，提高使用性能。

**1. 缩孔**

缩孔是铸锭凝固时由集中体积收缩所引起的一种缺陷。由于缩孔表面与气体直接接触氧化严重，且缩孔附近存在大量的夹杂物，从而使缩孔在锻造时不能被焊合，所以缩孔的存在会严重降低钢的性能。因此，对于缩孔必须完全切除，钢中不允许有缩孔存在。

**2. 疏松**

疏松是铸锭凝固时由分散体积收缩所形成的小孔。由于疏松可通过热加工焊合，如可通过锻造将其焊合，所以相对于缩孔来说，疏松的危害性要小得多。

**3. 区域偏析**

区域偏析是成分偏析的宏观表现，是指铸锭中不同部位化学成分不同的现象。例如，由于 S、P 元素所形成的夹杂物比重较小，会上浮到铸锭的上部，所以铸锭的上部 S、P 夹杂物就较多，S、P 含量就较高。铸锭的中部因夹杂物较少、杂质元素含量较低，故成分较均匀。铸锭的下部则含有较多的高熔点氧化物，如含有较多的 $SiO_2$ 等，原因是在钢的结晶过程中，这些高熔点的氧化物会先形成，当后形成的粗大等轴晶发生下沉时，便会将它们带到铸锭的下部。

铸锭各部位的成分不均匀，也会对钢的性能产生严重影响，特别是会降低钢的冲击韧度。为了减小这种区域偏析，必须严格控制钢中杂质元素的含量。

**4. 气泡**

气泡也是铸锭中常见的一种组织缺陷。钢液凝固时有一部分气体来不及从铸锭中跑出来，就会以气泡的形式留在铸锭中，如图 2-13 所示。由于铸锭中的气泡可通过压力加工来焊合，所以气泡危害不是很大。

图 2-13　铸锭中的气泡

**5. 夹杂物**

铸锭中的夹杂物对铸锭（铸件）的性能会产生一定的影响，根据其来源可分为两类：一类称为外来夹杂物，如在浇铸过程中混入的耐火材料等；另一类称为内生夹杂物，它是在液态金属冷却过程中形成的，如金属与气体（如氧、氮等）形成的金属氧化物或其他金属化合物，当除不尽时即残留在铸锭内，铝锭、铜锭中都可能有金属氧化物或其他化合物存在，其形状、大小和分布随夹杂物不同而异，通常在光学显微镜下都可以观察到。

## 单元2.3　探究合金的晶体结构

### 案例导读

图 2-14 所示是某公司的黄铜轴承，其保持架采用的是由铜、锌两种元素构成的合金——黄铜，同学们想一想，采用纯度更高的纯铜替换黄铜做保持架是否可行？

其实，之所以选用黄铜做保持架，是因为黄铜有很好的耐磨性和耐蚀性，适合用于各种轴承，而纯铜的强度、耐磨性、耐蚀性都远低于黄铜，纯铜无法胜任需求。

虽然纯金属一般具有良好的导电性、导热性和金属光泽，在生产中有一定的应用，但由于其种类有限，生产成本高，强度一般都很低，如铁的抗拉强度约为 200MPa，而铝还不到 100MPa，显然都不适合作为结构材料。目前实际应用的金属材料绝大多数是合金。为何合金的性能较纯金属的性能优良呢？下面我们一起来研究。

图 2-14　某公司的黄铜轴承

### 2.3.1　合金的基本概念

**1. 合金**

合金是由一种金属元素为主导，加入其他金属或非金属元素，经过熔炼或其他方法结合而成的具有金属特性的材料。

同纯金属相比，合金材料具有优良的综合性能，应用比纯金属要广泛得多。例如，工业上广泛使用的普通钢铁就是由铁和碳组成的铁碳合金，黄铜是由铜和锌组成的合金等。通过配制各种不同成分的合金，可以有效改变金属材料的结构、组织和性能，满足了人们对金属材料更高的力学性能和某些特殊的物理、化学性能的要求。

**2. 组元**

组元是组成合金的最基本的独立物质，简称为元。组元可以是金属或非金属元素，如铁、碳、铜和锌等元素。有时较稳定的化合物也可以构成组元，如 $Fe_3C$、$Al_2O_3$ 等。普通黄铜是由铜和锌两种金属元素组成的二元合金。

**3. 相**

合金中具有相同的化学成分、相同的晶体结构和相同性能的均匀组成部分称为相，相与相之间有明显的界面。液态物质称为液相，固态物质称为固相。例如，水和冰虽然化学成分相同，但物理性质不同，因此为两个相；冰可击成碎块，但还是同一个固相。

**4. 组织**

借助肉眼或显微镜所观察到的金属材料内部的相的组成、各相的数量、相的形态分布和晶粒的大小等部分称为组织。

数量、形态、大小和分布方式不同的各种相组成合金组织。组织可由单相组成，也可由多相组成。合金的性能一般由组成合金各相的成分、结构、形态、性能及各相的组合形式共同决定，组织是决定材料性能的最终关键因素。

### 2.3.2　合金的相结构

若合金是由成分、结构都相同的同一种晶粒构成的，各晶粒之间虽有界面分开，但它们仍属于同一种相；若合金是由成分、结构都不相同的几种晶粒构成的，则它们属于不同的几种相。例如，纯铁在常温下由单相的 α-Fe 组成；在铁碳合金中，铁与碳相互作用形成一种化合物 $Fe_3C$（渗碳体），$Fe_3C$ 的成分、结构与 α-Fe 完全不同，因此在铁碳合金中 $Fe_3C$ 属于一个新相。

根据合金中晶体结构特征的不同，合金的基本相结构分为固溶体、金属化合物和机械混合物。

**1. 固溶体**

合金由液态结晶为固态时，一种组元的原子溶入另一组元的晶格中所形成的均匀固相称为固溶体。溶入的元素称为溶质，而基体元素（占主要地位）称为溶剂。

固溶体的晶格类型仍然保持溶剂的晶格类型。例如，铜镍合金就是以铜（溶剂）和镍（溶质）互相溶解形成的固溶体，固溶体具有与溶剂金属同样的晶体结构。

根据固溶体晶格中溶质原子在溶剂晶格中占据的位置不同，分为间隙固溶体和置换固溶体两种。如图 2-15 所示，图中"●"代表溶质原子，"○"代表溶剂原子。

（1）间隙固溶体　溶质原子溶入溶剂原子晶格间隙之中而形成的固溶体，称为间隙固溶体，如图 2-15a 所示。

（2）置换固溶体　溶质原子置换溶剂晶格结点上的部分原子而形成的固溶体，称为**置换固溶体**，如图 2-15b 所示。

a) 间隙固溶体　　　　　　b) 置换固溶体

**图 2-15　固溶体类型及晶格畸变**

如图 2-15 所示，无论是间隙固溶体还是置换固溶体，由于溶质原子的溶入，都使晶体的晶格发生畸变。晶格畸变使位错运动阻力增大，从而提高了合金的强度和硬度，但塑性下降，此现象称为**固溶强化**。固溶强化是提高金属材料力学性能的重要途径之一。例如，在低合金钢中利用 Mn、Si 等元素来强化铁素体。

实践证明，适当控制固溶体中溶质的含量，可在显著提高金属材料的强度、硬度的同时，使其仍然保持相当好的塑性和韧性。不过，单纯的固溶强化所达到的最高强度仍然有限，常不能满足要求，还需在固溶强化的基础上再进行其他强化处理。

**2. 金属化合物**

金属化合物是指合金各组元的原子按一定的整数比化合而成的一种新相。其晶体结构不同于组成元素的晶体结构，而且其晶格一般都比较复杂。其性能特点是熔点高、硬度高、脆性大，如铁碳合金中的 $Fe_3C$（渗碳体）。当合金中出现金属化合物时，能提高其强度、硬度和耐磨性，但会降低其塑性和韧性。

**3. 机械混合物**

当组成合金的各组元在固态下既互不溶解，又不形成化合物，而是按一定的重量比例以混合方式存在着，就形成各组元晶体的机械混合物。组成机械混合物的物质可能是纯组元、固溶体或者是化合物各自的混合物，也可能是它们之间的混合物。

混合物中的各组成相既不溶解，也不化合，它们仍然保持各自的晶格结构，其力学性能取决于各组成相的性能，并由其各自形状、大小、数量及分布而定。它比单一的固溶体或金属化合物具有更高的综合性能。通过调整混合物中各组成相的数量、大小、形态和分布状况，可以使合金的力学性能在较大范围内变化，以满足工程上对材料的多种需求。

## 单元 2.4　探究金属的冷塑性变形

在工业生产中，经熔炼而得到的金属锭，如钢锭、铝合金锭或铜合金铸锭等，大多要经过轧制、挤压、冷拔、锻造、冲压等压力加工，使金属产生塑性变形而制成型材或工件，如图 2-16 所示。

金属材料经压力加工后，不仅改变了外形尺寸，而且改变了内部组织和性能。研究金属的塑性变形，对于选择金属材料的加工工艺、提高生产率、改善产品质量和合理使用材料等均有重要意义。

a) 轧制　　b) 挤压　　c) 冷拔　　d) 锻造　　e) 冲压

**图2-16　压力加工方法**

### 2.4.1　金属的塑性变形

金属在外力作用下，首先发生弹性变形，载荷增加到一定值后，除发生弹性变形外，还发生塑性变形，即弹塑性变形，继续增加载荷，塑性变形将逐渐增大，直至断裂。

当外力消除后，发生弹性变形的金属能恢复到原来形状，组织和性能不发生变化。发生塑性变形的金属的组织和性能发生变化，不能完全恢复原状，较弹性变形复杂得多，图2-17所示为塑性变形的弯管。

**1. 单晶体的塑性变形**

单晶体的塑性变形主要是以滑移方式进行，即晶体的一部分沿一定晶面和晶向相对于另一部分发生滑动。由图2-18可见，要使某一晶面滑动，作用在该晶面上的力必须是相互平行、方向相反的切应力（垂直该晶面的正应力只能引起伸长或收缩），而且切应力必须达到一定值，滑移才能进行。当原子滑移到新的平衡位置时，晶体就产生了微量的塑性变形，如图2-18d所示。

**图2-17　塑性变形的弯管**

a) 未变形　　b) 弹性变形　　c) 弹塑性变形　　d) 塑性变形

**图2-18　晶体在切应力作用下的变形**

许多晶面滑移的总和形成了宏观的塑性变形，图2-19所示为锌单晶体滑移变形示意图。

**2. 多晶体的塑性变形**

常用金属材料都是多晶体。多晶体中各相邻晶粒的位向不同，并且各晶粒之间由晶界相连接，因此，多晶体的塑性变形主要具有下列一些特点：

（1）晶粒位向的影响　由于多晶体中各个晶粒的位向不同，在外力的作用下，有的晶粒处于有利于滑移的位置，有的晶粒处于不利于滑移的位置。当处于有利于滑移位置的晶粒要进行滑移时，必然受到周围位向不同的其他晶粒的约束，使滑移的阻力增加，从而提高了塑性变形抗力。同时，多晶体各晶粒在塑性变形时，受到周围位向不同的晶粒与晶界的影响，使多晶体的塑性变形呈逐步扩展和不均匀的形式，其结果之一就是产生内应力。

图 2-19　锌单晶体滑移变形示意图

（2）晶界的作用　晶界对塑性变形有较大的阻碍作用。只包含两个晶粒的试样在拉伸时的变形情况如图 2-20 所示，由图可见，试样在晶界附近不易发生变形，出现了所谓的"竹节"现象。这是因为晶界处原子排列比较紊乱，阻碍位错的移动，因而阻碍了滑移。很显然，晶界越多，晶体的塑性变形抗力越大。

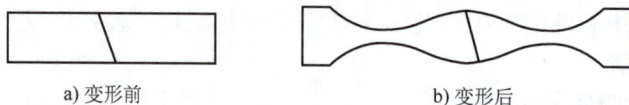

图 2-20　只包含两个晶粒的试样在拉伸时的变形情况

（3）晶粒大小的影响　在一定体积的晶体内，晶粒数目越多，晶界就越多，晶粒就越细，并且不同位向的晶粒也越多，因而塑性变形抗力也越大。细晶粒的多晶体不仅强度较高，而且塑性和韧性也较好。因为晶粒越细，在同样变形条件下，变形量可分散在更多的晶粒内进行，使各晶粒的变形比较均匀，不致过分集中在少数晶粒上而使其变形严重。另外，晶粒越细，晶界就越多，越曲折，越有利于阻止裂纹的传播，从而在其断裂前能承受较大的塑性变形，吸收较多的功，表现出较好的塑性和韧性。由于细晶粒金属具有较好的强度、塑性和韧性，因此生产中总是尽可能地细化晶粒。

### 2.4.2　金属的冷塑性变形

冷塑性变形是金属在再结晶温度以下的塑性变形。冷塑性变形不仅改变了金属材料的形状与尺寸，而且将引起金属组织与性能的变化。冷塑性变形对金属的力学性能影响较大，容易发生加工硬化。此外，还会使金属的某些物理、化学性能发生变化，如电阻增加、化学活性增大、耐蚀性降低等。

**1. 冷塑性变形对金属组织的影响**

金属在发生塑性变形时，随着外形的变化，其内部晶粒形状由原来的等轴晶粒逐渐变为沿变形方向伸长的晶粒。当变形程度很大时，晶粒被显著地拉成纤维状，这种组织称为冷加工纤维组织。同时，随着变形程度的加剧，原来位向不同的各个晶粒会逐渐取得趋于一致的位向，晶粒的形状也发生变化，通常是晶粒沿变形方向压扁或拉长，使金属材料的性能呈现出明显的各向异性，形成的晶体结构称为形变结构。图 2-21 所示为工业纯铁经不同程度冷塑性变形后的显微组织。

**2. 冷塑性变形对金属的加工硬化**

（1）加工硬化现象　金属经冷塑性变形后，会使其强度、硬度提高，而塑性、韧性下降，

a) 变形程度20%　　　　　　b) 变形程度50%　　　　　　c) 变形程度70%

图 2-21　工业纯铁经不同程度冷塑性变形后的显微组织（放大 150 倍）

这种现象称为加工硬化（形变强化）。此外，在金属内部还产生残余内应力。一般情况下，残余内应力不仅降低了金属的承载能力，而且会使工件的形状与尺寸继续发生变化。随塑性变形程度的增加，金属的强度、硬度提高，而塑性、韧性下降。图 2-22 所示为冷塑性变形对金属力学性能的影响。

（2）加工硬化的优缺点　加工硬化是强化金属的重要手段，尤其对不能用热处理强化的金属材料显得更为重要。此外，加工硬化还可使金属具有偶然的抗超载能力，一定程度上提高了构件在使用中的安全性。加工硬化是工件能用塑性变形方法成形的必要条件。在图 2-23 所示的冲压过程中，$r$ 处变形最大，当金属在 $r$ 处变形到一定程度后，首先产生加工硬化，使随后的变形转移到其他部分，这样便可得到壁厚均匀的冲压件。有时由于材料塑性的降低，加工硬化给金属材料进一步冷塑性变形带来困难。为使金属能继续变形加工，必须进行中间热处理，以消除加工硬化，因此增加了生产成本，降低了效率。

图 2-22　冷塑性变形对金属力学性能的影响
实线——冷轧的纯铜　虚线——冷轧的低碳钢

图 2-23　冲压示意图

（3）残余内应力　金属发生塑性变形时，外力所做的功，一部分转化为热量，其余能量会保留在金属中，称为储存能。储存能分为两部分：一部分是晶格畸变能，即导致晶格畸变所做的功；另一部分以残余内应力的形式存在，包括宏观残余内应力和微观残余内应力两种。

1）宏观残余内应力是金属或零件各部位变形不均匀所引起的内应力，是在宏观范围内存在的。例如，对金属棒进行弯曲塑性变形时，其上边会受拉而伸长，下边会受压而缩短。外力去除后，由于金属棒的上下两边都会企图恢复原状，因而在金属棒的上、下边就会分别出现一种压、拉应力。

2）微观残余内应力是晶粒之间或晶粒内部变形不均匀所引起的内应力，是在微观范围内存在的。例如，不同的晶粒取向不同，有的晶粒取向较软，滑移面和滑移方向与外力平行，容易发生塑性变形；有的晶粒取向较硬，滑移面和滑移方向与外力垂直，不易发生塑性变形。在外力作用下，只有取向较软的晶粒才能发生塑性变形，取向较硬的晶粒只能发生弹性变形。由于外力去除后，发生弹性变形的晶粒会企图恢复原状，所以在变形性质不同的晶粒之间会产生相反的内应力。发生塑性变形的晶粒会受到发生弹性变形晶粒的恢复力作用，发生弹性变形的晶粒会受到发生塑性变形晶粒施加的反向力。

残余内应力会造成零件的形状和尺寸不稳定，还会降低金属的耐蚀性，易引起零件的电化学腐蚀。通常在金属经过塑性变形后，还需通过去应力退火消除残余内应力，例如，弹簧经冷卷成形后，再在250~350℃温度下去应力退火，就能消除残余内应力，稳定形状。然而，残余内应力有时却是有益的，例如，对零件表面进行适当的喷丸或滚压可使零件表层形成一定大小的残余压应力，能抵消零件在交变载荷作用下所承受的部分拉应力，从而提高零件的疲劳强度。

### 2.4.3 冷塑性变形金属在加热时的回复与再结晶

掌握冷塑性变形后的回复与再结晶

金属经冷塑性变形后，其组织结构发生变化，而且因金属各部分变形不均匀，会引起金属内部残余内应力，使金属处于不稳定状态，具有自发地恢复到稳定状态的趋势。但在室温下，由于原子活动能力不足，恢复过程不易进行。若对其加热，原子活动能力增强，就会使组织与性能发生一系列的变化。随着加热温度的升高，这种变化过程可分为回复、再结晶及晶粒长大三个阶段，如图2-24所示。

**1. 回复**

当加热温度较低时，原子活动能力尚低，故冷塑性变形金属的组织无明显变化，仍保持着纤维组织的特征。此时，因晶格畸变已减轻，使残余内应力显著下降。但造成加工硬化的主要原因未消除，故其力学性能变化不大。

回复退火在工程上称为去应力退火，使冷加工的金属件在保持加工硬化的条件下降低其内应力（主要是宏观残余内应力），减轻工件的翘曲和变形，降低电阻率，提高材料的耐蚀性并改善其塑性和韧性，提高工件使用时的安全性。例如，在第一次世界大战时经深冲成形的黄铜弹壳，放置一段时间后自动发生晶间开裂（称为季裂），研究发现这是由于冷加工残余内应力和外界腐蚀性气体联合作用造成的应力腐蚀开裂，通过去应力

图2-24 加热对冷塑性变形金属的影响

退火，消除了弹壳中残留的内应力，问题迎刃而解。又如，用冷拉钢丝卷制弹簧，在卷成之后，要加热到250~300℃，青铜丝弹簧加热到120~150℃，就是进行去应力退火，以降低内

应力并使之定形，使弹簧的弹性增强，而硬度和强度则基本保持不变。此外，对于铸件和焊接件都要及时进行去应力退火，以防其变形和开裂。

> 🔊 **生产经验提示**：对于精密零件，如机床丝杠，在每次车削加工之后，都要进行去应力退火，防止变形和翘曲，保持尺寸精度。

### 2. 再结晶

当冷塑性变形金属加热到较高温度时，由于原子活动能力增加，原子可以离开原来的位置重新排列，畸变晶粒通过形核及晶核长大而形成新的无畸变的等轴晶粒，此过程称为**再结晶**。

再结晶过程首先是在晶粒碎化最严重的地方产生新的晶核，然后晶核吞并旧晶粒而长大，直到旧晶粒完全被新晶粒代替为止。

冷塑性变形金属在再结晶后获得了新的等轴晶粒，因而消除了冷加工纤维组织、加工硬化和残余内应力，使金属又重新恢复到冷塑性变形前的状态。再结晶与液体结晶及同素异构转变的重结晶不同，再结晶过程并未形成新相，新形成的晶粒在晶格类型上与原来晶粒是相同的，只不过消除了因塑性变形而造成的晶格缺陷。

在实际生产中，为消除加工硬化，必须进行中间退火。经冷塑性变形后的金属加热到再结晶温度以上，保持适当时间，使形变晶粒重新结晶为均匀的等轴晶粒，以消除加工硬化和残余内应力的退火，称为**再结晶退火**。为了保证质量和兼顾生产率，再结晶退火的温度一般比该金属的再结晶温度高 $100 \sim 200℃$。

金属的再结晶过程是在一定温度范围内进行的。通常把变形程度在 70% 以上的冷变形金属经 1h 加热能完全再结晶的最低温度，定为**再结晶温度**。实验证明，金属的熔点越高，在其他条件相同时，其再结晶温度也越高。金属的再结晶温度大致是其熔点的 0.4 倍。

### 3. 晶粒长大

冷变形金属再结晶后，一般都得到细小均匀的等轴晶粒。但继续升高加热温度或延长保温时间，再结晶后的晶粒又会逐渐长大，使晶粒粗化、力学性能变坏，应当注意避免。

## 单元2.5　探究金属的热塑性变形

### 2.5.1　热加工与冷加工的区别

金属的冷塑性变形加工和热塑性变形加工是以再结晶温度来划分的。凡在金属的再结晶温度以上进行的加工称为**热加工**，在再结晶温度以下进行的加工称为**冷加工**。例如，钨的再结晶温度为 1200℃，对钨来说，在低于 1200℃ 的高温下加工仍属于冷加工，而锡的最低再结晶温度约为 -7℃，在室温下进行的加工已属于热加工。

热加工时，由于金属原子的结合力减小，而且加工硬化过程随时被再结晶过程所消除，从而使金属的强度、硬度降低，塑性增强，因此其塑性变形要比冷加工时容易得多。

> 📣 **生产经验提示**：塑性变形会产生加工硬化现象，而只要有加工硬化，在退火时就会发生回复和再结晶。由于热加工是在高于再结晶温度以上的塑性变形过程，所以因塑性变形引起的加工硬化过程和回复再结晶引起的软化过程几乎同时存在。

### 2.5.2 热加工对金属组织和性能的影响

**1. 消除铸态金属的组织缺陷**

通过热加工，可使铸锭中的气孔大部分焊合，铸态的疏松被消除，提高金属的致密度，使金属的力学性能得到提高。

**2. 细化晶粒**

热加工的金属经过塑性变形和再结晶作用，一般可使晶粒细化，因而可以提高金属的力学性能。热加工金属的晶粒大小与变形程度和终止加工的温度有关。变形程度小，终止加工的温度高，会使再结晶晶核少而晶核长大快，加工后得到粗大晶粒。但终止加工的温度不能过低，否则将造成加工硬化及残余内应力。因此，制定正确的热加工工艺规范，对改善金属的性能有重要的意义。

**3. 形成锻造流线**

在热加工过程中，铸态组织中的夹杂物在高温下具有一定的塑性，沿着变形方向伸长而形成锻造流线（纤维组织）。锻造流线的出现，使金属材料的性能在不同的方向上有明显的差异。通常在沿流线的方向上，其抗拉强度及韧性高，而抗剪强度较低。在垂直于流线方向上，抗剪强度高，而抗拉强度较低。

采用正确的热加工工艺，可以使流线合理分布，保证金属材料的力学性能。图 2-25 所示为曲轴实物、锻造曲轴和切削加工曲轴的流线分布，很明显，锻造曲轴流线分布合理，因而其力学性能较好。

a) 曲轴实物　　　　　b) 锻造曲轴　　　　　c) 切削加工曲轴

图 2-25　曲轴实物、锻造曲轴和切削加工曲轴的流线分布

**4. 形成带状组织**

如果钢在铸态组织中存在比较严重的偏析，或热加工终锻（终轧）温度过低时，钢内会出现与热变形加工方向大致平行的条带所组成的偏析组织，这种组织称为**带状组织**。图 2-26所示为高速钢中带状碳化物组织。带状组织的存在是一种缺陷，会引起金属力学性能的各向异性，一般可用热处理方法加以消除。

图 2-26　高速钢中带状碳化物组织

### 知识链接：金刚石和钻石的区别

　　金刚石是自然界中最硬的天然矿物，它晶莹美丽，含量稀少，被誉为宝石之王。好多人有疑问：金刚石是不是钻石，它们有何区别？其实金刚石是矿物学名称，钻石是珠宝学名称，金刚石是种天然矿物，是钻石的原石，钻石是指琢磨后的金刚石，如图 2-27 所示。坚硬、漂亮的金刚石与黑软的石墨是同胞兄弟，出自同一个母体——碳，金刚石形成于地球深处的岩浆中，在高温高压的环境中碳元素结晶成为金刚石。通过模拟地球深处环境而制造的人工金刚石，性能上与天然的无差异。

a) 金刚石(钻石原石)　　　　b) 钻石(琢磨后的金刚石)

图 2-27　金刚石的不同形态

　　在金刚石晶体中，碳原子按四面体以键方式互相连接，组成无限的三维骨架，是典型的原子晶体。在金刚石晶体中，每个碳原子都以 SP3 杂化轨道与另外 4 个碳原子形成共价键，构成正四面体。金刚石不仅硬度大，熔点极高，而且不导电。金刚石产品的分类很复杂，可分成千百个等级，是根据金刚石产品的大小、晶体形状、颜色及质量来分类，以达到按质论价、正确进行经济评价的目的。总的来说分成两大类：装饰用金刚石和工业用金刚石。

　　1. 装饰用金刚石

　　金刚石（钻石）在灯光下显得熠熠生辉，成为女士最爱的宝石。优质的天然金刚石要求光泽明亮、透明清澈、无包裹体。故金刚石的颜色与透明度以及晶体大小是金刚石的主要质量等级标准。无色透明、纯净者均为优质上等品，纯净透明带蓝黄者为佳品，有些色调很浓，如深色"蓝钻""金钻""黑钻"为少见珍品。随着科学技术的发展，各种人造宝石（如立方氧化锆）相继问世，其成品常常达到以假乱真的程度，需借助各种测试仪器来鉴别其真伪。

　　2. 工业用金刚石

　　对天然的 I 型金刚石，主要利用它们的高硬度、高耐磨性的特点；对 II 型金刚石，主要利用它们良好的导热性和半导体性能生产各种金刚石产品（制品）。由于天然金刚石产量很少，工业用途金刚石绝大部分由人造金刚石代替，用于制造拉丝模、车刀、刻线刀、硬度计压头、地质和石油钻头、砂轮刀、玻璃刀、金刚石笔、修整器刀以及磨料等。

　　**素质小课堂：**

　　谚语说，"没有金刚钻，别揽瓷器活"，其实这是一门古老的民间手艺——"锔瓷"，"金刚钻"是用金刚石做的钻头，"瓷器活"指用锔子拼接破裂的瓷器，需用金刚钻钻眼，而后下锔子连接。锔瓷用像钉书钉一样的锔钉，把破碎的瓷器一片片"锔"起来，将破瓷器修复得滴水不漏，可重新使用，宋代名画《清明上河图》里就有街边锔瓷场景。在锔瓷这门手艺里，有个"金刚钻"是成为能手的关键，老锔匠的金刚钻一般都是自己制作或祖传，古时工艺不发达，打磨金刚钻非常艰难，一般至少要一年，但却可用它做一辈子"瓷器活"甚至传给子孙后代。图 2-28 所示为古锔瓷及当今锔瓷艺术。

古谚语比喻的是，我们不具备完成某事的条件或本领，就不要硬去承担，否则不但做不好甚至会有后果，反之，承揽某事必须具备做某事的条件或本领。同时我们也能感受到古人制作钻头的不畏艰难和锔瓷时精益求精的工匠精神。

图 2-28　古锔瓷及当今锔瓷艺术

## 实践任务 3　研究金属的塑性变形与再结晶

**1. 实验目的**

1）认识金属冷变形加工后及经过再结晶退火后的组织性能和特征变化。

2）研究形变程度对再结晶退火前后组织和性能的影响，加深对加工硬化和回复再结晶的认识。

**2. 实验设备及材料**

1）拉伸试验机、加热炉、吹风机。

2）7 根 $\phi 12mm \times 110mm$ 的低碳钢（45 钢）试样。

**3. 实验内容及步骤**

1）在 7 根试样中部垂直纵轴的方向画两条相距 100mm 的平行线，定出原始长度 $L_0$。

2）按表 2-1 规定的变形量在拉伸机上进行拉伸。

表 2-1　变形量的规定

| 组号 | 1 | 2 | 3 | 4 | 5 | 6 | 7 |
|---|---|---|---|---|---|---|---|
| 变形量（%） | 0 | 3 | 6 | 9 | 13 | 15 | 17 |

3）测量不同变形程度碳素钢试样的硬度。

4）将经不同变形后的试样在 550℃ 加热保温 1h 后空冷，侵入 20% NaOH 溶液数分钟后用水洗吹干，再用王水（三份盐酸、一份硝酸）腐蚀数秒，显出晶粒后用水洗，并吹干。

5）测量不同变形程度碳素钢试样再结晶后的硬度。

**4. 实验报告**

1）对比说明常见的硬度表征原理和对应硬度计区别。

2）根据实验结果，分析冷变形对碳素钢性能（硬度）的影响。

**5. 实验注意事项**

1）不要对试样进行弯曲、敲击。

2）试样两端号码如在拉伸时损坏，应及时重新做好记号。

3）腐蚀试样时，特别要小心，避免将王水和碱液溅到衣服、皮肤上。

### 6. 实践任务完成评价（见表2-2）

表2-2　实践任务完成评价表

| 姓名 | | 专业班级 | | | 学号 | | | 日期 | | |
|---|---|---|---|---|---|---|---|---|---|---|
| 序号 | 评价项目 | 过程性评价观测点 | | 配分 | 自评分 | 小组评分 | 教师评分 | 心得体会 | 不足与改进 | |
| 1 | 实验表现 | 1. 出勤情况<br>2. 遵守纪律情况<br>3. 回答问题、互动等表现情况 | | 20分 | | | | | | |
| 2 | 素养态度 | 1. 团队合作情况<br>2. 热爱劳动，注重加强动手能力<br>3. 实验工位卫生情况<br>4. 节约实验耗材，合理使用材料 | | 20分 | | | | | | |
| 3 | 实践能力 | 1. 善于理论联系实际，积极关注真实生产，注重提高综合实践能力<br>2. 在实验中能积极主动地操作<br>3. 实验设备操作规范，操作熟练<br>4. 实验项目完成情况 | | 50分 | | | | | | |
| 4 | 安全文明生产评价 | 1. 遵守纪律，听从指导教师指挥<br>2. 掌握操作规程和消防、灭火等安全知识<br>3. 严格遵守安全操作规程、设备使用规范及各项规章制度<br>4. 发生重大事故者取消实验资格，总成绩为0 | | 10分 | | | | | | |
| 5 | 合计 | | | | | | | | | |
| 6 | 总评等级（画√） | | | | □优　□良　□中　□及格　□不及格 | | | | | |
| 备忘记录 | | | | | | | | | | |

## 课后能力拓展

### 案例释疑

**分析**：单晶冰糖又称为颗粒状冰糖，20世纪60年代由天津市新华食品厂首先研制成功。其优点是甜味甘纯、质地洁白，无添加剂；因为是颗粒状，所以食用方便。冰糖的生产方法有两种：第一种生产方法是挂线结晶养大法，即将热的精炼饱和糖溶液缓缓倒入挂有细棉线的桶中，在结晶室中经过7天以上缓慢冷却结晶，蔗糖结晶围绕棉线形成并养大成大粒、大块冰糖，即多晶冰糖；第二种生产方法是投放晶种养大法，即在一摇床式结晶槽中，放入热的精炼饱和糖液，投入定量的晶种在摆动槽中边摆动边缓慢降温（水套夹层保温、控温），使晶粒长大，形成单晶冰糖。两种冰糖都是以热的精炼饱和糖溶液为原料结晶而成的，与纯金属的结晶过程相似，是一个不断形成晶核和晶核不断长大的过程。

**结论**：单晶冰糖和多晶冰糖都是以热的精炼饱和糖溶液为原料结晶而成的，只不过是结晶过程不同，所以营养价值是一样的。单晶冰糖比多晶冰糖纯度更高，又加上生产工艺过程不同，过去价格稍贵，但近年来很多人追求食品古法制作工艺，加之市场运作，有些多晶冰糖反而稍贵。

**启示：** 我们对任何事物都不能只看表面现象，要运用科学的方法对其进行全方位探究，透过现象看本质。

### 拓展阅读——"钢铁院士"崔崑：矢志于祖国钢铁，一生大爱显情怀

他一生矢志于祖国钢铁材料事业，为我国特殊钢的发展做出了突出贡献，被誉为"钢铁院士"。近百岁的他，仍在用赤诚报国的雄心默默奉献。他，坚持助人为乐，几乎倾其所有常年资助贫困学生，自己却简朴度日。他就是我国著名的金属材料专家、中国工程院院士、华中科技大学材料科学与工程学院教授崔崑。几十年来，崔崑院士桃李遍天下，其中博士就有24名。20世纪80年代，他一手创立了华中工学院（现华中科技大学）金属材料及热处理专业，成为我国在该学科领域的首批6个博士点之一，指导培养了学校第一名博士生。

**1. 捐款千万资助学子**

1925年，崔崑院士出生于山东济南一个知识分子家庭，在炮火连天中艰苦求学，他深知贫困家庭孩子读书不易，退休后，热衷于资助贫困学生。

2013年，崔崑院士和夫人朱慧楠教授一同向华中科技大学捐款420万元，设立"勤奋励志"助学金。崔崑院士对助学金取名，有自己想法，"所谓'勤奋'是希望受资助的学生要努力学习，'励志'则希望他们有良好的品德，有爱国之心。"2018年，崔崑院士夫妇又为"勤奋励志"助学金追加180万元捐款，每年资助学生由45人增为60人。2020年7月，夫妇二人向华中科技大学捐款400万元，设立"新生助学金"，每年向133名家庭经济困难的新生各资助6000元。

谈起捐资助学初衷，崔崑院士说："我和老伴算是高龄了，生活上已经有了一些积累，工资还有一些结余。我们和女儿曾经商量过，有个共同的想法，就是要捐款回馈社会。""有生之年，我会一直将爱心助学做下去，帮助贫困大学生成长成才。"崔崑院士认为，大学是人生中最珍贵、最值得怀念的一段时间，希望学生们珍惜这一宝贵时刻，勤奋学习，健全体魄，提高人文素质，学好扎实本领，热心公益事业，增强社会责任感，为实现中华民族伟大复兴的中国梦做出应有的贡献。

**2. 乐于助人几十年如一日**

崔崑院士一直乐善好施、助人为乐，可查到的助人善举可追溯到40多年前的20世纪80年代，崔崑院士在华中科技大学材料科学与工程学院任教时，不少老师家庭困难，他拿出个人奖金，在学院里设困难互助基金。谁家困难急用钱，可从基金里取用，手头宽松时再补上，当时解决了很多老师的燃眉之急，许多老师和学生对他敬佩不已。

多年来，崔崑院士从不在意吃穿住用，夫妇二人一直住在学校院士楼，没给自己买过房子，家中也没有贵重物品，一些家用电器使用多年，电视还是老式"面包机"。2015年春节，学院到崔崑院士家慰问，有人不经意看到崔崑院士穿的白色衬衣领口破了，就说，崔老大年初一怎么还穿着一件破衣服。崔崑院士笑着说："没关系，家里有新衣服，出门时把旧衣服再换下来，扔了太可惜。"2020年抗击疫情中，崔崑院士第一时间联系学院党委，交纳100万元特殊党费，助力打赢疫情阻击战。崔崑院士常对人说，钱够生活用就好，心有余力应多帮助别人。

**3. 让中国拥有自己的模具钢**

很多人眼中，崔崑院士是块千锤百炼的特殊钢，始终饱含为国为民情怀。1997年，他当选为中国工程院院士，被称为"钢铁院士"。1944年，他考入西迁四川乐山的武汉大学，就读机械系专业；1948年留校任教，便与钢铁结缘。新中国成立后，百废待兴，钢铁是工业脊

梁，而高性能的特殊钢，更是托举国家钢铁工业水平的巨臂，但当时武汉大学并没有钢铁专业。1958 年，他被公派到当时世界上最好的钢铁专业大学——莫斯科钢铁学院，专攻金属学及热处理专业，1960 年学成回国。

当时，我国工业生产急需高性能新型模具钢，却无力自主生产，进口价格是普通钢 10 倍以上。"中国一定要有自己的模具钢种！"崔崑院士和同事们加紧建设实验室，因没有自动化控温技术，他常通宵守在超 1200℃的盐浴炉旁，手按着控温开关，紧盯着仪表数字，丝毫不敢懈怠。最终，崔崑院士和研究人员一同研发了低铬模具钢，铬含量降低到 4%，使用寿命延长一倍，打破国外垄断。这种模具钢被广泛应用于汽车、航天及电子等行业中，按当时产值计算，崔崑院士研发低铬模具钢就累计创造直接经济效益 2 亿多元，为发展我国新型钢种做出巨大贡献。

2006 年，81 岁的崔崑院士告别一线讲台，开始撰写《钢铁材料、组织与性能》一书，这是我国首部全面系统介绍特殊钢的"百科全书"。该书卷帙浩繁，共 1574 页，含图 828 张、表 646 个，全书耗时六年，达 200 万字。为构筑这一艰巨工程，他自学计算机软件，掌握打字和绘图技能，以便更好地完成这部巨著，他亲自收集每份文献，编辑每张图片。2016 年，已 92 岁高龄的崔崑院士，开始着手修订了这本出版才 4 年的专著。他说，科学的最高境界就是求真求美，不断追求新知。

## 模块小结

（1）工业上常用的金属中，室温下多数金属的晶体结构都属于比较简单的三种类型：体心立方晶格、面心立方晶格和密排六方晶格。

（2）实际金属材料都是多晶体，由许多不规则的、颗粒状的小晶体（晶粒）组成。

（3）晶体缺陷按几何形态不同分为点缺陷、线缺陷和面缺陷。三种晶体缺陷都会造成晶格畸变，使变形抗力增大，从而提高材料的强度、硬度。

（4）金属结晶后的晶粒大小对金属的力学性能影响很大。一般情况下，晶粒越细小，金属的强度和硬度越高，塑性和韧性也越好。细化晶粒是使金属材料强韧化的有效途径。

（5）通过配制各种不同成分的合金，可以有效地改变金属材料的结构、组织和性能，满足人们对金属材料更高的力学性能和某些特殊的物理、化学性能的要求。

（6）根据合金中晶体结构特征，合金的基本相结构分为固溶体、金属化合物和机械混合物。

（7）冷塑性变形是金属在再结晶温度以下的塑性变形。冷塑性变形不仅改变了金属材料的形状与尺寸，还将引起金属组织与性能的变化。

（8）热加工可使金属的强度、硬度降低，塑性增强，热加工时金属的塑性变形要比冷加工时容易很多。

## 模块考核与评价

1. 常见的金属晶体结构有哪几种？
2. 实际金属晶体中存在哪些晶体缺陷？对其性能有什么影响？
3. 固溶体可分为几种类型？形成固溶体对合金有何影响？
4. 金属化合物有什么特点？它们在钢中起什么作用？
5. 金属的弹性变形与塑性变形有何区别？
6. 什么是金属的加工硬化现象？

表 2-3  模块学习过程评价表

| 姓名 | | | 专业班级 | | 学号 | | | 日期 | |
|---|---|---|---|---|---|---|---|---|---|
| 序号 | 评价项目 | | 过程性评价观测点 | 配分 | 自评分 | 小组评分 | 教师评分 | 心得体会 | 不足与改进 |
| 1 | 综合素质评价 | 平时表现 | 1. 学习期间出勤情况<br>2. 遵守课堂纪律情况<br>3. 回答问题、课堂互动等表现情况<br>4. 课堂作业及实践任务完成情况 | 20分 | | | | | |
| | | 素养态度 | 1. 团队合作情况<br>2. 热爱劳动，注重加强动手能力<br>3. 实验工位及学习工位卫生情况<br>4. 节约实验耗材，合理使用材料 | 10分 | | | | | |
| 2 | 综合专业水平评价 | 基本知识 | 1. 分析纯金属的晶体结构<br>2. 控制金属结晶粒度的大小<br>3. 探究合金的晶体结构<br>4. 探究金属的冷、热塑性变形 | 35分 | | | | | |
| | | 实践能力 | 1. 善于理论联系实际，积极关注真实生产，注重提高综合实践能力<br>2. 在实验中能积极主动地操作<br>3. 熟悉实验设备操作规范，操作熟练 | 25分 | | | | | |
| 3 | 安全文明生产评价 | | 1. 遵守纪律，听从指导教师指挥<br>2. 掌握操作规程和消防、灭火等安全知识<br>3. 严格遵守安全操作规程、设备使用规范、实验中心规章制度<br>4. 发生重大事故者，本项成绩为0 | 10分 | | | | | |
| 4 | 合计 | | | | | | | | |
| 5 | 总评等级（画√） | | | | □优　□良　□中　□及格　□不及格 | | | | |
| 备忘记录 | | | | | | | | | |

**小贴士**

成功的真正秘诀在于兴趣。

——杨振宁

# 模块 3  选用铁碳合金及碳素钢

## 能力目标

◇ 理解铁碳合金的基本组织及分类。
◇ 理解铁碳合金相图及典型铁碳合金的结晶。
◇ 理解常存杂质元素对碳钢性能的影响。
◇ 掌握碳素钢的分类方法。
◇ 掌握碳素结构钢、碳素工具钢的牌号表示及应用。

## 素质目标

◇ 材料强度越高，韧性越差，二者辩证存在，事物都具有两面性。
◇ 我国粗钢产量世界第一，但大量特钢却要进口，我们要独立自主，具有高度的社会责任心。
◇ 保持积极向上的职业精神和学习态度。
◇ 培养具有独立思考、分析问题、解决问题的能力。

## 课前学习引导

## 思维导图

### 引导案例——金属杂质引发的钢桥、巨轮严冬断裂大事故

1938 年 3 月 14 日，比利时东北部的哈塞尔特正被零下 15℃ 的严寒包围着。突然，从市中心横跨阿尔伯特运河的钢桥下传来了惊天动地的金属断裂轰隆声，紧接着是桥身剧烈抖动，桥面出现了裂缝，人们惊恐万状，争先向桥的两端奔去，一座建成不到两年的钢桥，竟然在不到几分钟的时间内折成三截，坠入河中。时隔两年，还是在这条阿尔伯特运河上，另一座钢铁大桥在严寒中遭到了同样的命运。

1954 年寒冬腊月的一天，爱尔兰海面上寒风凛冽，一艘三万两千吨级的英国油轮——"世界协和号"乘风破浪地航行在广阔的海面上。忽然，有个水手气喘吁吁地向船长报告："船长先生，快去看吧，油轮的中部出现了裂缝！"话音未落，一阵刺耳的巨响击破长空，油轮顿时一分为二，许多水手纷纷跳进大海。就这样，油轮上的人还没有来得及用无线电发出求援信号，就和油轮一起葬身波涛汹涌的大海中。

是什么原因导致了上述钢桥垮塌和油轮断裂的事故呢？

### 课前思考与预习

1. 根据引导案例，进行思考与预习。
2. 不同的钢材各有什么用途？试列举几种你知道的钢材名称。
3. 根据思维导图，梳理知识点，扫描二维码资源预习。

### 学习备忘

-------

### 单元3.1 分析铁碳合金基本组织及其相图

钢铁是现代工业中应用最广泛的金属，其基本组元是铁和碳两个元素，统称铁碳合金。普通碳钢和铸铁均属铁碳合金，合金钢和合金铸铁是加入合金元素的铁碳合金。

#### 3.1.1 工业纯铁

**1. 成分及力学性能**

工业纯铁又称为熟铁，其中铁的平均质量分数一般为 99.8% ~ 99.9%，常含有 0.1% ~ 0.2% 的杂质（主要是碳），其力学性能如下：

1）抗拉强度 $R_m = 180 \sim 280MPa$。
2）上屈服强度 $R_{eH} = 100 \sim 170MPa$。
3）断后伸长率 $A = 30\% \sim 50\%$。
4）断面收缩率 $Z = 70\% \sim 80\%$。

**2. 用途**

纯铁的塑性、韧性较好，强度、硬度很低，因此很少作为结构材料使用。纯铁具有很高的磁导率，主要用途是利用其铁磁性，制作仪器仪表的铁磁心等要求软磁性的设备。

## 3.1.2　铁碳合金的基本组织

**案例导读**

如图 3-1 所示，有两组铁碳合金毛坯材料，其中一组是 15 钢，另一组是白口铸铁，如何快速区分它们的材质呢？我们可用三种方法来分辨：①硬度测试，硬度高者为白口铸铁。②金相组织观察，15 钢的组织为大量的铁素体和少量的珠光体；而白口铸铁中含有大量的莱氏体。③成分测定，15 钢中碳的质量分数为 0.15%，而白口铸铁中碳的质量分数超过 2.11%。

图 3-1　快速区分铁碳合金的材质

金属 Fe 在结晶为固体后，随着温度的继续下降，其晶格类型还会发生变化，这种金属在固态下晶格类型随温度发生变化的现象称为同素异构转变。图 3-2 所示为纯铁的同素异构转变过程。

液态纯铁在 1538℃时结晶成具有体心立方晶格的 δ-Fe；冷却到 1394℃时发生同素异构转变，由体心立方晶格的 δ-Fe 转变为面心立方晶格的 γ-Fe；继续冷却到 912℃时又发生同素异构转变，由面心立方晶格的 γ-Fe 转变为体心立方晶格的 α-Fe。再继续冷却，晶格类型不再发生变化。

在纯铁中加入少量的碳形成铁碳合金，可使纯铁强度和硬度明显提高，铁碳合金的基本组织有铁素体、奥氏体、渗碳体、珠光体和莱氏体。铁和碳发生相互作用形成固溶体和金属化合物，同时固溶体（铁素体、奥氏体）和金属化合物又可组成具有不同性能的多相组织（珠光体、莱氏体）。

图 3-2　纯铁的同素异构转变过程

**1. 铁素体**

碳溶入 α-Fe 中形成的间隙固溶体称为铁素体，用符号 F 或 α 表示。铁素体具有体心立方晶格，晶格的间隙分布较分散，间隙尺寸很小，溶碳能力较差，在 727℃时碳的溶解度最大为 0.0218%，室温时几乎为零。铁素体的塑性、韧性很好（$A=30\% \sim 50\%$、$KU=128 \sim 160J$），但强度、硬度较低（$R_m=180 \sim 280MPa$、$R_{eH}=100 \sim 170MPa$、硬度为 50 ~ 80HBW）。铁素体的显微组织如图 3-3 所示。

纯铁的同素异构转变过程

铁碳合金相图原理动画

分析铁碳合金的基本组织

### 2. 奥氏体

碳溶入 γ-Fe 中形成的间隙固溶体称为奥氏体，用符号 A 或 γ 表示。奥氏体具有面心立方晶格，其致密度较大，晶格间隙的总体积虽较铁素体小，但其分布相对集中，单个间隙的体积较大，所以 γ-Fe 的溶碳能力比 α-Fe 大，727℃时溶解度为 0.77%。随着温度的升高，溶碳量增多，1148℃时其溶解度最大，为 2.11%。

奥氏体常存在于727℃以上，是铁碳合金中重要的高温相，强度和硬度不高，但塑性和韧性很好（$R_m \approx$ 400MPa、$A \approx 40\% \sim 50\%$、硬度为 $160 \sim 200$HBW），易锻压成形。奥氏体的显微组织如图 3-4 所示。

图 3-3 铁素体的显微组织

生产中常将钢材加热到727℃以上的高温奥氏相区进行塑性成形。室温下碳钢的组织中无奥氏体，但当钢中含有某些合金元素时，可部分或全部变为奥氏体组织。

### 3. 渗碳体

渗碳体是铁和碳相互作用而形成的一种具有复杂晶体结构的金属化合物，常用分子式 $Fe_3C$ 表示。渗碳体中碳的平均质量分数为 6.69%，熔点为 1227℃，硬度很高（800HBW），塑性和韧性极低（断后伸长率和冲击吸收能量几乎为零），脆性大。渗碳体分布在钢中主要起强化作用，其数量、形状、大小及分布状况对钢的性能影响很大。

### 4. 珠光体

珠光体是由铁素体和渗碳体组成的多相组织，用符号 P 表示。珠光体中碳的平均质量分数为 0.77%，由于珠光体组织由软的铁素体和硬的渗碳体组成，因此，其性能介于铁素体和渗碳体之间，其具有较高的强度（$R_m = 770$MPa）和塑性（$A = 20\% \sim 25\%$），硬度适中（180HBW）。珠光体在显微镜下呈片层状，其显微组织如图 3-5 所示，图中黑色层片为渗碳体，白色基体为铁素体。

图 3-4 奥氏体的显微组织　　　　图 3-5 珠光体的显微组织

### 5. 莱氏体

碳的质量分数为4.3%的液态铁碳合金冷却到1148℃时，同时结晶出奥氏体和渗碳体的多相组织称为莱氏体，用符号 Ld 表示。在727℃以下莱氏体由珠光体和渗碳体组成，称为低温莱氏体，用符号 L'd 表示。莱氏体的性能与渗碳体相似，硬度很高，塑性很差。

上述五种基本组织中，铁素体、奥氏体和渗碳体都是单相组织，称为铁碳合金的基本相；珠光体、莱氏体则是由基本相混合组成的多相组织。

## 3.1.3　铁碳合金相图

铁碳合金相图表示在缓慢冷却（或缓慢加热）的条件下，不同成分的铁碳合金的状态或组织随温度变化的图形。掌握相图的分析和使用方法，有助于了解合金的组织状态和预测合金的性能，并根据要求研制新的合金。在生产实践中，铁碳合金相图对制订合金的各种热加工工艺，如合金熔炼、铸造、锻造及热处理工艺等都有重要指导作用。

**1. 铁碳合金相图的组成**

为便于研究分析，可将相图上对常温组织和性能影响很小且实用意义不大的左上角很小部分（液相向 δ-Fe 及 δ-Fe 向 γ-Fe 转变部分）以及左下角左边部分予以省略，具体可参阅相关资料。经简化后铁碳合金相图如图 3-6 所示。

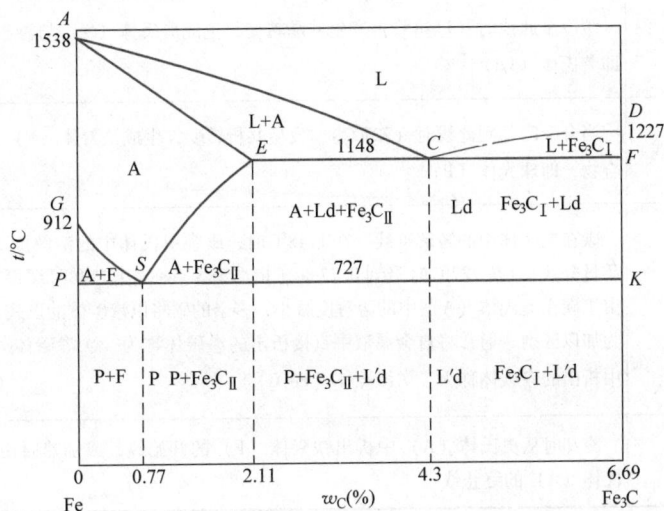

图 3-6　简化的铁碳合金相图

**2. 铁碳合金相图中的主要特性点**

相图中的每一个点对应着一组成分、温度坐标，主要的几个特性点的温度、碳的质量分数及其物理含义见表 3-1。

表 3-1　铁碳合金相图的特性点

| 特性点 | 温度 $t$/℃ | 碳的质量分数 $w_C$（%） | 含义 |
| --- | --- | --- | --- |
| $A$ | 1538 | 0 | 纯铁的熔点 |
| $C$ | 1148 | 4.30 | 共晶点 1148℃，Ld ⟷ (A + Fe₃C) |
| $D$ | 1227 | 6.69 | Fe₃C 的熔点 |
| $E$ | 1148 | 2.11 | 碳在 γ-Fe 中的最大溶解度 |
| $F$ | 1148 | 6.69 | 生成 Fe₃C 的成分点 |
| $K$ | 727 | 6.69 | 生成 Fe₃C 的成分点 |
| $S$ | 727 | 0.77 | 共析点 A_S ⟷ (F + Fe₃C) |

**3. 铁碳合金相图中主要特性线**

在铁碳合金相图中，有若干合金状态的分界线，它们是不同成分具有相同含义的临界点的连线，主要特性线及含义见表 3-2。

表 3-2　铁碳合金相图的特性线及含义

| 特性线 | 名称 | 含义 |
|---|---|---|
| ACD | 液相线 | 此线以上为液相（L），缓冷至液相线时，开始结晶，AC 线以下结晶出奥氏体（A），CD 线以下结晶出渗碳体（Fe₃C） |
| AECF | 固相线 | 缓冷至此线全部结晶为固态，此线以下为固相区。液相线与固相线之间的区域为金属液的结晶区，当处于此区时固液并存 |
| ECF | 共晶线 | 缓冷至此线时（1148℃）发生共晶转变，生成奥氏体（A）与渗碳体（Fe₃C）的混合物，即莱氏体（Ld） |
| PSK | 共析线（$A_1$ 线） | 当合金冷却到此线时（727℃），发生共析转变，生成铁素体（F）与渗碳体（Fe₃C）的混合物，即珠光体（P） |
| ES | $A_{cm}$ | 碳在奥氏体中的溶解度线。在1148℃时，碳在奥氏体中的溶解度为2.11%（即 E 点碳的质量分数）；在727℃时降到0.77%（相当于 S 点）。从1148℃缓慢冷却到727℃的过程中，由于碳在奥氏体（A）中的溶解度减小，多余的碳将以渗碳体的形式从奥氏体（A）中析出，为加以区别，通常将自金属液中直接析出的渗碳体称为一次渗碳体（Fe₃C_I），将从奥氏体中析出的渗碳体称为二次渗碳体（Fe₃C_II） |
| GS | $A_3$ | 冷却时从奥氏体（A）中析出铁素体（F）的开始线，或加热时由铁素体（F）转变为奥氏体（A）的终止线 |

## 3.1.4　铁碳合金的分类

根据碳的质量分数和室温组织的不同，可将铁碳合金分为以下三类：

（1）工业纯铁　$w_C \leqslant 0.0218\%$。

（2）钢　$0.0218\% < w_C \leqslant 2.11\%$。根据室温组织的不同，钢又可分为三种：共析钢（$w_C = 0.77\%$）、亚共析钢（$w_C = 0.0218\% \sim 0.77\%$）和过共析钢（$w_C = 0.77\% \sim 2.11\%$）。

（3）白口铸铁　$2.11\% < w_C < 6.69\%$。根据室温组织的不同，白口铸铁又可分为三种：共晶白口铸铁（$w_C = 4.3\%$）、亚共晶白口铸铁（$w_C = 2.11\% \sim 4.3\%$）和过共晶白口铸铁（$w_C = 4.3\% \sim 6.69\%$）。

铁碳合金的分类见表 3-3。

表 3-3　铁碳合金的分类

| 铁碳合金类别 | | 化学成分 $w_C$(%) | 室温平衡组织 |
|---|---|---|---|
| 工业纯铁 | | 0~0.0218 | F |
| 钢 | 共析钢 | 0.77 | P |
| | 亚共析钢 | 0.0218~0.77 | F+P |
| | 过共析钢 | 0.77~2.11 | P+Fe₃C_II |
| 白口铸铁 | 共晶白口铸铁 | 4.3 | L'd |
| | 亚共晶白口铸铁 | 2.11~4.3 | P+Fe₃C_II+L'd |
| | 过共晶白口铸铁 | 4.3~6.69 | L'd+Fe₃C_I |

生产经验提示：生活中常听人说"生铁""熟铁"及"钢"这些材料名称，其实这三种对于铁碳合金的俗称就是上文提到的工业纯铁、白口铸铁和钢。"熟铁"软，塑性好，容易变形，强度和硬度均较低，用途不广；"生铁"含碳很多，硬而脆，几乎没有塑性。钢具有"生铁"和"熟铁"的优点，为人类广泛利用。

### 3.1.5 典型铁碳合金的结晶过程

下面以图 3-7 为例，分析典型铁碳合金的结晶过程及组织转变。图 3-7 中，Ⅰ、Ⅱ、Ⅲ、Ⅳ、Ⅴ、Ⅵ处分别对应共析钢、亚共析钢、过共析钢、共晶白口铸铁、亚共晶白口铸铁和过共晶白口铸铁等几种铁碳合金。

**1. 共析钢**（$w_C = 0.77\%$）

图 3-7 中合金 Ⅰ 对应的是碳的质量分数为 0.77% 的共析钢。当 Ⅰ 线向下与 AC 线相交时，共析钢开始结晶转变，结晶过程示意图如图 3-8 所示。

（1）金属液冷却到 1 点  开始结晶出奥氏体（A）。

图 3-7  典型铁碳合金在相图中的位置

图 3-8  共析钢结晶过程示意图

（2）合金冷却到 2 点  结晶终了，合金全部转变为奥氏体。

（3）合金温度处于 2 和 3 点之间  为单相奥氏体的自然冷却过程。

（4）合金冷却到 3 点  奥氏体发生共析转变，析出铁素体（F）和渗碳体（$Fe_3C$）的混合物珠光体（P）。

在 3 点（S 点）以下直至室温，组织基本不再发生变化，故共析钢的室温组织为珠光体。

**2. 亚共析钢**（$0.0218\% < w_C < 0.77\%$）

图 3-7 中合金 Ⅱ 对应的是碳的平均质量分数为 0.45% 的亚共析钢，Ⅱ线向下与 AC 线相交时，亚共析钢开始结晶转变，结晶过程示意图如图 3-9 所示。

（1）金属液冷却到 1 点  开始结晶出奥氏体（A）。

（2）合金冷却到 2 点时  结晶终了，合金全部转变为奥氏体。

（3）合金温度处于 2 和 3 点之间  为单相奥氏体的自然冷却过程。

| 1点以上 | 1～2点之间 | 2～3点之间 | 3～4点之间 | 4点及以下 |

**图3-9 亚共析钢结晶过程示意图**

（4）合金冷却到3点时　与 $GS$ 线相交，奥氏体中析出铁素体，随温度的下降析出的铁素体（F）量增多，奥氏体量减小且奥氏体的碳含量沿 $GS$ 线增加。

（5）合金冷却到4点时　奥氏体发生共析转变，奥氏体转变成珠光体（P）。

合金冷却到4点以下直至室温，组织基本不再发生变化，所以亚共析钢的室温组织由珠光体和铁素体组成。

**3. 过共析钢**（$0.77\% < w_C < 2.11\%$）

图3-7中合金Ⅲ对应的是碳的平均质量分数为1.2%的过共析钢，Ⅲ线向下与 $AC$ 线相交时，过共析钢开始结晶转变，结晶过程示意图如图3-10所示。

| 1点以上 | 1～2点之间 | 2～3点之间 | 3～4点之间 | 4点及以下 |

**图3-10 过共析钢结晶过程示意图**

（1）金属液冷却到1点　结晶出奥氏体（A）。

（2）合金冷却到2点时　结晶终了，合金全部转变为奥氏体。

（3）合金温度处于2和3点之间　为单相奥氏体的自然冷却过程。

（4）合金冷却到3点时　与 $ES$ 线相交，奥氏体中析出渗碳体，即二次渗碳体（$Fe_3C_{II}$），随温度的下降析出的渗碳体量增多，奥氏体量减小且奥氏体的碳含量沿 $ES$ 线变化。

（5）合金冷却到4点时　奥氏体发生共析转变，奥氏体转变成珠光体。

合金冷却到4点以下直至室温，组织基本不再发生变化，所以过共析钢的室温组织由珠光体和渗碳体组成。

**4. 共晶白口铸铁**（$w_C = 4.3\%$）

图3-7中合金Ⅳ是碳的平均质量分数为4.3%的共晶白口铸铁，该合金冷却时，与图中 $EF$、$PSK$ 线分别交于1、2点，结晶过程示意图如图3-11所示。

（1）合金在1点以上　合金为液相。

（2）缓冷至1点温度（1148℃）时　此点为共晶点，液体在恒温下同时结晶出奥氏体和渗碳体两种固相，称为莱氏体（或高温莱氏体）。在一定温度下由一定成分的液相同时结晶出两种或多种固相的转变，称为共晶转变。

（3）合金温度在1和2点之间　此时共晶转变已经完成，莱氏体在继续冷却过程中，其中的奥氏体将不断析出二次渗碳体，奥氏体中的碳含量沿 $ES$ 线逐渐向共析成分接近。

（4）温度降到2点（727℃）时　发生共析转变，形成珠光体，而二次渗碳体保留到室温。

图 3-11　共晶白口铸铁结晶过程示意图

共晶白口铸铁的室温组织为珠光体和渗碳体的两相组织，称为低温莱氏体。

### 3.1.6　碳含量对钢性能的影响

**案例导读**

图 3-12 所示为某四轴加工中心，除右上角的数控系统面板外，视野范围内的机床外壳、刀架、转台卡盘、工作台、主轴、刀具都是各种钢材加工而成。请同学们分析它们的硬度和塑性有什么不同。其实钢中的碳含量对其性能影响很大。

图 3-12　某四轴加工中心

**1. 碳含量对铁碳合金组织的影响**

铁碳合金在室温的组织都由铁素体和渗碳体两相组成。不同种类的铁碳合金，其室温组织不同。随着碳含量的增加，铁素体不断减少，而渗碳体不断增多，铁碳合金的成分与组织的关系如图 3-6 所示。组织的变化规律如下：

$$F + P \rightarrow P \rightarrow P + Fe_3C_{II} \rightarrow P + Fe_3C_{II} + L'd \rightarrow L'd \rightarrow L'd + Fe_3C_I$$

**2. 碳含量对钢力学性能的影响**

钢的基体是铁素体，渗碳体是强化相。如亚共析钢，随碳含量的逐渐增多，铁素体量不断减少，渗碳体的量不断增多且分布更加均匀，因而强度、硬度上升，脆性增大，塑性、韧性下降。但是，当渗碳体的数量增加并形成网状分布时（$w_C > 1.0\%$），强度明显下降，脆性增大。图 3-13 所示为碳含量对钢力学性能的影响。

由图 3-13 可以看到，随着碳含量的增加，铁素体和渗碳体相对质量的变化，可以得出如下结论：

（1）$w_C < 1.0\%$ 时　随着碳含量的增加，钢的强度、硬度呈直线上升，塑性和韧性快速下降。

（2）$w_C > 1.0\%$ 时　因网状渗碳体的存在，不仅塑性和韧性进一步下降，而且强度明显下降，但硬度仍升高。

（3）钢的推荐 $w_C$　为了保证工业上使用的钢具有

图 3-13　碳含量对钢力学性能的影响

足够的强度，并具有一定的塑性和韧性，钢中 $w_C$ 一般为 0.3% ~ 1.5% 。

> 生产经验提示：$w_C = 2.11\%$ 时，此时为白口铸铁，组织中存在大量的渗碳体，性能硬而脆，难于切削加工，一般以铸态使用，在机械加工中很少使用。

### 3.1.7 铁碳合金相图在工业中的应用

#### 1. 作为选材的依据

铁碳合金相图表明了钢材成分、组织的变化规律，从而可判断出不同成分钢材的力学性能变化的特点，为选材提供了有力的依据。如需要选用塑性、韧性好的钢材，应选用碳含量低的钢（低碳钢）；需要强度、塑性及韧性都较好的钢材，应选用碳含量适中的钢；而一般弹簧应选用碳含量较高的钢来制造；需要具有很高硬度和耐磨性的切削工具和测量工具，一般选用碳含量高的钢来制造；一般机械零件和建筑结构用钢，主要选用低碳钢和中碳钢。

#### 2. 在铸造方面的应用

根据铁碳合金相图中的液相线可确定不同合金的熔点温度，从而确定合适的浇注温度，为拟订铸造工艺提供依据。从铁碳合金相图中可知，钢的熔点与浇注温度均比白口铸铁高，浇注温度一般在液相线以上 50 ~ 100℃；而且由铁碳合金相图可知，共晶成分的合金熔点最低，接近共晶成分的合金熔点也较低且结晶区域较小，因而铸造流动性好，体积收缩小，易获得组织致密的铸件（不易形成分散缩孔），适宜于铸造，在生产中通常选用共晶成分的合金作为铸造合金。

#### 3. 在锻压加工方面的应用

由铁碳合金相图可知，钢在高温时处于奥氏体状态，而奥氏体的强度较低，塑性好，有利于进行塑性变形。因此，钢材的锻造、轧制（热轧）加工等均选择在单相奥氏体的适当温度范围内进行。

#### 4. 在热处理方面的应用

铁碳合金相图对于制定热处理工艺有着特别重要的意义。热处理常用工艺如退火、正火、淬火的加热温度都是参考铁碳合金相图确定的。

**特别说明**：铁碳合金相图各相的相变温度是在所谓平衡条件（极其缓慢的加热或冷却状态）下得到的，所以不能反映实际快速加热或冷却时组织的变化情况，也不能反映各种组织的形状和分布状况。由于铁碳合金中，除含有铁、碳两种元素外，还含有许多杂质元素和其他合金元素，它们会影响相图中各点、各线和各区的位置和形状，所以在应用铁碳合金相图时，必须充分考虑其他元素对相图的影响。

## 单元 3.2　认识碳素钢（非合金钢）

碳的质量分数小于 2.11% 的铁碳合金称为碳素钢，简称碳钢，属于非合金钢，关于合金钢详见本书模块 5。碳素钢容易冶炼，价格低廉，易于加工，性能上能满足一般机械零件的使用要求，因此是工业中用量最大的金属材料。

### 3.2.1  常存杂质元素对碳素钢性能的影响

实际使用的碳素钢并不是单纯的铁碳合金，其中还含有少量的锰、硅、硫、磷等杂质元素，这些元素的存在对钢的性能有较大影响。

**1. 锰的影响**

锰是由炼铁原料（铁矿石）及炼钢时添加的脱氧剂（锰铁）带入的，碳素钢中锰质量分数一般为 0.25% ~ 0.80%。锰的脱氧能力较好，能清除钢中的 FeO，降低钢的脆性，与硫化合成 MnS，可以减轻硫的有害作用。锰还能溶于铁素体形成置换固溶体，产生固溶强化，提高钢的强度和硬度。因此，锰在钢中是一种有益元素。

**2. 硅的影响**

硅也来自于生铁和脱氧剂，在钢中也是一种有益的元素，其平均质量分数一般在 0.4% 以下。硅和锰一样能溶入铁素体中，产生固溶强化，使钢的强度、硬度提高，但使塑性和韧性降低。当硅含量不多，在碳素钢中仅作为少量杂质存在时，对钢的性能影响不显著。

**3. 硫的影响**

硫是由生铁和炼钢燃料带入的杂质元素，在钢中是一种有害的元素。硫在钢中不溶于铁，而与铁化合形成化合物 FeS，FeS 与 Fe 能形成低熔点共晶体，熔点仅为 985℃，且分布在奥氏体的晶界上。当钢材在 1000 ~ 1200℃进行压力加工时，共晶体已经熔化，并使晶粒脱开，钢材变脆，这种现象称为热脆性，为此，钢中硫的含量必须严格控制。在钢中增加锰的含量，使之与硫形成 MnS（熔点 1620℃），可消除硫的有害作用，避免热脆现象。

**4. 磷的影响**

磷由生铁带入钢中，在一般情况下，钢中的磷能全部溶于铁素体中。磷有强烈的固溶强化作用，使钢的强度、硬度增加，但塑性、韧性显著降低。这种脆化现象在低温时更为严重，故称为冷脆性。一般希望冷脆转变温度低于工件的工作温度，以免发生冷脆。而磷在结晶过程中，由于容易产生晶内偏析，使局部区域磷含量偏高，导致冷脆转变温度升高，从而发生冷脆。冷脆对在高寒地带和其他低温条件下工作的结构件具有严重的危害性。此外，磷的偏析还使钢材在热轧后形成带状组织。

通常情况下，磷是有害的杂质，在钢中要严格控制磷的含量。磷含量较多时，由于脆性较大，在制造炮弹钢以及改善钢的切削加工性方面则是有利的。

**5. 氢的影响**

氢是钢的有害元素，与硫、磷相比，氢的危害更大。微量的氢进入钢中就会导致氢脆，不仅导致钢的塑性、韧性降低，还会造成低应力脆断。这是由于溶于钢中的氢聚合为氢分子，造成应力集中，超过钢的强度极限，会在钢内部形成细小的裂纹。氢脆只可防不可治，一旦产生就无法消除。氢脆主要发生在材料冶炼过程，也发生在零件制造与装配过程，如电镀（见图 3-14）、焊接等，进入钢内部的微量氢（$10^{-6}$量级）在内部残余或外加应力作用下导致脆化甚至开裂。

炼钢时必须要防止氢的进入，尽可能降低氢含量。除此之外，另一办法就是对刚浇铸好的钢件立即进行去氢处理，通过高温加热使钢中的氢从钢中扩散出去。

**6. 氮的影响**

若将含氮量较高的钢自高温快速冷却到室温，来不及进行氮的扩散析出，α-Fe 的含氮量就会处于过饱和状态，此时如对钢进行一定的塑性变形，再将钢在室温放置一段时间（或再对钢进行稍微加热），那么钢中的 N 原子就会借着热激活以氮化物的形式沉淀在位错线上，将

图 3-14　电镀生产线及电镀螺栓（亮色为电镀后）

位错钉扎住。由于位错被氮化物钉扎后难以运动，因而就会导致钢的强度升高、塑韧性降低。这种经过固溶处理、塑性变性和时效处理后所导致的材料强度升高、塑韧性降低的现象称为应变时效。应变时效能导致钢的强度升高、脆性增大，故对锅炉、化工容器等安全性能要求较高的构件不利，对制造这些构件的材料来说，氮是一种不利元素。

当低碳钢中存在有 V、Ti、Nb 等元素，并能与氮形成细小的、分布在晶界上的氮化物时，不仅能阻止晶粒长大，细化晶粒，还能降低氮在 α 固溶体中的过饱和度，减小应变时效的倾向，钢的应变时效现象不仅不明显，强度还能在细晶强化的作用下得到显著的提高，这种情况下，N 是一种有益元素。由于氮对钢的性能会产生正反两方面影响，所以氮在钢中的作用应视具体情况而定。

**7. 氧的影响**

氧在钢中的溶解度很小，钢中的氧几乎全部是以氧化物形式存在，如 $FeO$、$SiO_2$ 等，夹杂物的存在会降低钢的疲劳强度等性能。氧也是钢中的有害元素，对钢的性能的影响程度与夹杂物的数量、大小和分布有关。

## 3.2.2　碳素钢的分类

**1. 按钢中碳的质量分数分类**

根据钢中碳的质量分数不同，可分为：

（1）低碳钢　$w_C \leqslant 0.25\%$。

（2）中碳钢　$0.25\% < w_C \leqslant 0.6\%$。

（3）高碳钢　$w_C > 0.6\%$。

> ◁) 生产经验提示：一般来说，碳含量越高，碳素钢的耐磨性越好，但塑韧性越差，碳含量越低，塑韧性越好。

**2. 按钢的质量分类**

根据钢中有害杂质硫、磷质量分数的多少，可分为：

（1）普通质量碳素钢　钢中硫、磷的质量分数较高（$w_S \leqslant 0.050\%$，$w_P \leqslant 0.045\%$）。

（2）优质碳素钢　钢中硫、磷质量分数较低（$w_S \leqslant 0.035\%$，$w_P \leqslant 0.035\%$）。

（3）高级优质碳素钢　钢中硫、磷质量分数很低（$w_S \leqslant 0.015\%$，$w_P \leqslant 0.025\%$）。

此外，按冶炼时脱氧程度，可将钢分为沸腾钢（脱氧不完全）、镇静钢（脱氧完全）、半镇静钢（脱氧较完全）和特殊镇静钢（比镇静钢脱氧程度更彻底）。

**3. 按钢的用途分类**

根据钢的用途不同，可分为：

（1）碳素结构钢　主要用于制造各种机械零件和工程结构件，这类钢一般属于低、中碳钢。

（2）碳素工具钢　主要用于制造各种刃具、量具和模具，这类钢碳含量较高，一般属于高碳钢。

（3）碳素铸钢　主要用于制作形状复杂、难以用锻压等方法成形的铸钢件。

**4. 钢铁的牌号命名**

在实际使用中，在给钢的产品命名时，往往把成分、质量和用途几种分类方法结合起来，如碳素结构钢、优质碳素结构钢、碳素工具钢、高级优质碳素工具钢、合金结构钢等。

钢铁产品牌号表示方法见附录 C。

## 3.2.3　钢材的品种

为便于采购、订货和管理，我国目前将钢材按外形分为型材、板材、管材及金属制品四大类。

**1. 型材**

型材包括钢轨、型钢（圆钢、方钢、扁钢、六角钢、工字钢、槽钢、角钢及螺纹钢等）和线材（直径 $\phi 5 \sim 10\text{mm}$ 的圆钢和盘条）等，常见的型材如图 3-15 所示。

| a）方钢 | b）螺纹钢 | c）圆钢 |

| d）工字钢 | e）方钢坯 | f）六角钢 | g）角钢 |

图 3-15　常见的型材

**2. 板材**

常见的板材如图 3-16 所示。主要包括如下几类：

（1）薄钢板　厚度 $d \leqslant 4\text{mm}$ 的钢板。

（2）厚钢板　厚度 $d > 4\text{mm}$ 的钢板，又可分为中板（厚度 $d = 4 \sim 20\text{mm}$）、厚板（厚度 $d = 20 \sim 60\text{mm}$）和特厚板（厚度 $d > 60\text{mm}$）。

（3）钢带　也称为带钢，实际上是长而窄并成卷供应的薄钢板。

（4）电工硅钢薄板　也称为硅钢片或矽钢片。

图 3-16 常见的板材

### 3. 管材

管材包括无缝钢管和焊接钢管。无缝钢管是用热轧、热轧-冷拔或挤压等方法生产的管壁无接缝的钢管，焊接钢管是将钢板或钢带卷曲成形然后焊接制成的钢管，如图 3-17 所示。

图 3-17 管材

### 4. 金属制品

金属制品包括钢丝、钢丝绳和钢绞线等。

## 单元 3.3  选用碳素结构钢

### 3.3.1  普通碳素结构钢

用于制造各类机械零件以及建筑工程结构的钢称为结构钢，包括碳素结构钢与合金结构钢。碳素结构钢的冶炼及加工工艺简单、成本低，这类钢的生产量在全部结构钢中占有很大比例。

#### 1. 特性及应用

普通碳素结构钢含杂质较多，价格低廉，用于对性能要求不高的地方，其碳的质量分数多在 0.30% 以下，锰的质量分数不超过 0.80%，强度较低，但塑性、韧性、冷变形性能好。

除少数情况外，普通碳素结构钢一般不做热处理，而是直接使用，多制成条钢、异型钢材及钢板等。其用途很多，用量很大，主要用于铁道、桥梁、各类建筑工程，制造承受静载荷的各种金属构件及不重要、不需要热处理的机械零件和一般焊接件。

#### 2. 牌号表示方法

普通碳素结构钢的牌号由代号（Q）、屈服强度数值、质量等级符号和脱氧方法符号四个部分表示，质量等级和脱氧方法属于尾缀，根据需要可有可无或只留其一。说明如下：

（1）主体牌号　"Q"是钢材的屈服强度"屈"字的汉语拼音首字母，紧跟后面的是屈服强度数值。

（2）尾缀　国家标准中规定了 A、B、C、D、E、F……质量等级，其中，A 级质量最差，后面逐级提高。表示脱氧方法时，沸腾钢以"F"表示，半镇静钢以"b"表示，特殊镇静钢以"TZ"表示，镇静钢以"Z"表示，其中特殊镇静钢和镇静钢表示符号可省略。

例：Q235　A　F
　　└─────脱氧方法(F—沸腾钢、Z—镇静钢、TZ—特殊镇静钢、b—半镇静钢)
　　└──────质量等级(A、B、C、D、E、F……依次质量提高)
　　└───────屈服强度符号和数值(屈服强度为235MPa)

因此，Q235AF 即表示屈服强度为 235MPa 的 A 级沸腾钢。

### 3. 典型钢号

1）Q195、Q215 通常轧制成薄板、钢筋供应市场，也可用于制作铆钉、螺钉、轻负荷的冲压零件和焊接结构件等。

2）Q235、Q255 强度稍高，可用于制作螺栓、螺母、销钉、吊钩和不太重要的机械零件以及建筑结构中的螺纹钢、型钢、钢筋等；质量较好的 Q235C、Q235D 可作为重要焊接结构用材。

3）Q275 可部分代替优质碳素结构钢25、30、35 钢使用。

普通碳素结构钢的牌号、化学成分和力学性能见表3-4。

> 📖 **知识链接**：钢铁牌号的统一数字代号有利于现代化数据处理设备进行存储和检索，统一数字代号作为牌号的辅助表达，有利于和国际接轨，目前工业生产中以传统牌号为主，具体规定及牌号对应可查阅新国标 GB/T 17616—2013《钢铁及合金牌号统一数字代号体系》。各国钢铁牌号不尽相同，国际交流中可根据表格近似换算。

## 3.3.2　优质碳素结构钢

### 1. 特性及应用

优质碳素结构钢中有害杂质 S、P 含量极少，出厂时既保证化学成分，又能保证力学性能，这类钢大多数用于制造较重要的机械零件，可以进行热处理以提高其力学性能。

### 2. 牌号表示方法

用钢中平均碳含量表示钢号。例如，45 钢表示碳的平均质量分数为 0.45% 的优质碳素结构钢；08 钢表示碳的平均质量分数为 0.08% 的优质碳素结构钢。

优质碳素结构钢根据钢中锰含量的不同，分为普通含锰量钢（$w_{Mn} < 0.7\%$）和较高含锰量钢（$w_{Mn} = 0.7\% \sim 1.2\%$）两种。

较高含锰量钢在钢号后面标出元素符号"Mn"，如 65Mn 钢，表示碳的平均质量分数为 0.65%，并含有较多锰的优质碳素结构钢（$w_{Mn} = 0.7\% \sim 1.2\%$）；若为沸腾钢，在钢号后面加"F"，如 08F；如果是高级优质钢，在数字后面加上符号"A"；特级优质钢在数字后面加上符号"E"。

表3-4　普通碳素结构钢的牌号、化学成分和力学性能

| 牌号 | 统一数字代号[1] | 等级 | 厚度（或直径）/mm | 化学成分（质量分数，%）　不大于 | | | | | 脱氧方法 | 拉伸试验 | | | | | | | 断后伸长率 A（%） | | | | | 冲击试验（V型缺口） | |
|---|---|---|---|---|---|---|---|---|---|---|---|---|---|---|---|---|---|---|---|---|---|---|---|
| | | | | C | Si | Mn | S | P | | 屈服强度[2] $R_{eH}$/MPa　厚度（或直径）/mm　不小于 | | | | | | 抗拉强度[3] $R_m$/MPa | 厚度（或直径）/mm　不小于 | | | | | 温度 /℃ | 冲击吸收能量（纵向）/J　不小于 |
| | | | | | | | | | | ≤16 | >16~40 | >40~60 | >60~100 | >100~150 | >150~200 | | ≤40 | >40~60 | >60~100 | >100~150 | >150 | | |
| Q195 | U11952 | — | — | 0.12 | 0.30 | 0.50 | 0.040 | 0.035 | F、Z | 195 | 185 | — | — | — | — | 315~430 | 33 | — | — | — | — | — | — |
| Q215 | U12152 | A | — | 0.15 | 0.35 | 1.20 | 0.050 | 0.045 | F、Z | 215 | 205 | 195 | 185 | 165 | — | 335~450 | 31 | 30 | 29 | 27 | 26 | — | — |
| | U12155 | B | — | 0.15 | 0.35 | 1.20 | 0.045 | 0.045 | F、Z | 215 | 205 | 195 | 185 | 165 | — | 335~450 | 31 | 30 | 29 | 27 | 26 | +20 | 27 |
| Q235 | U12352 | A | — | 0.22 | 0.35 | 1.40 | 0.050 | 0.045 | F、Z | 235 | 225 | 215 | 215 | 195 | 185 | 370~500 | 26 | 25 | 24 | 22 | 21 | — | — |
| | U12355 | B | — | 0.20[5] | 0.35 | 1.40 | 0.045 | 0.045 | Z | 235 | 225 | 215 | 215 | 195 | 185 | 370~500 | 26 | 25 | 24 | 22 | 21 | +20 | 27[4] |
| | U12358 | C | — | 0.17 | 0.35 | 1.40 | 0.040 | 0.040 | Z | 235 | 225 | 215 | 215 | 195 | 185 | 370~500 | 26 | 25 | 24 | 22 | 21 | 0 | 27 |
| | U12359 | D | — | 0.17 | 0.35 | 1.40 | 0.035 | 0.035 | TZ | 235 | 225 | 215 | 215 | 195 | 185 | 370~500 | 26 | 25 | 24 | 22 | 21 | -20 | 27 |
| Q275 | U12752 | A | — | 0.24 | 0.35 | 1.50 | 0.050 | 0.045 | F、Z | 275 | 265 | 255 | 245 | 225 | 215 | 410~540 | 22 | 21 | 20 | 18 | 17 | — | — |
| | U12755 | B | ≤40 / >40 | 0.21 / 0.22 | 0.35 | 1.50 | 0.045 | 0.045 | Z | 275 | 265 | 255 | 245 | 225 | 215 | 410~540 | 22 | 21 | 20 | 18 | 17 | +20 | 27 |
| | U12758 | C | — | 0.20 | 0.35 | 1.50 | 0.040 | 0.040 | Z | 275 | 265 | 255 | 245 | 225 | 215 | 410~540 | 22 | 21 | 20 | 18 | 17 | 0 | 27 |
| | U12759 | D | — | 0.20 | 0.35 | 1.50 | 0.035 | 0.035 | TZ | 275 | 265 | 255 | 245 | 225 | 215 | 410~540 | 22 | 21 | 20 | 18 | 17 | -20 | 27 |

① 表中为镇静钢、特殊镇静钢牌号的统一数字代号，沸腾钢牌号的统一数字代号如下：
Q195F——U11950；
Q215AF——U12150，Q215BF——U12153；
Q235AF——U12350，Q235BF——U12353；
Q275AF——U12750。

② Q195的屈服强度值仅供参考，不作为交货条件。

③ 厚度大于100mm的钢材，抗拉强度下限允许降低20MPa。宽带钢（包括剪切钢板）抗拉强度上限不作为交货条件。

④ 厚度小于25mm的Q235B级钢材，如供方能保证冲击吸收功值合格，经需方同意，可不做检验。

⑤ 经需方同意，Q235B的碳的质量分数可不大于0.22%。

优质碳素结构钢的牌号、化学成分和力学性能见表3-5。

表3-5 优质碳素结构钢的牌号、化学成分和力学性能

| 牌号 | 统一数字代号 | 化学成分（质量分数,%） | | | 试样毛坯尺寸 | 推荐热处理/℃ | | | 力学性能 | | | | | 交货状态硬度 HBW≤（10/3000） | |
|---|---|---|---|---|---|---|---|---|---|---|---|---|---|---|---|
| | | | | | | 正火 | 淬火 | 回火 | $R_m$/MPa | $R_{eH}$/MPa | $A$（%） | $Z$（%） | $K$/J | | |
| | | C | Si | Mn | mm | | | | ≥ | | | | | 未热处理 | 退火 |
| 08 | U20082 | 0.05~0.12 | 0.17~0.37 | 0.35~0.65 | 25 | 930 | — | — | 325 | 195 | 33 | 60 | — | 131 | — |
| 10 | U20102 | 0.07~0.14 | 0.17~0.37 | 0.35~0.65 | 25 | 930 | — | — | 335 | 205 | 31 | 55 | — | 137 | — |
| 15 | U20152 | 0.12~0.19 | 0.17~0.37 | 0.35~0.65 | 25 | 920 | — | — | 375 | 225 | 27 | 55 | — | 143 | — |
| 20 | U20202 | 0.17~0.24 | 0.17~0.37 | 0.35~0.65 | 25 | 910 | — | — | 410 | 245 | 25 | 55 | — | 156 | — |
| 25 | U20252 | 0.22~0.30 | 0.17~0.37 | 0.50~0.80 | 25 | 900 | 870 | 600 | 450 | 275 | 23 | 50 | 71 | 170 | — |
| 30 | U20302 | 0.27~0.35 | 0.17~0.37 | 0.50~0.80 | 25 | 880 | 860 | 600 | 490 | 295 | 21 | 50 | 63 | 179 | — |
| 35 | U20352 | 0.32~0.40 | 0.17~0.37 | 0.50~0.80 | 25 | 870 | 850 | 600 | 530 | 315 | 20 | 45 | 55 | 197 | — |
| 40 | U20402 | 0.37~0.45 | 0.17~0.37 | 0.50~0.80 | 25 | 860 | 840 | 600 | 570 | 335 | 19 | 45 | 47 | 217 | 187 |
| 45 | U20452 | 0.42~0.50 | 0.17~0.37 | 0.50~0.80 | 25 | 850 | 840 | 600 | 600 | 355 | 16 | 40 | 39 | 229 | 197 |
| 50 | U20502 | 0.47~0.55 | 0.17~0.37 | 0.50~0.80 | 25 | 830 | 830 | 600 | 630 | 375 | 14 | 40 | 31 | 241 | 207 |
| 55 | U20552 | 0.52~0.60 | 0.17~0.37 | 0.50~0.80 | 25 | 820 | 820 | 600 | 645 | 380 | 13 | 35 | — | 255 | 217 |
| 60 | U20602 | 0.57~0.65 | 0.17~0.37 | 0.50~0.80 | 25 | 810 | — | — | 675 | 400 | 12 | 35 | — | 255 | 229 |
| 65 | U20652 | 0.62~0.70 | 0.17~0.37 | 0.50~0.80 | 25 | 810 | — | — | 695 | 410 | 10 | 30 | — | 255 | 229 |
| 70 | U20702 | 0.67~0.75 | 0.17~0.37 | 0.50~0.80 | 25 | 790 | — | — | 715 | 420 | 9 | 30 | — | 269 | 229 |
| 75 | U20752 | 0.72~0.80 | 0.17~0.37 | 0.50~0.80 | 试样 | — | 820 | 480 | 1080 | 880 | 7 | 30 | — | 285 | 241 |
| 80 | U20802 | 0.77~0.85 | 0.17~0.37 | 0.50~0.80 | 试样 | — | 820 | 480 | 1080 | 930 | 6 | 30 | — | 285 | 241 |
| 85 | U20852 | 0.82~0.90 | 0.17~0.37 | 0.50~0.80 | 试样 | — | 820 | 480 | 1130 | 980 | 6 | 30 | — | 302 | 255 |
| 15Mn | U21152 | 0.12~0.19 | 0.17~0.37 | 0.70~1.00 | 25 | 920 | — | — | 410 | 245 | 26 | 55 | — | 163 | — |
| 20Mn | U21202 | 0.17~0.24 | 0.17~0.37 | 0.70~1.00 | 25 | 910 | — | — | 450 | 275 | 24 | 50 | — | 197 | — |
| 25Mn | U21252 | 0.22~0.30 | 0.17~0.37 | 0.70~1.00 | 25 | 900 | 870 | 600 | 490 | 295 | 22 | 50 | 71 | 207 | — |
| 30Mn | U21302 | 0.27~0.35 | 0.17~0.37 | 0.70~1.00 | 25 | 880 | 860 | 600 | 540 | 315 | 20 | 45 | 63 | 217 | 187 |
| 35Mn | U21352 | 0.32~0.40 | 0.17~0.37 | 0.70~1.00 | 25 | 870 | 850 | 600 | 560 | 335 | 18 | 45 | 55 | 229 | 197 |
| 40Mn | U21402 | 0.37~0.45 | 0.17~0.37 | 0.70~1.00 | 25 | 860 | 840 | 600 | 590 | 355 | 17 | 45 | 47 | 229 | 207 |
| 45Mn | U21452 | 0.42~0.50 | 0.17~0.37 | 0.70~1.00 | 25 | 840 | 840 | 600 | 620 | 375 | 15 | 40 | 39 | 241 | 217 |
| 50Mn | U21502 | 0.48~0.56 | 0.17~0.37 | 0.70~1.00 | 25 | 830 | 830 | 600 | 645 | 390 | 13 | 40 | 31 | 255 | 217 |
| 60Mn | U21602 | 0.57~0.65 | 0.17~0.37 | 0.70~1.00 | 25 | 810 | — | — | 695 | 410 | 11 | 35 | — | 269 | 229 |
| 65Mn | U21652 | 0.62~0.70 | 0.17~0.37 | 0.90~1.20 | 25 | 830 | — | — | 735 | 430 | 9 | 30 | — | 285 | 229 |
| 70Mn | U21702 | 0.67~0.75 | 0.17~0.37 | 0.90~1.20 | 25 | 790 | — | — | 785 | 450 | 8 | 30 | — | 285 | 229 |

### 3. 典型钢号

优质碳素结构钢主要用于制造机械零件，一般都要经过热处理后才能使用。

（1）08F 钢　含碳量低，塑性好，强度低，易轧成薄板，主要用于制造冲压件，如家电、汽车和仪表外壳等。

（2）15 钢、20 钢　主要用于制造渗碳件，经渗碳热处理后，使工件表面具有高硬度、高耐磨性，而心部仍保持着很高的韧性；用于制造承受冲击载荷及易磨损条件下工作的零件，如小模数渗碳齿轮等；也用于制造冷变形零件和焊接件。

（3）45 钢　经调质后可获得良好的综合力学性能，属于中碳钢，主要用于制造受力较大的机械零件，如齿轮、连杆及轴等，如图 3-18 所示。

**图 3-18　45 钢制造的齿轮、连杆、轴**

（4）65（65Mn）钢　具有较高的强度，可用于制造各种弹簧、机车轮缘、低速车轮等。

## 单元3.4　选用碳素工具钢

碳素工具钢经最终热处理后，硬度可达 $60 \sim 65HRC$，其耐磨性和加工性都较好，价格也低廉，生产上得到广泛应用。

### 1. 特性及应用

碳素工具钢是用于制造刃具、模具、量具及其他工具的钢，如图 3-19 所示，特点是生产成本低，加工性能优良，强度、硬度较高，耐磨性好，但塑性和韧性较差，适用于制造各种手用工具。因大多数工具都要求高硬度和高耐磨性，故碳素工具钢的碳含量较高，$w_C = 0.65\% \sim 1.35\%$，而且都是优质或高级优质钢。此类钢一般以退火状态供应市场。使用时再进行适当的热处理。

a) 千分尺　　　　　　　　　b) 丝锥

**图 3-19　碳素工具钢制造的产品**

碳素工具钢的缺点是热硬性差，当刃部温度高于 200℃ 时，硬度、耐磨性会显著降低。另外，由于淬透性差，直径厚度在 $15 \sim 20mm$ 及以下的试样在水中才能淬透，尺寸大的难以淬透，形状复杂的零件，水淬容易变形和开裂，所以碳素工具钢大多用于制造受热程度较低、尺寸较小的手工工具及低速、小进给量的机加工工具，也可用于制造尺寸较小的模具和量具。

选用碳素工具钢

**2. 牌号表示方法**

用"碳"字汉语拼音首字母"T"加上数字表示。数字表示平均碳含量（以千分之几计）。例如，T12 钢表示 $w_C = 1.2\%$ 的碳素工具钢。如果牌号末尾处写上"A"，则表示钢中硫、磷含量较少，为高级优质碳素工具钢，如末尾处加上"Mn"，则表示锰含量较高。

例：T 8
　├── 碳质量分数 $w_C=0.8\%$
　└── 碳素工具钢

　　T 10 A
　├── 高级优质碳素工具钢
　├── 碳质量分数 $w_C=1.0\%$
　└── 碳素工具钢

碳素工具钢的牌号、碳含量、性能和用途见表 3-6。各种牌号的碳素工具钢淬火后的硬度相差不大，但随着碳含量的增加，钢的耐磨性增加，韧性降低。因此，不同牌号的工具钢在用途上有所区别。

表 3-6　碳素工具钢的牌号、碳含量、性能和用途

| 牌号 | 化学成分 $w(\%)$ | | | 硬度 | | | 用途举例 |
| --- | --- | --- | --- | --- | --- | --- | --- |
| | C | Mn | Si | 退火交货状态的钢材硬度 HBW≤ | 试样淬火 | | |
| | | | | | 淬火温度/℃ 冷却剂 | ≥HRC | |
| T7、T7A | 0.65~0.74 | ≤0.40 | ≤0.35 | 187 | 800~820 水 | 62 | 淬火回火后，常用于制造能承受振动、冲击，并且在硬度适中情况下有较好韧性的工具，如冲头、木工工具等 |
| T8、T8A | 0.75~0.84 | ≤0.40 | ≤0.35 | 187 | 780~800 水 | 62 | 淬火回火后，常用于制造要求有较高硬度和耐磨性的工具，如冲头、木工工具、剪刀、锯条等 |
| T8Mn、T8MnA | 0.80~0.90 | 0.40~0.60 | ≤0.35 | 187 | 780~800 水 | 62 | |
| T9、T9A | 0.85~0.94 | ≤0.40 | ≤0.35 | 192 | 760~780 水 | 62 | 用于制造具有一定硬度和韧性的工具，如冲模、冲头等 |
| T10、T10A | 0.95~1.04 | ≤0.40 | ≤0.35 | 197 | 760~780 水 | 62 | 用于制造耐磨性要求较高，不受剧烈振动，具有一定韧性及具有锋利刃口的各种工具，如刨刀、车刀、钻头、丝锥等 |
| T11、T11A | 1.05~1.14 | ≤0.40 | ≤0.35 | 207 | 760~780 水 | 62 | |
| T12、T12A | 1.15~1.24 | ≤0.40 | ≤0.35 | 207 | 760~800 水 | 62 | 用于制造不受冲击、要求高硬度的各种工具，如丝锥、锉刀等 |
| T13、T13A | 1.25~1.35 | ≤0.40 | ≤0.35 | 217 | 760~800 水 | 62 | 适用于制造不受振动、要求极高硬度的各种工具，如剃刀、刮刀、刻字刀具等 |

## 单元 3.5　选用铸造碳钢

**1. 特性及应用**

铸造碳钢（铸钢）中碳的质量分数一般为 0.15%~0.6%。铸钢的铸造性能比铸铁差，但力学性能比铸铁好。铸钢主要用于制造形状复杂、力学性能要求高、在工艺上又很难用锻压

等方法成形的比较重要的机械零件，例如汽车变速器壳（见图 3-20）、机车车辆的车钩和联轴器等。

图 3-20　汽车变速器壳

**2. 牌号表示方法**

用"铸"和"钢"两字汉语拼音首字母"ZG"后加两组数字表示，第一组数字表示屈服强度的最低值，第二组数字表示抗拉强度的最低值。

例如：ZG 200-400，表示 $R_{eH} \geqslant 200 MPa$、$R_m \geqslant 400 MPa$ 的铸钢。

一般工程用铸钢的牌号、化学成分、力学性能及应用举例见表 3-7。

表 3-7　一般工程用铸钢的牌号、化学成分、力学性能及应用举例

| 牌号 | 化学成分 $w$（%） | | | | 室温力学性能 | | | | | 应用举例 |
|---|---|---|---|---|---|---|---|---|---|---|
| | C | Si | Mn | P、S | $R_{eH}(R_{p0.2})$ /MPa | $R_m$/MPa | $A$（%） | $Z$（%） | $A_{KV}$/J | |
| | 不大于 | | | | 不小于 | | | | | |
| ZG 200-400 | 0.20 | 0.60 | 0.80 | 0.035 | 200 | 400 | 25 | 40 | 30 | 具有良好的塑性、韧性和焊接性。用于制造受力不大的机械零件，如机座、变速器壳等 |
| ZG 230-450 | 0.30 | 0.60 | 0.90 | 0.035 | 230 | 450 | 22 | 32 | 25 | 具有一定的强度和较好的塑性、韧性、焊接性。用于制造受力不大、韧性好的机械零件，如外壳、轴承盖等 |
| ZG 270-500 | 0.40 | 0.60 | 0.90 | 0.035 | 270 | 500 | 18 | 25 | 22 | 具有较高的强度和较好的塑性，铸造性良好，焊接性尚可，切削性好。用于制造轧钢机机架、箱体等 |
| ZG 310-570 | 0.50 | 0.60 | 0.90 | 0.035 | 310 | 570 | 15 | 21 | 15 | 强度和切削性良好，塑性、韧性较低。用于制造载荷较高的大齿轮、缸体等 |
| ZG 340-640 | 0.60 | 0.60 | 0.90 | 0.035 | 340 | 640 | 10 | 18 | 10 | 具有高的强度和耐磨性，切削性好，焊接性较差，流动性好，裂纹敏感性较大。用于制造齿轮、棘轮等 |

## 实践任务 4　调查钢材市场

**1. 调查目的**

1）熟悉机械制造常用工程材料。

2）了解常用材料牌号、主要成分、力学性能、主要用途及供销情况等。

3）了解目前钢材市场的供应品种、供货渠道、现行价格及材料订购过程等。

**2. 调查内容**

调查学校所在地区的 1～2 家钢材市场，在调查报告中详细描述该市场的管理体制、规模、主要经营范围、供货渠道、材料订购过程及其他服务项目等，按照材料类别实际调查几种你感兴趣的材料，填入表 3-8 中。

表 3-8　钢材调查表

| 类别 | 牌号 | 主要成分 $w(\%)$ | 规格 | 生产厂家 | 价格/元 | 主要用途 |
|---|---|---|---|---|---|---|
| 碳素钢 | | | | | | |
| 合金钢 | | | | | | |
| 铸铁 | | | | | | |
| 其他材料 | | | | | | |

**3. 实践任务完成评价**（见表 3-9）

表 3-9　实践任务完成评价表

| 姓名 | | 专业班级 | | | 学号 | | 日期 | |
|---|---|---|---|---|---|---|---|---|
| 序号 | 评价项目 | 过程性评价观测点 | | 配分 | 自评分 | 小组评分 | 教师评分 | 心得体会 | 不足与改进 |
| 1 | 实验表现 | 1. 按时完成任务情况<br>2. 遵守纪律情况 | | 20 分 | | | | | |
| 2 | 素养态度 | 1. 团队合作情况<br>2. 良好的沟通协作，注重加强与调研单位的友好沟通协作 | | 20 分 | | | | | |
| 3 | 实践能力 | 1. 在实验中能积极主动地理论联系实际，积极关注企业真实生产，提高自己的综合实践能力<br>2. 实验项目完成情况 | | 50 分 | | | | | |

（续）

| 序号 | 评价项目 | 过程性评价观测点 | 配分 | 自评分 | 小组评分 | 教师评分 | 心得体会 | 不足与改进 |
|---|---|---|---|---|---|---|---|---|
| 姓名 | | 专业班级 | | | 学号 | | 日期 | |
| 4 | 安全文明生产评价 | 1. 遵守调研单位的管理规定，听从实习指导教师指挥<br>2. 掌握消防、灭火等安全知识<br>3. 严格遵守安全操作规程、设备使用规范、调研单位的各项规章制度和实习纪律<br>4. 发生重大事故者取消实验资格，总成绩为0 | 10 分 | | | | | |
| 5 | | 合计 | | | | | | |
| 6 | | 总评等级（画√） | | □优　□良　□中　□及格　□不及格 | | | | |
| 备忘记录 | | | | | | | | |

## 📖 知识拓展 ——"泰坦尼克号"沉船之谜

历史上，"泰坦尼克号"这艘巨型游轮究竟为什么会沉于海底呢？技术所限，直至1991年，科学考察队才开始到水下进行残骸考察，并收集了残骸金属碎片。这些碎片以及沉船在海底的状况使人们终于解开了巨轮罹难之谜。

科学考察队考察发现了导致沉没的重要细节：造船工程师只考虑到要增加钢的强度，而没想到要增加其韧性。对比发现，在巨轮沉没地点与当年相同水温状况时，如今的造船钢材在受到撞击时可弯成 V 形，而残骸上的钢材则因韧性不够而断裂了（见图3-21）。当时的工程师并不知道，为了增加钢的强度而往炼钢原料中增加的大量硫化物会大大增加钢的脆性，以致酿成了"泰坦尼克号"沉没的悲剧。另据美国《纽约时报》报道，一个海洋法医专家小组对打捞起来的"泰坦尼克号"船壳钢板铆钉进行分析发现，铆钉里含有异常多的玻璃状渣粒，因而非常脆弱，塑韧性低、易断裂。

图 3-21 "泰坦尼克号"触礁模拟图

## 🪶 课后能力拓展

## ⏩ 案例释疑

**分析：**钢桥垮塌，油轮断裂，这些惨痛的教训引起了科学家们的高度重视，答案最终被科学家们找到了。首先，任何固体材料都会有弹性，而材料的弹性是有一定限度的，一旦所受的力超过其弹性限度，材料就会断裂。材料的弹性不仅与材料本身的结构密切相关，而且随温度的变化而变化。钢材在低温下，其弹性限度会大大下降。其次，更为重要的是，科学家们发现以上钢桥和油轮的钢材中磷含量较高。磷是由生铁带入钢中的有害杂质元素，磷在钢中能全部溶入铁素体，使钢的强度、硬度有所提高，但却使常温下钢的塑性、韧性急剧降低，使钢变脆，这种情况在低温时更为严重，称为冷脆性。钢桥在严寒中受冷脆性影响，当承受不住外来的压力时，钢材就会产生裂缝，以致大桥垮塌、油轮断裂。

结论：磷是有害的元素，它使钢产生冷脆性，因此应严格控制其含量。设计师在设计大型建筑和结构时，必须高度重视钢材的抗寒能力，量材施用。

### 📖 拓展阅读 ——"大国工匠"卢仁峰：为国之重器增辉的"独手焊侠"

他左手几乎丧失劳动能力，可他克服了常人难以想象的困难，练就一手绝技，成为中国兵器首席技师、国家级技能大师、中华技能大奖获得者、全国"最美职工"、2021年"大国工匠年度人物"，他就是中国兵器工业集团内蒙古第一机械集团有限公司焊工卢仁峰。我国军力科研技术的飞速发展离不开军工人的无悔付出，他们中有科学家、院士、教授，更有军工生产一线的特殊工匠们。

1. 左手失去劳动能力，却练就焊接绝技

1979年，16岁的卢仁峰入厂从事焊接工作，日积月累的刻苦训练，焊接技术日臻成熟。一次，厂里一条水管爆裂，需要抢修但不能停水，大家束手无策，而卢仁峰10多分钟就焊接成功。从此，带水焊接成了他的招牌绝活，也成了厂里名人。然而，不久后一场突发灾难让他的左手丧失劳动能力，遭受沉重打击，常人看来他只能告别焊工，而他却为了继续做焊工，常几个月吃住在车间，每天至少练习50根焊条，一蹲就是几小时。凭着这股倔劲，他仅靠一只右手不但恢复了焊接技术，还练就一身绝活，攻克了众多焊接难题，被誉为"独手焊侠"。

一辆坦克的车体由数百块钢板焊接而成，焊缝达800多条，当坦克被装甲弹击中时，每平方厘米承受的压力会达几十吨、甚至数百吨。如果焊接不牢，这些焊缝将成为最先撕裂的开口，坦克焊接最关键也最复杂的部位驾驶舱尤为重要，焊接难度也最高。驾驶舱这一最大难度的焊接任务始终是交由卢仁峰专门负责，他是全厂最出色的焊工。几十年间，卢仁峰焊接的产品合格率为100%，然而，也凝聚了无数的汗水与坚韧，因为这个100%是他仅靠一只手完成的。

2. 在技术创新上不断突破

21世纪初，我国研制新型主战坦克和装甲车辆，这些国之重器使用坚硬的特种钢材作为装甲。材料的焊接难度极高，爱琢磨的卢仁峰经过数百次攻关，解决了难题。

2009年，作为国庆阅兵装备的某型号车辆首次批量生产，在整车焊接蜗壳部位过程中，由于焊接变形和焊缝成型难以控制，致使平面度超差，严重影响整车的装配质量和进度。卢仁峰投入到紧张的技术攻关中，从焊丝型号到电流大小选择，他和工友们反复研究，确定操作步骤。最终，利用焊接变形的特性，采用"正反面焊接，以变制变"的方法，使该产品生产合格率从60%提高到96%。

卢仁峰被称为焊接"大师"，他有一手绝活——一动焊枪就知道钢材的可焊性如何，仅凭一块钢板掉在地上的声音，就能辨别出含碳量多少，应采用什么工艺。在穿甲弹冲击和车体涉水等试验过程中，他焊接的坦克车体坚如磐石、密不透水。

通过多年的研究和实践，卢仁峰最终创造了熔化极氩弧焊、微束等离子弧焊、单面焊双面成型等操作技能，"短段逆向带压操作法""特种车辆焊接变形控制"等多项成果，"HT火花塞异种钢焊接技术"等国家专利。卢仁峰先后完成了"解决某车辆焊接变形和焊缝成型""某轻型战术车焊接技术攻关""某新型民品科研项目焊接攻关"等23项"卡脖子"技术难题的攻关，其中"解决某车辆焊接变形和焊缝成型"项目节创经济价值500万元以上。

2021年，卢仁峰对某海军装备铝合金雷达结构件焊接变形问题进行攻关，通过优化焊接顺序、改进焊接方法、制作防变形工装等措施，攻克了难题，为公司开拓海军装备市场、提升装备质量奠定了工艺基础。多年来，他牵头完成152项技术难题攻关，提出改进工艺建议200余项，一批关键技术瓶颈的突破为实现强军目标贡献了智慧和力量。

3. 担好匠人之重任，不断传承精湛技能

2017年，中华全国总工会向100个"全国示范性劳模和工匠人才创新工作室"授牌，内蒙古一机集团卢仁峰创新工作室荣耀上榜。

攻克难关，取得荣誉，这并非是卢仁峰工作的全部，作为"手艺人"，传承必不可少，他的工作室是传承的大平台。卢仁峰带领的科研攻关班，被命名为"卢仁峰班组"。为了提高徒弟们焊接精确度，他总结出"强化基础训练法"，每带一名新徒弟，不管过去基础如何，1年内必须每天进行5块板、30根焊条的"定位点焊"，每点误差不得大于0.5mm，不合格就重来。

如今，卢仁峰已经带出50多个徒弟和百余名工匠，并且在他影响下，爱人、弟弟、弟媳等共计8名家人从事电焊工作。他们都迅速成长为企业的技师、高级技师和技术能手，有的还获得"全国劳动模范""五一劳动奖章"和"全国技术能手"等殊荣。他归纳提炼出的"三顶焊法""短段逆向操作法""带水带压焊法"等一批先进操作法，已成为公司焊工的必学"宝典"。

## 模块小结

（1）纯铁的塑性、韧性较好，强度、硬度很低，很少作为结构材料使用。

（2）铁碳合金的基本组织有铁素体、奥氏体、渗碳体、珠光体和莱氏体。

（3）铁碳合金相图表示在缓慢冷却（或缓慢加热）的条件下，不同成分的铁碳合金的状态或组织随温度变化的图形。

（4）简要介绍了典型铁碳合金的结晶过程及组织转变。

（5）不同种类的铁碳合金，随着碳含量的增加，铁素体不断减少，而渗碳体不断增多。当 $w_C < 1.0\%$ 时，碳含量增加，合金的强度、硬度上升，脆性增大，塑性、韧性下降。当 $w_C > 1.0\%$ 时，因渗碳体的存在，不仅合金塑性和韧性进一步下降，而且强度明显下降，但硬度仍升高。

（6）碳的质量分数小于2.11%的铁碳合金为碳素钢。碳素钢容易冶炼，价格低廉，易于加工，性能上能满足一般机械零件的使用要求，因此是工业中用量最大的金属材料。

（7）普通碳素结构钢含杂质较多，价格低廉，用于对性能要求不高的地方，其碳的质量分数多在0.30%以下，锰的质量分数不超过0.80%，强度较低，但塑性、韧性、冷变形性能好。

（8）碳素工具钢是用于制造刃具、模具、量具及其他工具的钢，特点是生产成本低，加工性能优良，强度、硬度较高，耐磨性好，但塑性和韧性较差，适用于制造各种手用工具。

（9）铸钢主要用于制造形状复杂、力学性能要求高、在工艺上又很难用锻压等方法成形的比较重要的机械零件。

## 模块考核与评价

1. 简述纯铁的特性与用途。

2. 叙述铁碳合金相图。

3. 随着碳含量的增加，碳素钢的强度有何变化规律？原因是什么？

4. 为何要在碳素钢中严格控制硫、磷的含量？而在易切削的钢中磷含量又要适当提高？

5. 同样外观和大小的两块铁碳合金，其中一块是低碳钢，一块是白口铸铁。用什么简便方法可迅速将它们区分开？

6. Q235AF 牌号的含义是什么？

7. 简述碳素工具钢的特性与应用。

表 3-10　模块学习过程评价表

| 姓名 | | 专业班级 | | | 学号 | | | 日期 | | |
|---|---|---|---|---|---|---|---|---|---|---|
| 序号 | 评价项目 | | 过程性评价观测点 | 配分 | 自评分 | 小组评分 | 教师评分 | 心得体会 | 不足与改进 | |
| 1 | 综合素质评价 | 平时表现 | 1. 学习期间出勤情况<br>2. 遵守课堂纪律情况<br>3. 回答问题、课堂互动等表现情况<br>4. 课堂作业及实践任务完成情况 | 20分 | | | | | | |
| | | 素养态度 | 1. 团队合作情况<br>2. 热爱劳动，注重加强实作动手能力<br>3. 实验工位及学习工位卫生情况<br>4. 节约实验耗材，合理使用材料 | 10分 | | | | | | |
| 2 | 综合专业水平评价 | 基本知识 | 1. 分析铁碳合金基本组织及其相图<br>2. 认识碳素钢（非合金钢）<br>3. 选用碳素结构钢、碳素工具钢、铸造碳钢 | 35分 | | | | | | |
| | | 实践能力 | 1. 善于理论联系实际，积极关注真实生产，注重提高综合实践能力<br>2. 在实验中能积极主动地操作<br>3. 熟悉实验设备操作规范，操作熟练 | 25分 | | | | | | |
| 3 | 安全文明生产评价 | | 1. 遵守纪律，听从指导教师指挥<br>2. 掌握操作规程和消防、灭火等安全知识<br>3. 严格遵守安全操作规程、设备使用规范、实验中心规章制度<br>4. 发生重大事故者，本项成绩为0 | 10分 | | | | | | |
| 4 | 合计 | | | | | | | | | |
| 5 | 总评等级（画√） | | | | □优　□良　□中　□及格　□不及格 | | | | | |
| 备忘记录 | | | | | | | | | | |

小贴士

　　发展独立思考和独立判断的一般能力，应当始终放在首位，而不应当把获得专业知识放在首位。

——爱因斯坦

# 模块4　对钢进行热处理改性

## 🔧 能力目标

◇ 理解热处理的基本原理。
◇ 掌握对钢进行退火和正火的目的及应用。
◇ 理解钢的淬火及其缺陷、预防。
◇ 掌握对钢进行回火的目的及常用回火方法。
◇ 掌握钢的表面淬火工艺方法。
◇ 能对典型钢材进行热处理工艺位置安排、方案选择及工艺性设计。

## 🔧 素质目标

◇ 普通碳素钢能满足一般使用要求，但要想用在特定重要场合，需对其进行专门的热处理改性，懂得专业知识与技能非常重要。
◇ 热处理有污染性，满足对材料性能要求的同时，要注重环保，懂得绿水青山就是金山银山。
◇ 热处理中，要具备规范操作的职业习惯和安全、环保意识。
◇ 世界日新月异，新的热处理技术不断涌现，要具有孜孜以求的创新精神。

## 📁 课前学习引导

### 🖼 思维导图

## 🔍 引导案例 ——"神刀匠"蒲元精湛的热处理技术

据史书记载，蒲元是三国时期的蜀国人，是当时著名的造刀技术能手，如图4-1所示。他曾经在成都为刘备造刀5000把，上刻"七十二炼"。后来，他又在斜谷（今陕西省眉县西南）为诸葛亮制刀3000把。据说，蒲元在冶炼金属、制造刀具上所用方法与常人大不一样，当钢刀制成后，为了检验钢刀的锋利程度，他在大竹筒中装满铁珠，然后让人举刀猛劈，结果"应手灵落"，如同斩草一样，竹筒豁然断成两截，而筒内的铁珠也被"一分为二"。因此，蒲元的制刀技艺"称绝当世"，他所制的钢刀因能如此"削铁如泥"而被称为"神刀"。那么蒲元在冶炼金属、制造刀具方面使用了什么与常人不一样的方法呢？

图4-1　蜀国神刀匠蒲元

其实"神刀"是在蒲元对钢材进行了热处理的基础上打造成的，那么钢材在热处理后性能为什么会发生改变，又是如何提高钢的强度和硬度的呢？

## 🔆 课前思考与预习

1. 根据引导案例，进行思考与预习。

2. 家里的螺钉旋具如过软，拧螺钉时容易变形，如果放到火上烧到略发红，再放到温水中蘸一下，螺钉旋具就变得很硬，拧螺钉时就不再变形，你知道这是为什么吗？

3. 根据思维导图，梳理知识点，扫描二维码资源预习。

## 📝 学习备忘

--------------------------------------------------
--------------------------------------------------
--------------------------------------------------
--------------------------------------------------
--------------------------------------------------
--------------------------------------------------

## 单元 4.1　认识钢的热处理

## ♻ 案例导读

用T7钢制造的錾子如图4-2所示，可用于钳工和石工，若不热处理，即使刃口磨得很好，使用时很快就会发生卷刃。若将已磨好的錾子刃口局部加热至一定温度，保温后进行水冷及其他热处理工艺，则錾子将变得锋利而有韧性。在使用中，即使用锤子经常敲打，錾子也不易发生卷刃、崩刃。下面我们一起学习热处理，通过热处理，不仅可强化金属材料，充分挖掘材料性能潜力，降低结构重量，节省材料和能源，

图4-2　T7钢制造的錾子

而且能够提高机械产品质量、大幅度延长机器零件的使用寿命。

### 1. 热处理的概念

钢的热处理是指将钢在固态下采用适当的方式进行加热、保温和冷却，从而改变钢的内部组织结构，最终获得所需性能的工艺方法。热处理是改善金属材料性能的一种重要加工工艺，一般说来，大部分钢的热处理，如退火、正火、淬火等，都是将钢加热到临界点（$A_1$、$A_3$、$A_{cm}$）以上，获得全部或部分晶粒细小的奥氏体组织，然后根据不同的冷却方式，将奥氏体转变（等温转变或连续冷却转变）为不同的组织，从而使钢具有不同的性能。

钢的各种热处理工艺都包括加热、保温和冷却三个阶段，加热温度和各阶段持续时间是决定热处理工艺的主要因素。钢的热处理工艺曲线如图4-3所示。

认识钢的
热处理

热处理工艺
曲线原理

图4-3　钢的热处理工艺曲线

知识链接：热处理加热炉过去大多使用气体燃料加热，为了准确控制炉温，如今更多的热处理炉采用电加热，如图4-4所示。

图4-4　热处理加热炉

### 2. 热处理的特点

热处理工艺区别于其他加工工艺（如铸造、锻造、焊接等）的特征是不改变工件的形状，只改变材料的组织结构和性能。热处理工艺只适用于固态下能发生组织转变的材料，无固态相变的材料则不能用热处理来进行强化。

### 3. 热处理的功用

通过适当的热处理，不仅可以提高钢的使用性能，改善钢的工艺性能，而且能够充分发挥钢的性能潜力，从而减小零件的质量，延长产品使用寿命，提高产品的产量、质量和经济效益。恰当的热处理可消除铸、锻、焊等热加工工艺造成的各种缺陷，细化晶粒，消除偏析，降低内应力，使钢的组织和性能更加均匀。

热处理也是零件加工中的重要工序，例如用高速钢制造钻头，必须先经过预备热处理，改善锻件毛坯组织，降低硬度（207～255HBW），这样才能进行切削加工。加工后的成品钻头又必须进行最终热处理，提高钻头的硬度（60～65HRC）和耐磨性，并进行精磨，以切削其他金属。

据统计，在机床制造中有 60% ~70% 的零部件要经过热处理；在汽车、拖拉机制造中有 70% ~90% 的零部件要经过热处理；飞机配件、各种工具和滚动轴承等几乎 100% 需要进行热处理。

**4. 热处理的分类**

根据加热、冷却方式的不同，以及钢的组织和性能的变化特征不同，可将热处理大致进行如下分类：

```
                               退火
                  普通热处理    正火
                               淬火
                               回火

                                        火焰加热表面淬火
                               表面淬火   感应加热表面淬火
                                        激光加热表面淬火
                  表面热处理              电解液加热表面淬火
热处理
                                        渗碳
                               表面化学   渗氮
                               热处理     碳氮共渗
                                        渗金属

                               时效处理
                               形变热处理
                  其他热处理    真空热处理
                               可控气氛热处理
                               表面气相沉积
```

---

## 单元 4.2　探究钢在加热时的转变

### 4.2.1　钢在加热和冷却时的固态临界点

钢在固态下进行加热、保温和冷却时将发生组织转变，转变临界点根据 Fe-Fe$_3$C 相图（参见图 3-6）确定。平衡状态下，当钢在缓慢加热或冷却时，其固态下的临界点分别用 Fe-Fe$_3$C 相图中的平衡线 $A_1$（$PSK$ 线）、$A_3$（$GS$ 线）、$A_{cm}$（$ES$ 线）表示。

实际加热和冷却时，发生组织转变的临界点都要偏离平衡临界点，并且加热和冷却速度越快，其偏离的程度越大。实际加热时的临界点分别用 $Ac_1$、$Ac_3$、$Ac_{cm}$ 表示；实际冷却时的临界点分别用 $Ar_1$、$Ar_3$、$Ar_{cm}$ 表示。钢在加热和冷却时相图上各相变临界点的位置如图 4-5 所示。

图 4-5　钢在加热和冷却时相图上各相变临界点的位置

### 4.2.2　钢在加热时的组织转变过程

加热是热处理的第一道工序，生产中有两种本质不同的加热，一种是在 $A_1$（727℃）温度以下的加热，另一种是在 $A_1$ 温度以上的加热。在这两种加热条件下所发生的组织转变是截然不同的，本节讨论钢在加热到 $A_1$ 温度以上时所发生的转变。

由 Fe-Fe$_3$C 相图（参见图 3-6）可知，任何成分的钢加热到 $A_1$ 温度以上时，都发生珠光体向奥氏体的转变。将共析钢、亚共析钢和过共析钢分别加热到 $A_1$、$A_3$ 和 $A_{cm}$ 以上时，都完全转变为单相奥氏体，通常把这种加热转变称为奥氏体化。钢只有处于奥氏体状态才能通过不同的冷却方式使其转变为不同的组织，从而获得所需要的性能。显然，加热的目的就是为了使钢获得奥氏体组织，并利用加热规范控制奥氏体晶粒大小。

这里以共析钢（碳的质量分数为 0.77%）为例来说明钢在加热时的组织转变规律。将共析钢加热至 $Ac_1$ 温度时，便会发生珠光体向奥氏体的转变，其转变过程也是一个晶核形成和长大的过程，一般可分为四个阶段，如图 4-6 所示。

| a) 奥氏体晶核的形成 | b) 奥氏体晶核的长大 | c) 残留渗碳体的溶解 | d) 奥氏体成分均匀化 |

图 4-6　共析钢中奥氏体的形成过程示意图

### 1. 奥氏体晶核的形成

奥氏体晶核优先在铁素体和渗碳体的两相界面上形成，这是因为两相界面处成分不均匀，原子排列不规则，晶格畸变大，能为产生奥氏体晶核提供成分和结构两方面的有利条件。

### 2. 奥氏体晶核的长大

奥氏体晶核形成后，依靠铁素体的晶格改组和渗碳体的不断溶解，奥氏体晶核不断向铁素体和渗碳体两个方向长大。与此同时，新的奥氏体晶核也不断形成并长大，直至铁素体全部转变为奥氏体为止。

### 3. 残留渗碳体的溶解

在奥氏体的形成过程中，当铁素体全部转变为奥氏体后，仍有部分渗碳体尚未溶解（称为残留渗碳体），随着保温时间的延长，残留渗碳体将不断溶入奥氏体中，直至完全消失。

### 4. 奥氏体成分均匀化

即使渗碳体全部溶解，奥氏体内的成分仍不均匀，在原铁素体区域形成的奥氏体碳含量偏低，在原渗碳体区域形成的奥氏体碳含量偏高，还需保温足够时间，让碳原子充分扩散，奥氏体成分才可能均匀。

亚共析钢和过共析钢的奥氏体形成过程与共析钢基本相同，不同的是，亚共析钢的平衡组织中除了珠光体，还有先析出的铁素体，过共析钢中除珠光体外还有先析出的渗碳体。若加热至 $Ac_1$ 温度，只能使珠光体转变为奥氏体，得到"奥氏体 + 铁素体"或"奥氏体 + 二次渗碳体"组织，称为不完全奥氏体化。只有继续加热至 $Ac_3$ 或 $Ac_{cm}$ 温度以上，才能得到单相奥氏体组织，即完全奥氏体化。

### 4.2.3　加热时奥氏体的晶粒大小及控制

**1. 奥氏体晶粒大小及其对钢性能的影响**

奥氏体晶粒的大小对钢冷却后的组织和性能有很大影响。钢在加热时获得的奥氏体晶粒大小，直接影响到冷却后转变产物的晶粒大小（见图4-7）和力学性能。加热时获得的奥氏体晶粒细小，则冷却后转变产物的晶粒也细小，其强度、塑性和韧性较好；反之，粗大的奥氏体晶粒冷却后转变产物也粗大，其强度较低、塑性较差，冲击韧度则显著降低。

图 4-7　钢在加热和冷却时晶粒大小的变化

> 📖 **知识链接**：晶粒度是表示晶粒大小的一种尺度，工程上将奥氏体标准晶粒度分为 00、0、1、2、…、10 十二个等级，其中常用的为 1~8 级，1~4 级为粗晶粒，5~8 级为细晶粒，超过 8 级为超细晶粒。

**2. 奥氏体晶粒大小的控制**

奥氏体晶粒尺寸过大（或过粗）会导致热处理后钢的强度降低，工程上往往希望钢在加热后得到细小而成分均匀的奥氏体晶粒。可以从以下三个途径对奥氏体晶粒的大小加以控制：

（1）加热温度和保温时间　奥氏体刚形成时晶粒是细小的，但随着温度的升高，奥氏体晶粒将逐渐长大，温度越高，晶粒长大越明显；在一定温度下，保温时间越长，奥氏体晶粒就越粗大。因此，热处理加热时要合理选择加热温度和保温时间，以保证获得细小均匀的奥氏体组织。

（2）钢的成分　随着奥氏体中碳含量的增加，晶粒的长大倾向也增加；若碳以未溶碳化物的形式存在，则有阻碍晶粒长大的作用。

（3）合金元素　在钢中加入能形成稳定碳化物的元素（如钛、钒、铌、锆等）和能形成氧化物或氮化物的元素（如适量的铝等），有利于获得细晶粒，因为碳化物、氧化物和氮化物等弥散分布在奥氏体的晶界上，能阻碍晶粒长大；锰和磷是促进奥氏体晶粒长大的元素。

## 单元 4.3　探究钢在冷却时的转变

在实际生产过程中，钢加热到奥氏体状态后，将其冷却至临界点（$A_1$、$A_3$、$A_{cm}$）以下，奥氏体并不立即发生转变而处于热力学不稳定状态，通常将这种在临界点以下尚未发生转变的不稳定奥氏体称为**过冷奥氏体**。由于冷却方式、冷却速度等都有所不同，钢的转变产物在组织和性能上有很大差别。表 4-1 列出了 40Cr 钢经 850℃ 加热到奥氏体后，在不同条件下冷却后的力学性能。

表 4-1　40Cr 钢经 850℃加热到奥氏体后，在不同条件下冷却后的力学性能

| 冷却方式 | $R_m$/MPa | $R_{eH}$/MPa | $A$（%） | $Z$（%） |
|---|---|---|---|---|
| 炉冷 | 574 | 289 | 22 | 58.4 |
| 空冷 | 678 | 387 | 19.3 | 57.3 |
| 油冷并经 200℃ 回火 | 1850 | 1590 | 8.3 | 33.7 |

描述过冷奥氏体的"温度-时间-转变"三者之间关系的曲线称为奥氏体转变曲线。常用的冷却方式有等温冷却和连续冷却，因此奥氏体转变曲线分为等温转变曲线和连续冷却转变曲线。本单元以共析钢为例说明钢在冷却时的转变过程。

### 4.3.1 过冷奥氏体的等温转变

#### 1. 过冷奥氏体等温转变曲线

共析钢过冷奥氏体的等温转变过程和转变产物可用其等温转变曲线来分析，如图4-8所示。

**图4-8 共析钢过冷奥氏体的等温转变曲线图**

图4-8中，左边一条曲线为转变开始线，右边一条曲线为转变终止线；$Ms$线表示奥氏体向马氏体转变的开始线；$Mf$表示马氏体转变终止线。在$A_1$线上部为奥氏体稳定区；转变开始线左边是奥氏体转变准备阶段，称为过冷奥氏体区，也称为孕育区；转变开始线和转变终止线之间为奥氏体和转变产物混合区；转变终止线右边为转变产物区。

在图4-8中，在550℃左右，曲线出现一个拐点，俗称"鼻尖"，此处孕育区最短，过冷奥氏体最不稳定，转变速度也最快。符号$A'$表示残留奥氏体，指工件淬火冷却至室温后残存的奥氏体。

#### 2. 过冷奥氏体等温冷却转变产物的组织形态及性能

从奥氏体等温转变图可知，随过冷奥氏体等温转变温度的不同，其转变特性和转变产物的组织也不同。一般可将过冷奥氏体转变分为高温转变、中温转变和低温转变。

（1）高温转变（珠光体型转变）　过冷奥氏体在$A_1 \sim 550$℃温度范围内等温时，将发生珠光体型转变。由于转变温度较高，原子具有较强的扩散能力，转变产物为铁素体薄层和渗碳体薄层交替重叠的层状组织，即珠光体型组织。等温温度越低，铁素体层和渗碳体层越薄，层间距（一层铁素体和一层渗碳体的厚度之和）越小，硬度越高。根据片层的厚薄不同，这类组织又可细分为三种，分别称为珠光体（P）、索氏体（S）和托氏体（T），珠光体型显微组织如图4-9所示。

**图4-9 珠光体型显微组织**

（2）中温转变（贝氏体型转变）　过冷奥氏体在550℃～$Ms$（马氏体转变开始温度）的转变称为中温转变，由于转变温度较低，原子扩散能力逐渐减弱，其转变产物属于贝氏体型，所以也称为贝氏体型转变。贝氏体用符号 B 表示，它仍是由铁素体与渗碳体组成的机械混合物，但其形貌及渗碳体的分布与珠光体型不同，硬度也比珠光体型的高。由于等温温度不同，贝氏体的形态也不同，分为上贝氏体（$B_上$）和下贝氏体（$B_下$）。上贝氏体的显微组织如图 4-10a所示，在光学显微镜下，铁素体呈暗黑色，渗碳体呈亮白色。下贝氏体组织形态呈黑色针状，强度较高，塑性和韧性也较好，具有良好的综合力学性能，其显微组织如图 4-10b 所示。

a) 上贝氏体组织　　　　　b) 下贝氏体组织

图 4-10　贝氏体型显微组织

（3）低温转变（马氏体型转变）　当转变温度低于 $Ms$ 时，由于转变温度很低，只有γ-Fe 向 α-Fe 的晶格转变，铁、碳原子均不能进行扩散，碳将全部固溶在 α-Fe 的晶格中，这种含过饱和碳的固溶体称为马氏体，用符号 M 表示。根据组织形态的不同，马氏体可分为高碳马氏体（针状）和低碳马氏体（板条状）两种。高碳马氏体由于碳的过饱和而导致晶格严重畸变，增加了塑性变形抗力，特别是碳含量高时更为明显。因此，高碳马氏体硬而脆，硬度可达65HRC 左右。而板条状低碳马氏体硬度虽然低些，但具有较高的强度、良好的韧性和塑性。马氏体型显微组织如图 4-11 所示。

a) 针状马氏体组织　　　　　b) 板条状马氏体组织

图 4-11　马氏体型显微组织

共析钢过冷奥氏体等温转变产物的组织特征及硬度见表 4-2。

表 4-2　共析钢过冷奥氏体等温转变产物的组织特征及硬度

| 组织名称 | 符号 | 转变温度/℃ | 组织形态 | 层间距/μm | 硬度 HRC |
|---|---|---|---|---|---|
| 珠光体 | P | $A_1$～650 | 粗片状 | ≈0.3 | 小于25 |
| 索氏体 | S | 650～600 | 细片状 | 0.3～0.1 | 25～35 |
| 托氏体 | T | 600～550 | 极细片状 | ≈0.1 | 35～40 |

（续）

| 组织名称 | 符号 | 转变温度/℃ | 组织形态 | 层间距/μm | 硬度 HRC |
|---|---|---|---|---|---|
| 上贝氏体 | $B_上$ | 550 ~ 350 | 羽毛状 | — | 40 ~ 45 |
| 下贝氏体 | $B_下$ | 350 ~ Ms | 黑色针状 | — | 45 ~ 55 |
| 马氏体 | M | Ms ~ Mf | 板条状 | — | 40 左右 |
| | | | 片状 | — | 大于 55 |

### 4.3.2　过冷奥氏体的连续冷却转变

在生产实践中，过冷奥氏体大多是在连续冷却过程中发生转变的，如在炉内、空气里、油或水槽中冷却。因此，研究过冷奥氏体连续冷却转变对制定热处理工艺具有现实意义。

共析钢过冷奥氏体连续冷却转变曲线如图 4-12 所示。图中 $P_s$ 线是过冷奥氏体转变为珠光体型组织的开始线；$P_f$ 线是过冷奥氏体全部转变为珠光体型组织的终止线。

两线之间为转变的过渡区。K 线为珠光体转变的终止线，$v_K$ 称为上临界冷却速度，它是得到全部马氏体组织的最小冷却速度，又称为临界冷却速度。$v'_K$ 称为下临界冷却速度，它是得到全部珠光体组织的最大冷却速度。当冷却速度小于 $v'_K$ 时，连续冷却转变得到珠光体组织；冷却速度大于 $v'_K$ 而小于 $v_K$ 时，连续冷却转变将得到"珠光体 + 马氏体组织"。

临界冷却速度越小，奥氏体越稳定，因而即使在较慢的冷却速度下也会得到马氏体。这对淬火工艺操作具有十分重要的意义。

图 4-12　共析钢过冷奥氏体连续冷却转变曲线

## 单元 4.4　对钢进行退火和正火

退火和正火是应用非常广泛的热处理方法，主要用于铸、锻、焊毛坯加工前的预备热处理，以消除前一工序所带来的某些缺陷，还可改善机械零件毛坯的切削加工性能，也可用于性能要求不高的机械零件的最终热处理。

### 4.4.1　钢的退火

钢的退火是将钢材或钢件加热到临界温度以上的适当温度，保持一定时间，然后缓慢冷却（通常随炉冷却）以获得接近平衡的珠光体组织的热处理工艺。

钢经退火后将获得接近于平衡状态的组织，退火的主要目的如下：

1）降低硬度，提高塑性，以利于切削加工或继续冷变形。

2）细化晶粒，消除组织缺陷，改善钢的性能，并为最终热处理做组织准备。

3）消除内应力，稳定工作尺寸，防止变形与开裂。

4）为后续热处理做准备。

退火方法很多，通常按退火目的不同，分为完全退火、等温完全退火、球化退火、均匀化退火和去应力退火等。

**1. 完全退火**

完全退火又称为重结晶退火，一般简称为退火。完全退火是一种将钢加热到 $Ac_3$ 以上 $30 \sim 50℃$，保温一定时间，缓慢冷却（随炉冷却、埋入石灰和砂中冷却）至 $500℃$ 以下，然后在空气中冷却，以获得接近平衡状态组织的热处理工艺。

（1）应用　完全退火主要用于亚共析钢和中碳合金钢的铸、焊、锻、轧制件等的热处理，一般常作为一些不重要工件的最终热处理或作为某些重要工件的预备热处理。过共析钢不宜采用完全退火，因为当加热到 $Ac_{cm}$ 以上温度慢冷时，二次渗碳体会以网状形式沿奥氏体晶界析出，使钢的韧性大大下降，并可能在以后的热处理中引起裂纹。

（2）作用　完全退火的"完全"是指工件被加热到临界点以上获得完全的奥氏体组织，通过完全重结晶，使热加工造成的粗大、不均匀的组织均匀化和细化；或使中碳以上的碳素钢及合金钢得到接近平衡状态的组织，并降低硬度、改善切削加工性能；还可消除残余内应力。

（3）保温时间计算　完全退火的保温时间按钢件的有效厚度计算。在箱式电炉中加热时，碳素钢厚度不超过 $25mm$ 需保温 $1h$，以后厚度每增加 $25mm$ 延长 $0.5h$；合金钢每 $20mm$ 厚度保温 $1h$。保温后的冷却一般是关闭电源让钢件在炉中缓慢冷却，当冷却至 $500 \sim 600℃$ 时即可出炉空冷。

**2. 等温完全退火**

完全退火全过程所需时间比较长，特别是对于某些奥氏体比较稳定的合金钢，往往需要数十小时，甚至数天的时间。

等温完全退火（快速的完全退火）是将钢件或毛坯加热到高于 $Ac_3$ 或 $Ac_1$ 的温度，保温适当时间后，较快地冷却到珠光体转变温度区间的某一温度，并等温保持，使奥氏体转变为珠光体型组织，然后在空气中冷却的退火工艺。

如果在对应于钢的等温转变曲线上的珠光体形成温度进行过冷奥氏体的等温转变处理，就有可能在等温处理之后稍快地进行冷却，以便大大缩短整个退火过程。

> 生产经验提示：等温完全退火的目的及加热过程与完全退火相同，但转变较易控制，能获得均匀的预期组织。对于奥氏体较稳定的合金钢，可大大缩短退火时间，一般只需完全退火的一半时间左右。

**3. 球化退火**

球化退火是一种将钢加热到 $Ac_1$ 以上 $20 \sim 30℃$，保温一定时间，并缓慢冷却，使钢中碳化物球状化而进行的退火工艺。钢经球化退火后，将获得由大致呈球形的渗碳体颗粒弥散分布于铁素体基体上的球状组织（球状珠光体）。

（1）应用　球化退火主要用于共析钢和过共析钢制造的刀具、量具及模具等零件。若原始组织中存在有较多的渗碳体网，则应先进行正火消除渗碳体网后，再进行球化退火。

（2）作用　球化退火的目的是使二次渗碳体及珠光体中的渗碳体球状化，以降低硬度，提高塑性，改善切削加工性能，以获得均匀的组织，改善热处理工艺性能，并为以后淬火做组织准备。

（3）冷却方式　球化退火保温后的冷却有两种方式。普通球化退火时采用随炉缓冷，至 $500 \sim 600℃$ 出炉空冷；等温球化退火则先在 $Ar_1$ 以下 $20℃$ 等温足够时间，然后再随炉缓冷至

500~600℃出炉空冷。

**4. 均匀化退火**

均匀化退火又称为扩散退火，是将钢加热到略低于固相线的温度（1050~1150℃）下长期加热，长时间保温（10~20h），然后缓慢冷却，以消除或减少化学成分偏析及显微组织（枝晶）的不均匀性，从而达到均匀化的目的。主要用于铸件凝固时发生偏析而造成成分和组织的不均匀性的均匀化处理。

**5. 去应力退火**

去应力退火是为了去除由于塑性变形加工、焊接等造成的应力以及铸件内存在的残余内应力而进行的热处理工艺。

去应力退火后的组织不发生明显变化，其性能（如硬度、强度、塑性、韧性等）也无明显变化，仅是残留应力得到松弛。大型铸件如机床床身、内燃机气缸体，重要的焊接件如大型冶金阀门、汽轮机隔板（见图4-13），冷成形件如冷卷弹簧等必须进行去应力退火。例如

图 4-13 大型冶金阀门和汽轮机隔板

汽轮机的隔板是由隔板体和静叶片焊接而成，焊接后若不进行去应力退火，则可能在运转过程中产生变形而打坏转子叶片，发生严重事故。

（1）工艺方法 去应力退火的加热温度一般为 500~600℃，保温后随炉缓冷至室温。由于加热温度在 $A_1$ 以下，退火过程中一般不发生相变。

（2）应用 去应力退火广泛用于消除铸件、锻件、焊接件、冲压件以及机加工件中的残余内应力，以稳定钢件的尺寸，减小变形，防止开裂。

## 4.4.2 钢的正火

钢的正火是将钢材或钢件加热到临界温度（$Ac_3$ 或 $Ac_{cm}$）以上适当温度，保温适当时间后以较快速度冷却（通常在空气中冷却），以获得珠光体型组织的热处理工艺。

亚共析钢的正火加热温度为 $Ac_3$ 以上 30~50℃；过共析钢的正火加热温度为 $Ac_{cm}$ 以上 30~50℃。

**1. 正火与退火的主要区别**

正火与退火的主要区别是正火冷却速度稍快，得到的组织较细小，强度和硬度有所提高，操作简便，生产周期短，成本较低。常用的退火和正火加热温度范围和工艺曲线如图4-14所示。

**2. 正火的主要应用**

（1）改善切削加工性能 对于低碳钢或低碳合金钢，正火可提高其硬度，防止"粘刀"现象，从而改善切削加工性能。

（2）消除网状二次渗碳体（强化） 对于过共析钢，正火加热到 $Ac_{cm}$ 以上，可使网状二次渗碳体充分溶解到奥氏体中，空冷时，先前的共析碳化物来不及析出，则消除了网状碳化物组织，同时细化了珠光体，使强度提高。

（3）细化晶粒 对于中碳钢，正火可使晶粒细化，并降低加工表面的粗糙度值。用它代替退火，可以得到满意的力学性能，并能缩短生产周期，降低成本。

a) 加热温度范围　　　　b) 工艺曲线

图 4-14　常用的退火和正火加热温度范围和工艺曲线

（4）作为最终热处理　对于力学性能要求不高的结构钢零件，经正火后所获得的性能即可满足使用要求，可用正火作为最终热处理。

### 4.4.3　退火与正火的应用选择

在机械零件、模具等加工中，退火与正火一般作为预备热处理被安排在毛坯生产之后或半精加工之前。退火与正火在某种程度上虽然有相似之处，但在实际选用时仍应从以下三个方面考虑。

**1. 切削加工性**

一般来说，当钢的硬度为 170～230HBW，并且组织中无大块铁素体时，切削加工性较好。因此，对低、中碳钢宜用正火，以防止"粘刀"现象；高碳结构钢、工具钢以及含合金元素较多的中碳合金钢，宜球化退火降低硬度，以利于切削加工。

**2. 使用性能**

若对零件的性能要求不太高时，可采用正火作为最终热处理；对于一些大型或重型零件，当淬火有开裂危险时，也采用正火作为最终热处理；对于一些形状复杂的零件和大型铸件，宜用退火，以防止正火产生较大的内应力而发生裂纹。

**3. 经济性**

正火比退火的生产周期短，设备利用率高，节能省时，操作简便，在可能的情况下优先采用正火。

> 🔊 **生产经验提示**：由于正火与退火在某种程度上有相似之处，实际生产中有时可以相互代替；而且正火与退火相比，力学性能高，操作方便，生产周期短，耗能少，因此在可能条件下，应优先考虑正火。

## 单元 4.5　对钢进行淬火

将钢件加热到 $Ac_3$（对亚共析钢）或 $Ac_1$（对共析钢和过共析钢）以上某一温度，保持一定时间，然后以适当方式较快地冷却（一般为油冷或水冷）而获得马氏体或下贝氏体组织的热处理工艺称为淬火。

淬火可以很大程度地提高钢的硬度和强度，但脆性增加，塑性和韧性降低，然后配合以不同温度的回火，可以大幅提高钢的强度、硬度、耐磨性、疲劳强度以及韧性等，从而满足各种机械零件和工具的不同使用要求。因此，淬火及随后的回火处理是许多机器零件必不可少的最终热处理，是发挥钢铁材料性能潜力的重要手段之一。

> 🔊 **生产经验提示：** 用 T8 钢制造的切削刀具，退火后的硬度很低，为 163～187HBW（相当于 <20HRC），甚至与被切削零件的硬度相近，无法切削零件。将其淬火成马氏体，再配以低温回火，硬度就可达 60～4HRC，不仅可切削零件，并具有较高的耐磨性。

## 4.5.1 钢的淬火工艺

**1. 淬火加热温度的选择**

碳素钢的淬火加热温度可根据 $Fe\text{-}Fe_3C$ 相图来确定，如图 4-15 所示。适宜的淬火温度如下：亚共析钢为 $Ac_3 + (30～100)℃$，共析钢、过共析钢为 $Ac_1 + (30～70)℃$。合金钢的淬火加热温度可根据其相变点来选择，但多数合金元素在钢中都具有细化晶粒的作用，因此合金钢的淬火加热温度可适当提高。

**2. 加热时间的确定**

加热时间包括升温和保温时间。加热时间受工件形状尺寸、装炉方式、装炉量、加热炉类型、加热介质等影响。加热时间通常根据经验公式估算或通过实验确定，生产中往往要通过实验来确定合理的加热及保温时间，以保证工件质量。

**3. 淬火冷却介质的选择**

钢件进行淬火冷却时所使用的介质称为淬火冷却介质。淬火冷却介质应具有足够的冷却能力、较宽的使用范围，同时还应具有不易老化、不腐蚀零件、不易燃、易清洗、无公害和价廉等特点。

图 4-15　碳素钢的淬火加热温度范围

由碳素钢的过冷奥氏体等温转变曲线图可知，为避免珠光体型转变，过冷奥氏体在等温转变图的鼻尖处（550℃左右）需要快冷，而在 650℃ 以上或 400℃ 以下（特别是在 $Ms$ 点附近发生马氏体转变时）并不需要快冷。能使工件达到这种理想的冷却曲线的淬火冷却介质称为理想淬火冷却介质。钢在淬火时理想的冷却曲线如图 4-16 所示。

目前生产中常用的淬火冷却介质有水、水溶性的盐类和碱类、矿物油等，其中水和油最为常用。为保证钢

图 4-16　钢在淬火时理想的冷却曲线

件淬火后得到马氏体组织，淬火冷却介质必须使钢件淬火冷却速度大于马氏体临界冷却速度。但过快的冷却速度会产生很大的淬火应力，引起工件变形和开裂。常用淬火冷却介质的冷却能力见表4-3。

表4-3　常用淬火冷却介质的冷却能力

| 淬火冷却介质 | 冷却速度/(℃/s) | |
|---|---|---|
| | 650~550℃ | 300~200℃ |
| 水（18℃） | 600 | 270 |
| 质量分数为10%的 NaCl 水溶液（18℃） | 1100 | 300 |
| 质量分数为10%的 NaOH 水溶液（18℃） | 1200 | 300 |
| 质量分数为10%的 Na₂CO₃ 水溶液（18℃） | 800 | 270 |
| 矿物油 | 150 | 30 |
| 菜籽油 | 200 | 35 |
| 硝酸熔盐（200℃） | 350 | 10 |

水在 650~400℃ 范围内冷却速度较大，这对奥氏体稳定性较小的碳素钢来说极为有利；但在 300~200℃ 范围内，水的冷却速度仍然很大，易使工件产生较大的组织应力，产生变形或开裂。在水中加入少量的盐，只能增加其在 650~400℃ 范围内的冷却速度，基本上不改变其在 300~200℃ 时的冷却速度。

油在 300~200℃ 范围内的冷却速度远小于水，对减少淬火工件的变形与开裂很有利，但在 650~400℃ 范围内的冷却速度也远小于水，常使钢件不能淬透，所以不能用于碳素钢，只能用于过冷奥氏体稳定性较大的合金钢的淬火。

生产经验提示：熔盐的冷却能力介于油和水之间，在高温区的冷却能力比油高，比水低；在低温区则比油低。可见熔盐是最接近理想的淬火冷却介质，但其使用温度高，操作时工作条件差，通常只用于形状复杂和变形要求严格的小件的分级淬火和等温淬火。

### 4.5.2　淬火方法

为保证钢件淬火后得到马氏体，同时又防止产生变形和开裂，生产中应根据钢件的成分、形状、尺寸、技术要求以及选用的淬火冷却介质的特性等，选择合适的淬火方法。常用的淬火方法如图4-17所示。

**1. 单介质淬火**

单介质淬火是将钢件奥氏体化后，浸入一种淬火冷却介质中连续冷却到室温的淬火方法，如碳素钢件水冷、合金钢件油冷等。此法操作简单，但容易产生淬火变形与裂纹，主要应用于形状较简单的钢件。

**2. 双介质淬火**

双介质淬火是将钢件奥氏体化后，先浸入一种冷却能力强的介质，在钢件还未到达该淬火冷却介质温度之前即取出，马上浸入另一种冷却能力弱的介质中冷却，例如先水后油、先水后空气等。此种方法既能保证淬硬，又能减少产生变形和裂纹的倾向，但操作起来较难掌握在两种介质中的停留时间，主要用于形状较复杂的碳素钢件和形状简单截面较大的合金钢件。

**3. 分级淬火**

分级淬火是将加热好的钢件先放入温度稍高于 $Ms$ 点的盐浴或碱浴中，保持一定的时间，

a) 单介质淬火

b) 双介质淬火

c) 分级淬火

d) 等温淬火

图4-17 常用的淬火方法

使钢件内外的温度达到均匀一致，然后取出钢件在空气中冷却，使之转变为马氏体组织。这种淬火方法可大大减小钢件的热应力和组织应力，明显地减少变形和开裂，但由于盐浴或碱浴的冷却能力较小，故此法只适用于截面尺寸比较小（一般直径或厚度小于12mm）、形状较为复杂的工件。

**4. 等温淬火**

等温淬火是将钢件加热奥氏体化后，随即快冷到贝氏体转变温度区间（260~400℃）等温，使奥氏体转变为贝氏体的淬火工艺。此法产生的内应力很小，所得到的下贝氏体组织具有较高的硬度和韧性，但生产周期较长，常用于形状复杂，强度、韧性要求较高的小型钢件，如各种模具、成形刃具等。

> 📖 **知识链接**：早在古代，人们就发明了不同的液体淬火技术，所使用液体包括用不同河流、不同月份的水。古人普遍采用淬火技术提高兵刃的硬度和质量，还把野兽的尿液和脂肪作为冷却剂，用于淬火处理，起到了惊人的效果。此外，古人很早就掌握了将加热的铁缓慢冷却处理的回火技术，并广泛用于不同用途的兵器制造中。

### 4.5.3 钢的淬透性与淬硬性

**1. 淬透性**

钢的淬透性是指奥氏体化后的钢在淬火时获得淬硬层（也称为淬透层）深度的能力，其大小用钢在一定条件下淬火获得的淬硬层深度来表示。淬透性是钢的重要热处理工艺性能，也是选材和制定热处理工艺规程时的重要依据之一。

影响淬透性的主要因素是化学成分，除钴和铝（>2%）以外，所有溶于奥氏体中的合金元素都可不同程度地提高淬透性。另外，奥氏体的均匀性、晶粒大小及是否存在第二相等因素都会影响其淬透性。

**2. 淬透性的实用意义**

淬透性对钢热处理后的力学性能有很大影响。若钢件被淬透，经回火后整个截面上的性能均匀一致；若淬透性差，钢件未被淬透，经回火后钢件表里性能不一，心部强度和韧性均较低。因此，钢的淬透性是一项重要的热处理工艺性能，对于合理选用钢材和正确制定热处理工艺均具有重要意义。

对于多数重要结构件，如发动机的连杆和连杆螺钉等，为获得良好的使用性能和最小的结构质量，调质处理时都希望能淬透，需要选用淬透性足够的钢材；对于形状复杂、截面变化较大的零件，为减少淬火应力及变形与裂纹，淬火时宜采用冷却较缓和的淬火冷却介质，也需要选用淬透性较好的钢材；而对于焊接结构件，为避免在焊缝热影响区形成淬火组织，使焊接件产生变形和裂纹，增加焊接工艺的复杂性，则不应选用淬透性较好的钢材。

**3. 淬硬性**

淬硬性是钢在理想条件下进行淬火硬化所能达到的最高硬度的能力。钢的淬硬性主要取决于钢在淬火加热时固溶于奥氏体中的碳含量，奥氏体中碳含量越高，则其淬硬性越好。

> 📢 生产经验提示：淬硬性与淬透性是两个意义不同的概念，淬硬性好的钢，其淬透性并不一定好。

### 4.5.4　钢的淬火缺陷及预防

在热处理生产中，因淬火工艺控制不当，常会产生硬度不足与软点、过热与过烧、变形与开裂、氧化与脱碳等缺陷。

**1. 硬度不足与软点**

钢件淬火硬化后，表面硬度低于应有的硬度，称为硬度不足；表面硬度偏低的局部小区域称为软点。

引起硬度不足和软点的主要原因有淬火加热温度偏低、保温时间不足、淬火冷却速度不够以及表面氧化脱碳等。

**2. 过热与过烧**

淬火加热温度过高或保温时间过长，晶粒过分粗大，以致钢的性能显著降低的现象称为过热。工件过热后可通过正火细化晶粒予以补救。

当加热温度达到钢的固相线附近时，晶界氧化和开始部分熔化的现象称为过烧。工件过烧后无法补救，只能报废。

防止过热和过烧的主要措施是正确选择和控制淬火加热温度和保温时间。

**3. 变形与开裂**

工件淬火冷却时，由于不同部位存在温度差异及组织转变的不同时性所引起的应力称为淬火冷却应力。当淬火应力超过钢的屈服强度时，工件将产生变形；当淬火应力超过钢的抗拉强度时，工件将产生裂纹，从而造成废品。

为防止淬火变形和裂纹，需从零件结构设计、材料选择、加工工艺流程、热处理工艺等各方面全面考虑，尽量减少淬火应力，并在淬火后及时进行回火处理。

**4. 氧化与脱碳**

工件加热时，介质中的氧、二氧化碳和水等与金属反应生成氧化物的过程称为氧化。而加热时由于气体介质和钢铁表层碳的作用，使表层碳含量降低的现象称为脱碳。氧化与脱碳会使工件表面质量降低，且淬火后硬度不均匀或偏低。

防止氧化与脱碳的主要措施是采用保护气氛或可控气氛加热，也可在工件表面涂上一层防氧化剂。

**对淬火钢进行回火**

对淬火钢进行
回火热处理

将淬火后的钢件重新加热到 $A_1$ 以下的某一温度，保温一定时间，然后冷却到室温的热处理工艺称为**回火**。

淬火和回火两种工艺通常紧密地结合在一起，是强化钢材、延长机械零件使用寿命的重要手段。通过淬火后适当温度的回火，可以获得不同的组织和性能，满足各类零件或工具对于使用性能的要求。

### 4.6.1 淬火钢回火的目的

钢件经淬火后虽然具有高的硬度和强度，但脆性较大，并存在较大的淬火应力，一般情况下必须经过适当的回火后才能使用。回火的主要目的如下：

1）降低脆性，减少或消除内应力，防止工件的变形和开裂。

2）稳定组织，调整硬度，获得工艺所要求的力学性能。

3）稳定工件尺寸，保证工件在使用过程中不发生尺寸和形状的变化，以满足各种工件的使用性能要求。

4）对于某些高淬透性的合金钢，空冷时即可淬火成马氏体组织，通过回火可使碳化物聚集长大，降低钢的硬度，以利于切削加工。

🔊 **生产经验提示**：对于未经过淬火处理的钢，回火一般是没有意义的。而淬火钢不经过回火是不能直接使用的，为了避免工件在放置和使用过程中发生变形与开裂，淬火后应及时进行回火。

### 4.6.2 常用的回火方法

淬火钢回火后的组织和性能主要取决于回火温度，随着回火温度的增加，钢的强度和硬度降低，塑性和韧性升高。根据回火温度的不同，可将回火分为以下三类。

**1. 低温回火**

低温回火的温度为 150~250℃，其目的是保持淬火钢的高硬度和高耐磨性，降低淬火应力，降低钢的脆性。低温回火后的组织为回火马氏体，其硬度一般为 58~64HRC。

低温回火主要用于刃具、量具、冷作模具、滚动轴承及渗碳淬火件等，如图4-18所示。

图4-18 需低温回火的零件

**2. 中温回火**

中温回火的温度为 350~500℃，其目的是获得高的弹性极限、高的屈服强度和较好的韧性。中温回火后的组织为回火托氏体，其硬度一般为 35~50HRC。

中温回火主要用于弹性零件及热锻模具等。

### 3. 高温回火

高温回火的温度为 500~650℃，其目的是获得良好的综合力学性能，即在保持较高强度和硬度的同时，具有良好的塑性和韧性。高温回火后的组织为回火索氏体，硬度一般为 220~330HBW。

高温回火主要用于各种重要的结构零件，如螺栓、连杆、齿轮及轴类等。

> 🔊 生产经验提示：生产中制定回火工艺时，首先根据工件所要求的硬度范围确定回火温度。然后再根据工件材料、尺寸、装炉量和加热方式等因素确定回火时间。回火时的冷却一般为空冷，某些具有高温回火脆性的合金钢高温回火时必须快冷。

生产中，将"淬火 + 高温回火"的复合热处理工艺称为调质处理。调质处理广泛用于中碳结构钢、低合金结构钢制作的汽车、拖拉机、机床等承受较大载荷的结构零件，如曲轴、连杆、螺栓、机床主轴及齿轮等重要零件的回火处理；此外，还常作为表面淬火、渗碳之前的预先处理工序，这是因为调质钢的硬度不十分高，便于加工并能获得较好的表面质量。

> 🔊 生产经验提示：钢经正火和调质处理后的硬度值很相近，但重要的结构零件一般都进行调质处理而不采用正火。这是由于钢经调质处理后不仅强度较高，而且塑性与韧性显著地超过正火状态。

### 4.6.3 回火脆性

淬火钢在某些温度区间回火，或从回火温度缓慢冷却通过该温度区间时，冲击韧度会显著降低，此现象称为回火脆性。

#### 1. 第一类回火脆性

淬火钢在 250~350℃回火时所产生的回火脆性称为第一类回火脆性，也称为不可逆回火脆性。几乎所有的淬火钢在该温度范围内回火时，都会产生不同程度的回火脆性。第一类回火脆性一旦产生就无法消除，因此生产中一般不在此温度范围内回火。

#### 2. 第二类回火脆性

淬火钢在 500~650℃温度范围内回火后出现的回火脆性称为第二类回火脆性，也称为可逆回火脆性。此类回火脆性主要发生在含有 Cr、Ni、Mn、Si 等元素的合金钢中，当淬火后在上述温度范围内长时间保温或以缓慢的速度冷却时，便发生明显的回火脆性。但回火后采取快冷时，第二类回火脆性的发生就会受到抑制或消失。

## 单元 4.7　对钢表面进行热处理

### 🔄 案例导读

图 4-19 所示为数控机床主轴、高速齿轮、发动机曲轴，它们都是在冲击载荷、交变载荷及摩擦条件下工作的机械零件，某些工作表面要承受较高的应力，要求这些表面具有高的硬

度、耐磨性及疲劳强度，而工件的心部则要求具有足够的塑性和韧性。这种"外硬里韧"的零件是怎么做出来的呢？

仅靠选材和普通热处理无法满足性能要求，若选用高碳钢淬火并低温回火，表面硬度高、耐磨性好，但心部韧性差；若选用中碳钢进行调质处理，心部韧性好，但表面硬度低、耐磨性差，解决上述问题的正确途径是采用表面热处理。

图 4-19　数控机床主轴、高速齿轮、发动机曲轴

仅对工件表层进行热处理以改变其组织和性能的工艺称为表面热处理，常用的表面热处理方法包括表面淬火和化学热处理两类。

### 4.7.1　钢的表面淬火

将工件表层迅速加热到淬火温度进行淬火的工艺方法称为表面淬火。工件经表面淬火后，表层得到马氏体组织，具有高的硬度和耐磨性，而心部仍为淬火前的组织，具有足够的强度和韧性。

依加热方法的不同，表面淬火主要有火焰加热表面淬火、感应加热表面淬火、激光加热表面淬火及电解液加热表面淬火等。目前生产中应用最多的是火焰加热表面淬火和感应加热表面淬火。

**1. 火焰加热表面淬火**

火焰加热表面淬火是采用氧-乙炔（或其他可燃气体）火焰，喷射在工件的表面上，使其快速加热，当达到淬火温度时立即喷水冷却，从而获得预期的硬度和有效淬硬层深度的一种表面淬火方法，如图 4-20 所示。

火焰加热表面淬火工件的材料，常选用中碳钢（如 35、40、45 钢等）和中碳低合金钢（如 40Cr、45Cr 等）。若碳质量分数太小，则淬火后硬度较低；若碳和合金元素的质量分数过大，则易淬裂。火焰加热表面淬火法还可用于对铸铁件（如灰铸铁、合金铸铁等）进行表面淬火。

火焰加热表面淬火的有效淬硬深度一般为 2~6mm，若要获得更深的淬硬层，往往会引起工件表面的严重过热，而且容易使工件产生变形或开裂现象。

图 4-20　火焰加热表面淬火

火焰加热表面淬火操作简单，无须特殊设备，但质量不稳定，淬硬层深度不易控制，只适用于单件或小批量生产的大型工件，以及需要局部淬火的工具或工件，如大型轴类、大模数齿轮及锤子等。

**2. 感应加热表面淬火**

感应加热表面淬火是利用感应电流流经工件而产生热效应，使工件表面迅速加热并进行

快速冷却的淬火工艺。

（1）感应加热基本原理 如图 4-21 所示，感应线圈通以交流电时，就会在它的内部和周围产生与交流电频率相同的交变磁场。若把工件置于感应磁场中，则其内部将产生感应电流并由于电阻的作用被加热。感应电流在工件表层密度最大，而心部几乎为零，这种现象称为趋肤效应。电流透入工件表层的深度主要与电流频率有关。加热器通入电流，工件表面在几秒钟之内迅速加热到远高于 $Ac_3$ 的温度，然后迅速冷却工件（例如向加热了的工件喷水冷却）表面，从而在零件表面获得一定深度的硬化层。

感应淬火原理及过程仿真

a）原理图    b）对圆棒表面淬火    c）设备实物图

**图 4-21 感应加热表面淬火**

（2）感应加热的分类及应用 根据所用电流频率的不同，感应加热可分为高频感应加热、中频感应加热和工频感应加热三种。三种感应加热表面淬火的技术指标及应用见表 4-4。

**表 4-4 三种感应加热表面淬火的技术指标及应用**

| 分类 | 常用频率范围/kHz | 淬火深度/mm | 适用范围 |
|---|---|---|---|
| 高频感应加热 | 50～300 | 0.5～2 | 中小型轴、销、套等圆柱形零件，中、小模数齿轮 |
| 中频感应加热 | 2.5～8 | 2～10 | 尺寸较大的轴类零件，大模数齿轮 |
| 工频感应加热 | 0.05（50Hz） | 10～20 | 较大直径（>φ300mm）零件（如轧辊、火车车轮等）表面淬火或棒料穿透加热 |

（3）感应加热表面淬火的特点与应用 与普通加热淬火相比，感应加热表面淬火加热速度快，加热时间短（一般只需几秒到几十秒）；淬火质量好，淬火后晶粒细小，表面硬度比普通淬火高，淬硬层深度易于控制；劳动条件好，生产率高，适于大批量生产。但感应加热设备较昂贵，调整、维修比较困难，对于形状复杂的机械零件，其感应线圈不易制造，且不适合于单件生产。

碳的平均质量分数为 0.4% ~ 0.5% 的碳素钢与合金钢是最适合于感应加热表面淬火的材料，如 45 钢、40Cr 等。该方法也可以用于高碳工具钢、低合金工具钢以及铸铁等材料。为满足各种工件对淬硬层深度的不同要求，生产中可采用不同频率的电流进行加热。

**3. 激光加热表面淬火**

激光加热表面淬火是将激光束照射到工件表面上，在激光束能量的作用下，使工件表面迅速（千分之一到百分之一秒）加热到奥氏体化状态，当激光束移开后，由于基体金属的大量吸热而使工件表面获得急速冷却，以实现工件表面自冷淬火的工艺方法。

激光是一种高能量密度的光源，能有效地改善材料表面的性能。激光能量集中，加热点准确，热影响区小，热应力小；可对工件表面进行选择性处理，能量利用率高，尤其适合于大尺寸工件的局部表面加热淬火；可对形状复杂或深沟、孔槽的侧面等进行表面淬火，尤其适合于细长件或薄壁件的表面处理。

激光加热表面淬火的淬硬层一般为 0.2 ~ 0.8mm。激光淬火后，工件表层组织由极细的马氏体、超细的碳化物和已加工硬化的高位错密度的残留奥氏体组成，表面硬化层硬度高且耐磨性良好，热处理变形小，表面存在高的残余压应力，疲劳强度高。

**4. 电解液加热表面淬火**

工件淬火部分置于电解液中，作为阴极，金属电解槽作为阳极。电路接通，电解液产生电离，阳极放出氧，阴极工件放出氢。氢围绕阴极工件形成气膜，产生很大的电阻，通过的电流转化为热能将工件表面迅速加热到临界点以上温度。当电路断开时，气膜消失，加热的工件在电解液中实现淬火冷却。此方法设备简单，淬火变形小，适用于形状简单尺寸小的工件的批量生产。

电解液可用酸、碱或盐的水溶液，质量分数为 5% ~ 18% 的 $Na_2CO_3$ 溶液效果较好。电解液温度不可超过 60℃，否则影响气膜的稳定性和加速溶液蒸发。常用电压为 160 ~ 180V，电流密度为 4 ~ 10A/cm$^2$。加热时间由试验决定。

电解液加热表面淬火适用于单件、小批量生产或大批量的形状简单工件的局部淬火，电解液加热淬火存在操作不当时极易引起工件过热乃至熔化的缺点，随着晶闸管整流调压技术的应用，这一缺点将被克服。

## 4.7.2 钢的化学热处理

化学热处理是指将工件置于适当的活性介质中加热、保温，使一种或几种元素渗入其表层，以改变化学成分、组织和性能的热处理工艺。

化学热处理的基本过程是：活性介质在一定温度下通过化学反应进行分解，形成渗入元素的活性原子；活性原子被工件表面吸收，即活性原子溶入铁的晶格形成固溶体，或与钢中某种元素形成化合物；被吸收的活性原子由工件表面逐渐向内部扩散，形成一定深度的渗层。

化学热处理方法很多，通常以渗入元素来命名，如渗碳、渗氮（氮化）、碳氮共渗、渗硼、渗硅及渗金属等。随渗入元素的不同，工件表面处理后获得的性能也不相同。目前常用的化学热处理有渗碳、渗氮及碳氮共渗等。

**1. 渗碳**

渗碳是为了增加钢件表层的碳含量和形成一定的碳浓度梯度，将钢件在渗碳介质中加热并保温使碳原子渗入表层的化学热处理工艺。

（1）渗碳的作用　提高工件表面的硬度、耐磨性及疲劳强度，并使其心部保持良好的塑性和韧性。

对钢的表面渗碳热处理

（2）渗碳用钢　为保证工件渗碳后表面具有高的硬度和耐磨性，而心部具有良好的韧性，渗碳用钢一般为碳的质量分数为 0.1% ~ 0.25% 的低碳钢和低碳合金钢。

（3）渗碳方法　根据采用的渗碳剂不同，渗碳方法可分为固体渗碳、液体渗碳和气体渗碳三种。其中气体渗碳的生产率高，渗碳过程容易控制，在生产中应用最广泛。

气体渗碳就是工件在气体渗碳介质中进行渗碳的工艺。如图 4-22a 所示，将装挂好的工件放在密封的渗碳炉内，滴入煤油、丙酮或甲醇等渗碳剂并加热到 900 ~ 950℃，渗碳剂在高温下分解，产生的活性碳原子渗入工件表面并向内部扩散形成渗碳层，从而达到渗碳目的。渗碳层深度主要取决于渗碳时间，一般按每小时 0.10 ~ 0.15mm 估算，或用试棒实测确定。

煤油　风扇电动机　废气火焰　炉盖　砂封　电阻丝　耐热罐　工件　炉体

a) 气体渗碳法

试棒　箱盖　泥封　零件　渗碳剂　渗碳箱

b) 固体渗碳法

图 4-22　渗碳方法示意图

固体渗碳是把工件和固体渗碳剂装入渗碳箱中，用盖子和耐火泥封好后，送入炉中加热到 900 ~ 950℃，保温一定的时间后出炉，零件便获得了一定厚度的渗碳层。固体渗碳法如图 4-22b 所示。

固体渗碳剂通常由一定粒度的木炭和少量的碳酸盐（$BaCO_3$ 或 $Na_2CO_3$）混合组成。木炭提供渗碳所需要的活性碳原子，碳酸盐只起催化作用。在渗碳温度下，固体渗碳剂分解出来的不稳定的 CO，能在钢件表面发生气相反应，产生活性碳原子，并为钢件的表面所吸收，然后向钢的内部扩散而进行渗碳。

固体渗碳的优点是设备简单，容易实现。与气体渗碳法相比，固体渗碳法的渗碳速度慢，劳动条件差，生产率低，质量不易控制。

（4）渗碳后的组织　工件经渗碳后，碳含量从表面到心部逐步减少，表面碳的质量分数可达 0.80% ~ 1.05%，而心部仍为原来的低碳成分。通常规定，从工件表面到过渡区一半处的厚度称为渗碳层厚度。渗碳层的厚度取决于零件的尺寸和工作条件，一般为 0.5 ~ 2.5mm。渗碳层太薄，易造成工件表面的疲劳脱落；渗碳层太厚，则经不起冲击载荷的作用。

（5）渗碳后的热处理　工件渗碳只改变工件表层化学成分，多数情况下仍达不到外硬内韧的性能要求，工件经渗碳后可经过淬火及低温回火处理，提高硬度和耐磨性，而心部具有良好的韧性。

**2. 渗氮**

渗氮也称为氮化，是在一定温度下（一般在 $Ac_1$ 温度以下）使活性氮原子渗入工件表面的化学热处理工艺。

（1）渗氮的作用　提高工件的表面硬度、耐磨性以及疲劳强度和耐蚀性。

（2）渗氮用钢　渗氮用钢主要是合金钢，Al、Cr、Mo、V、Ti 等合金元素极易与氮形成颗粒细小、分布均匀、硬度很高而且稳定的氮化物，如 AlN、CrN、MoN、VN、TiN 等，这些氮化物对渗氮钢的性能起着重要的作用。对于以提高耐蚀性为主的渗氮，可选用优质碳素结构钢，如 20、30、40 钢等；对于以提高疲劳强度为主的渗氮，可选用一般合金结构钢，如 40Cr、42CrMo 等；而对于以提高耐磨性为主的渗氮，一般选用渗氮专用钢 38CrMoAl。

（3）渗氮的特点与应用　与渗碳相比，渗氮后工件无需淬火便具有高的硬度、耐磨性和热硬性，还具有良好的耐蚀性和高的疲劳强度，同时由于渗氮温度低，工件的变形小。但渗氮的生产周期长，一般要得到 0.3～0.5mm 的渗氮层，气体渗氮时间需 30～50h，成本较高；渗氮层薄而脆，不能承受冲击。因此，渗氮主要用于要求表面高硬度，耐磨、耐蚀、耐高温的精密零件，如精密机床主轴、丝杠、镗杆和阀门等。

**3. 碳氮共渗**（氰化处理）

碳氮共渗是在一定温度下同时将碳、氮渗入工件表层奥氏体中并以渗碳为主的化学热处理工艺。碳氮共渗有气体碳氮共渗和液体碳氮共渗两种，目前常用的是气体碳氮共渗。气体碳氮共渗工艺与渗碳基本相似，常用渗剂为煤油＋氮气等，加热温度为 820～860℃。

与渗碳相比，碳氮共渗加热温度低，零件变形小，生产周期短，渗层具有较高的硬度、耐磨性和疲劳强度，常用于汽车变速器齿轮和轴类零件；与一般渗氮相比，碳氮共渗渗层硬度较低，脆性小，故也称为软氮化。碳氮共渗不仅适用于碳素钢和合金钢，也可用于铸铁，常用于模具、高速钢刃具以及轴类零件。

> 📖 知识链接：**"发黑"**是一种常用的化学表面处理手段，严格来讲不属于热处理，通常将工件浸入加热的强氧化性的化学溶液（如沸腾温度为 147～152℃ 的 NaOH 溶液）中，经一定时间使表面生成一层美观、较致密的黑色氧化铁薄膜，厚度为 0.5～1.5μm，达到防锈的目的。**"发黑"**有时也混称为**"发蓝"**，广泛应用于钟表、指针、游丝、螺钉、仪表外壳及机械零件等。

## 单元4.8　掌握热处理新技术

### 4.8.1　时效处理

时效处理是将淬火后的金属工件置于室温或较高温度下保持适当的时间，以提高金属强度的金属热处理工艺。室温下进行的时效处理为自然时效；较高温度下进行的时效处理为人工时效。

> 🔊 生产经验提示：在机械生产中，为了稳定铸件尺寸，常将铸件在室温下长期放置（有时长达若干年），然后才进行切削加工，这种措施也被称为时效，但这种时效不属于金属热处理工艺。低碳钢冷态塑性变形后在室温下长期放置，强度可提高，塑性可降低。

### 4.8.2　形变热处理

形变热处理是将形变与相变结合在一起的一种热处理新工艺，它能获得加工硬化与相变强化的综合作用，是一种既可以提高强度又可以改善塑性和韧性的最有效的方法，可显著提高钢的综合力学性能。形变热处理中的形变方式很多，可以是锻、轧、挤压及拉拔等。

形变热处理方法较多，按形变温度不同分为低温形变热处理和高温形变热处理。

**1. 低温形变热处理**

低温形变热处理是将钢件奥氏体化保温后，快冷至 $Ac_1$ 温度以下（500~600℃）进行大量（50%~75%）塑性变形，随后淬火、回火。其主要特点是在保证塑性和韧性不下降的情况下，显著提高强度和耐回火性，改善抗磨损能力。例如，在塑性保持基本不变的情况下，抗拉强度比普通热处理提高 30~70MPa，甚至可提高 100MPa。此法主要用于刀具、模具、板簧及飞机起落架等的处理。

**2. 高温形变热处理**

高温形变热处理是将钢件奥氏体化，保持一定时间后，在较高温度下进行塑性变形（如锻、轧等），随后立即淬火、回火。其特点是在提高强度的同时，还可明显改善塑性、韧性，减小脆性，增加钢件的使用可靠性。

形变通常是在钢的再结晶温度以上进行，故强化程度不如低温形变热处理大（抗拉强度比普通热处理提高 10%~30%，塑性提高 40%~50%），高温形变热处理对材料无特殊要求。此法多用于调质钢和机械加工量不大的锻件，如曲轴、连杆、叶片及弹簧等。

### 4.8.3　真空热处理

真空热处理是指在低于 $1 \times 10^5 Pa$（通常是 $10^{-1}~10^{-3} Pa$）的环境中进行加热的热处理工艺，包括真空淬火、真空退火、真空回火和真空化学热处理（如真空渗碳、渗铬）等。

真空热处理有如下特点：工件不产生氧化和脱碳；升温速度慢，工件截面温差小，热处理变形小；因金属氧化物、油污在真空中加热时分解，被真空泵抽出，使工件表面光洁，提高了疲劳强度和耐磨性；劳动条件好。但设备较复杂，投资较高，目前多用于精密工模具、精密零件的热处理。

### 4.8.4　可控气氛热处理

向炉内通入一种或几种一定成分的气体，通过对这些气体成分进行控制，使工件在热处理过程中不发生氧化和脱碳，此工艺过程称为可控气氛热处理。

可控气氛热处理的目的是减少和防止工件在加热时氧化和脱碳的倾向，以提高工件表面质量和尺寸精度；另外还可以控制渗碳时渗碳层的碳含量，并且可使脱碳的工件重新复碳。

采用可控气氛热处理是当前热处理的发展方向之一，它可以防止工件在加热时的氧化脱碳，实现光亮退火、光亮淬火等先进热处理工艺，节约钢材，提高产品质量。也可以通过调整气体成分，在光亮热处理的同时，实现渗碳和碳氮共渗。可控气氛热处理也便于实现热处理过程的机械化和自动化，大大提高劳动生产率。

### 4.8.5　表面气相沉积

气相沉积技术是利用气相之间的物理、化学反应，在各种材料或制品表面沉积单层或多层金属或化合物的薄膜涂层，从而使材料或制品获得所需的各种优异性能。

气相沉积技术是利用气相中发生的物理、化学反应生成的反应物在工件表面形成一层具有特殊性能的金属或化合物的涂层。气相沉积按其过程本质不同分为化学气相沉积（CVD）和物理气相沉积（PVD）两类。

**1. 化学气相沉积**

化学气相沉积（CVD）是将工件置于炉内加热到高温后，向炉内通入反应气（低温下可气化的金属盐），使其在炉内发生分解或化学反应，并在工件上沉积成一层所要求的金属或金属化合物薄膜的方法。

碳素工具钢、渗碳钢、轴承钢、高速工具钢、铸铁及硬质合金等材料均可进行气相沉积。化学气相沉积法的缺点是加热温度较高，目前主要用于硬质合金的涂覆。

**2. 物理气相沉积**

物理气相沉积（PVD）是通过蒸发或辉光放电、弧光放电、溅射等物理方法提供原子、离子，使之在工件表面沉积形成薄膜的工艺。物理气相沉积包括蒸镀、溅射沉积、磁控溅射及离子束沉积等方法，因都是在真空条件下进行的，所以又称为真空镀膜，其中离子镀发展最快。

进行离子镀时，先将真空室抽至高度真空后通入氩气，并使真空度调至 $1 \sim 10Pa$，工件（基板）接上 $1 \sim 5kV$ 负偏压，将欲镀的材料放置在工件下方的蒸发源上，当接通电源产生辉光放电后，由蒸发源蒸发出的部分镀材原子被电离成金属离子，在电场作用下，金属离子向阴极（工件）加速运动，并以较高能量轰击工件表面，使工件获得需要的离子镀膜层。

**3. 气相沉积技术的应用**

CVD 法和 PVD 法在满足现代技术所要求的高性能方面比常规方法有许多优越性，如镀层附着力强、均匀，质量好、生产率高，选材广、公害小，可得到全包覆的镀层，能制成各种耐磨膜（如 TiN、TiC 等）、耐蚀膜（如 Al、Cr、Ni 及某些多层金属等）、润滑膜（如 $MoS_2$、$WS_2$、石墨、$CaF_2$ 等）、磁性膜及光学膜等。

另外，气相沉积所适应的基体材料可以是金属、碳纤维、陶瓷、工程塑料及玻璃等多种材料，因此在机械制造、航空航天、电器、轻工及核能等方面应用广泛。例如，在高速工具钢和硬质合金刀具、模具以及耐磨件上沉积 TiC、TiN 等超硬涂层，可使其寿命提高几倍。气相沉积涂层刀具如图 4-23 所示。

a) 不同形状的涂层刀片

b) 装有机夹式涂层刀片的面铣刀　　c) 整体式涂层立铣刀

图 4-23　气相沉积涂层刀具

### 4.8.6　其他热处理新工艺

**1. 低真空变压渗氮技术**

通常渗氮都是在炉气和炉压不变的情况下进行，但对细小盲孔很难渗氮。采用真空抽气—负压—保压—充气—保压—抽气的变压换气方法，提高了工件表面氮的活性和对氮的吸附能力，使渗层渗速能力加快，再加上稀土催渗剂催渗，渗氮时间将更短。

**2. 离子渗氮 + 氧化复合处理新工艺**（改进型软渗氮工艺）

先用离子渗氮处理，获得硬化层后，在离子炉内进行一次离子氧化处理，既解决了 QPQ（淬火—抛光—淬火）处理盐浴氰化物污染环境的问题，又提高了零件的耐磨性和耐蚀性，可尝试用气体渗氮 + 普通化学氧化的工艺方法，提高渗氮层的耐磨性和耐蚀性。研究表明，绝大多数零件渗氮后进行油冷，既不影响变形，又能有效提高渗氮层的耐磨性和耐蚀性。

**3. 液相等离子电解渗碳和渗氮技术**

和普通电解技术原理类似，将被渗金属作为阴极，石墨或不锈钢作为阳极，在 NaCl 电解液中加入含 C 和 N 的有机物，如甲醇胺和尿素等，施加的直流电流要足够高，使电解液中正离子在阴极富集，获得具有纳米尺寸的富碳层的晶粒，尺寸为 50 ~ 70nm，使 20 钢渗碳硬度达到 1200HV，4Cr5MoSiV1（统一数字代号 T23353）渗氮硬度达到 870HV，所需时间仅为 25min 左右。

**4. 等离子体增强电化学表面陶瓷化技术**

将含 Al、Ti、Mg 和 Zr 的有色合金零件接电解液的阳极，并施加较高电压，就会在零件表面产生微区等离子弧光放电，足以使零件表面形成的氧化膜和界面层的电解质等物质被熔融和烧结，形成一层性能优异且硬度很高的 $Al_2O_3$ 陶瓷氧化膜层。纤维硬度可达 1000 ~ 3000HV，相当于硬质合金，其耐磨性、耐蚀性和耐高温性能均比较优良。

## 单元 4.9　选择合理的热处理方案及工艺位置

在零件的生产加工过程中，热处理被穿插在各个冷热加工工序之间，起着承上启下的作用。热处理方案的正确选择以及工艺位置的合理安排，是制造出合格零件的重要保证。

### 4.9.1　常用热处理方案的选择

每一种热处理方法都有它的特点，而每一种材料也有其适宜的热处理方法。另外，实际工作中不同零件的结构形状、尺寸大小、性能要求均不一样，对热处理方案的选择都有较大的影响。

**1. 确定预备热处理**

常用预备热处理方法有三大类：退火、正火及调质。钢材通过预备热处理可以使晶粒细化、成分组织均匀、内应力得到消除，为最终热处理做好组织准备。因此，预备热处理是减小应力，防止变形和开裂的有效措施。

一般地，零件预备热处理大都采用正火。但对成分偏析较严重、毛坯生产后内应力较大以及正火后硬度偏高时，应采用退火工艺；对毛坯中成分偏析严重的，应采用均匀化退火；共析钢及过共析钢多采用球化退火；亚共析钢则应采用完全退火（现一般用等温退火来代替）；消除内应力较彻底的，应采用去应力退火；对零件综合力学性能要求较高时，预备热处理则应采用调质。

**2. 采用合理的最终热处理**

最终热处理的方法很多，主要包括淬火、回火及表面热处理（表面淬火及化学热处理）等。工件通过最终热处理，获得最终所需的组织及性能，满足工件使用要求。因此，它是热处理中保证质量的最后一道关口。

（1）淬火　一般地，根据工件的材料类型、形状尺寸、淬透性大小及硬度要求等选择合适的淬火方法。如对于形状简单的碳素钢件，可采用单液水中淬火；而对于合金钢制工件，多采用单液油中淬火；为了有效地减小淬火内应力，防止工件变形、开裂，则可采用预冷并双液、分级、等温淬火方法；对于某些只需局部硬化的工件可针对相应部位进行局部淬火。

（2）回火　淬火后的工件应及时回火，而且回火应充分。对于要求高硬度、耐磨工件，应采用低温回火；对于要求高韧性、较高强度的工件，则应进行中温回火；而对于要求具备较高综合力学性能的工件，则应进行高温回火。

（3）表面热处理　有时工作条件要求零件表层与心部具有不同性能，这时可根据材料化学成分和具体使用性能的不同，选择相应的表面热处理方法。如对于表层具有高硬度、强度、耐磨性及疲劳极限，而心部具有足够塑性及韧性的中碳钢或中碳合金钢工件，可采用表面淬火法；对于低碳钢或低碳合金钢工件，可采用渗碳法；而对于承载力不大但精度要求较高的合金钢，多采用渗氮。为了提高化学热处理的效率，生产中还可采用低温气体碳氮共渗及中温气体碳氮共渗。另外，还可根据需要对工件进行其他渗金属或非金属的处理，如为提高工件高温抗氧化性可渗铝，为提高工件耐磨性和热硬性可渗硼等。还有，为了提高零件表面硬度、耐磨性，减缓材料的腐蚀，可在零件表面涂覆其他超硬、耐蚀材料。

（4）其他热处理　对于精密零件和量具等，为稳定尺寸，提高耐磨性，可采用冷处理或长时间的低温时效处理。

当然，在实际生产过程中，由于零件毛坯的类型及加工工艺过程的不同，在具体安排热处理方法及工艺位置时，并不一定要完全按照上述原则，而应根据实际情况进行灵活调整。如对于精密零件，为消除机械加工造成的残留应力，可在粗加工、半精加工及精加工后都安排去应力退火工艺。另外，对于淬火、回火后残留奥氏体较多的高合金钢，可在淬火或第一次回火后进行深冷处理（极低温度，零下几十甚至零下200℃），以尽量减少残留奥氏体量并稳定工件形状及尺寸。

## 4.9.2　热处理工艺位置安排

根据热处理的目的和各机械加工工序的特点，热处理工艺位置一般安排如下：

**1. 预备热处理工艺位置**

预备热处理包括退火、正火、调质等，其工艺位置一般安排在毛坯生产（铸、锻、焊、冲压等）之后，半精加工之前。

（1）退火、正火工艺位置　退火及正火一般用于改善毛坯组织，消除内应力，为最终热处理做准备，其工艺位置一般安排在毛坯生产之后，机械加工之前，具体如下：

毛坯生产（铸、锻、焊、冲压等）→退火或正火→机械加工

另外，还可在各切削加工之间安排去应力退火，用于消除切削加工的残余内应力。

（2）调质工艺位置　调质主要用来提高零件的综合力学性能，或为以后的最终热处理做好组织准备。其工艺位置一般安排在机械粗加工之后，精加工或半精加工之前，具体如下：

毛坯生产→退火或正火→机械粗加工→调质→机械半精加工或精加工

**注意**：调质前需留一定加工余量，调质后如工件变形较大，则需增加校正工序。

**2. 最终热处理工艺位置**

最终热处理包括淬火、回火及表面热处理等，零件经最终热处理之后硬度一般较高，难以切削加工，故其工艺位置应尽量靠后，一般安排在机械半精加工之后，磨削之前。

（1）淬火、回火工艺位置　淬火的作用是充分发挥材料潜力，极大幅度地提高材料硬度和强度。淬火后应及时回火获得稳定回火组织，一般安排在机械半精加工之后，磨削之前，具体如下：

下料→毛坯生产→退火或正火→机械粗加工→调质→机械半精加工→淬火、回火→磨削

另外，整体淬火前一般不进行调质处理，而表面淬火前则一般需进行调质，用以改善工件心部的力学性能。

（2）渗碳工艺位置　渗碳是最常用的表面热处理方法，当某些部位不需渗碳时，应在设计图样上注明，并采取防渗措施，并在渗碳后淬火前去掉该部位的渗碳层，零件不需渗氮的部位也应采取防护措施或预留防渗余量。渗碳工艺位置安排为：

下料→毛坯生产→退火或正火→机械粗加工→调质→机械半精加工→
去应力退火→粗磨→渗碳→研磨或精磨

## 单元 4.10　分析零件的热处理结构工艺

要保证零件的热处理质量，除严格控制热处理工艺外，还必须合理设计零件的形状结构，使之满足热处理的要求。其中，零件淬火时造成的内应力最大，极容易引起工件的变形和开裂，对于淬火零件的结构设计应给予充分重视。

### 1. 结构应尽量避免尖角和棱角

零件的尖角和棱角处是产生应力集中的地方，常成为淬火开裂的源头，应设计或加工成圆角或倒角，如图 4-24 所示。

图 4-24　零件结构中的尖角和棱角设计

### 2. 壁厚力求均匀

壁厚均匀能减少冷却时的不均匀性，避免相变时在过渡区产生应力集中，减小零件变形增大和开裂的倾向。设计零件结构时应尽量避免厚薄太悬殊，必要时可增设工艺孔来解决，如图 4-25 所示。

图 4-25　零件结构壁厚的均匀性设计

### 3. 形状结构尽量对称

零件形状结构应尽量对称，以减少零件在淬火时因应力分布不均而造成变形和翘曲，如图 4-26 所示。

好　　　　不好　　　　　不好　　　　好

图 4-26　零件的形状结构设计

### 4. 尽量减少孔、槽、键槽和深筋

零件结构上应尽量减少孔、槽、键槽和深筋，若工作结构上确实需要，则应采取相应的防护措施（如绑石棉绳或堵孔等），以减少这些地方因应力集中而引起的开裂倾向。

### 5. 易变形零件可采用封闭结构

对某些易变形零件可采用封闭结构，可有效防止刚性低的零件在热处理后引起变形。如汽车上的拉条，如图 4-27 所示，其结构上要求制成开口型，但制造时，应先加工成封闭结构（如图中双点画线所示），淬火、回火后再加工成开口状（用薄片砂轮切开），以减少变形。

淬硬面
淬硬面
淬硬面
淬硬面

图 4-27　零件的封闭结构

## 实践任务 5　对碳素钢进行热处理

### 1. 实验目的

1）了解碳素钢的普通热处理（退火、正火、淬火、回火）工艺特点，初步掌握其操作方法。

2）分析加热温度、冷却速度及回火温度对碳素钢热处理后的组织和力学性能的影响。

3）分析碳素钢的碳含量对淬火后硬度的影响。

### 2. 实验设备及试样

（1）实验设备　实验设备包括箱式加热炉、井式加热炉、淬火水槽、淬火油槽、砂轮机、抛光机、布氏硬度计、读数显微镜、洛氏硬度计及金相显微镜。

（2）试样　非合金钢 20、45、T8、T12 等若干套。

### 3. 实验内容及步骤

1）实验时按小组领取试样一套，并打上钢号，以免混淆。

2）按表 4-5 所列内容进行热处理工艺操作。

3）热处理后试样分别用砂轮机磨平后测出硬度并记录在表 4-5 中。

4）按表 4-5 所列金相试样在显微镜下观察金相组织。

5）分析实验结果并总结出规律。

表 4-5　热处理实验内容及数据记录表

| 组别 | 牌号 | 热处理方法 | 加热温度/℃ | 冷却介质 | 硬度值 | | | | 显微组织 |
|---|---|---|---|---|---|---|---|---|---|
| | | | | | 1 | 2 | 3 | 平均 | |
| 1 | 20 | 淬火 | 895 | 水 | | | | | |
| | 45 | | 830 | | | | | | |
| | T8 | | 780 | | | | | | |
| | T12 | | 780 | | | | | | |
| 2 | 45 | 淬火 | 680 | 水 | | | | | |
| | | | 780 | | | | | | |
| | | | 830 | | | | | | |
| | T12 | 淬火 | 680 | 水 | | | | | |
| | | | 780 | | | | | | |
| | | | 830 | | | | | | |
| 3 | 45 | 淬火 | 830 | 水 | | | | | |
| | | 淬火 | 830 | 油 | | | | | |
| | | 正火 | 830 | 空气 | | | | | |
| 4 | 45 | 回火 | 200 | 空气 | | | | | |
| | | | 400 | | | | | | |
| | | | 600 | | | | | | |
| | T12 | 回火 | 200 | 空气 | | | | | |
| | | | 400 | | | | | | |
| | | | 600 | | | | | | |

注：以上试样均由 4%（指质量分数）硝酸酒精溶液浸蚀。

**4. 实验注意事项**

1）试样淬火时，一定要用夹钳夹紧，动作要迅速，并在冷却介质中不断搅动。

2）试样入炉时所放位置尽量靠近热电偶工作端附近，以保证加热温度与所要求加热温度一致。

3）保温时间的计算从试样上升到规定温度时算起，加热时间不能算入保温时间。

4）热处理时应注意：取放试样时，应切断电路电源；炉门开关要快，以免炉温下降和损坏炉膛的耐火材料与电阻丝的寿命；取放试样时，夹钳应擦干，不能沾有水或油；同时，操作者应戴上手套，以免灼伤。

5）测硬度前，必须用砂轮或砂纸将试样表面的氧化皮除去并磨光。每个试样应在不同的部位测定三次硬度，取其平均值。退火、正火试样测 HBW 值，其余测 HRC 值。

**5. 实验报告**

1）列出实验结果，并说明各种热处理工艺对碳素钢的显微组织和性能的影响。

2）绘出所给试样显微组织示意图，用箭头表明图中的各组织组成物，并注明成分、热处理工艺、显微组织、放大倍数及浸蚀剂。

3）谈谈实验体会。

**6. 实践任务完成评价**（见表4-6）

表4-6　实践任务完成评价表

| 姓名 | | 专业班级 | | | 学号 | | | 日期 | |
|---|---|---|---|---|---|---|---|---|---|
| 序号 | 评价项目 | 过程性评价观测点 | 配分 | 自评分 | 小组评分 | 教师评分 | 心得体会 | 不足与改进 |
| 1 | 实验表现 | 1. 出勤情况<br>2. 遵守纪律情况<br>3. 回答问题、互动等表现情况 | 20分 | | | | | |
| 2 | 素养态度 | 1. 团队合作情况<br>2. 热爱劳动，注重加强动手能力<br>3. 实验工位卫生情况<br>4. 节约实验耗材，合理使用材料 | 20分 | | | | | |
| 3 | 实践能力 | 1. 善于理论联系实际，积极关注真实生产，注重提高综合实践能力<br>2. 在实验中能积极主动地操作<br>3. 实验设备操作规范，操作熟练<br>4. 实验项目完成情况 | 50分 | | | | | |
| 4 | 安全文明生产评价 | 1. 遵守纪律，听从指导教师指挥<br>2. 掌握操作规程和消防、灭火等安全知识<br>3. 严格遵守安全操作规程、设备使用规范及各项规章制度<br>4. 发生重大事故者取消实验资格，总成绩为0 | 10分 | | | | | |
| 5 | 合计 | | | | | | | |
| 6 | 总评等级（画√） | | □优　□良　□中　□及格　□不及格 | | | | | |
| 备忘记录 | | | | | | | | |

## 课后能力拓展

### 案例释疑

　　《北堂书钞》中的《蒲元别传》记载了下面一个著名的故事：有一次蒲元造刀，当刀到"白亮"程度时，需要进行淬火处理，他没有就近使用现成的汉水，而是专门派人到成都去取蜀江水。许多人感到很惊讶，蒲元则解释道，汉水纯弱，不任淬；而蜀江水比较爽烈，适合淬刀。当水从成都取回来后，蒲元用刀一试，当即说道："此水中已掺杂了涪水，不能用。"可是取水者却想抵赖，硬说没有掺杂其他的水。蒲元当即用刀在水中划了两划，然后说道："水中掺进8L清水，还敢说没有。"取水者见势不妙，赶忙叩头认罪，道出实情。原来取水者从成都返回，行至清津渡口时，不小心摔倒在地，将取来的水洒出去很多。他惊恐万分，生怕回去难以交差，情急之中取了8L清水掺在其中，以为神不知鬼不觉，可以蒙混过关，没料想却被蒲元一眼识破。在场的人无不被蒲元的奇妙技艺所折服。由此可见，蒲元对淬火工艺有着极其丰富的经验，已经掌握了不同水质对淬火后钢的质量影响的规律，因而很注意对水质的选择。图 4-28 基本上解释了这个小故事。

图 4-28　蒲元对淬火用水的选择

结论：蒲元之所以制造出"神刀"，从传说中可以知道蒲元造刀的主要诀窍在于掌握了精湛的钢刀淬火技术，他还能够辨别不同水质对淬火质量的影响，并且选择冷却速度大的蜀江水，把钢刀淬到合适的硬度。

## 📖 拓展阅读 ——我国悠久灿烂的古代热处理工艺

### 1. 退火

河南殷墟出土的殷代金箔，是经过再结晶退火处理的，其目的是消除金箔冷锻硬化。1974 年洛阳市出土的春秋末期战国初期的铁锛经过脱碳退火，使白口铸铁表面形成一层珠光体组织，以提高韧性。同时出土的铁铲是经过柔化退火的可锻铸铁件。20 世纪 50 年代山东薛城出土的西汉铁斧是铁素体基体的黑心可锻铸铁，当时柔化处理技术已有较大的提高。明代宋应星的《天工开物》（成书于 1634 年）有锉刀翻新工艺的记载，说明齿尖已磨损的旧锉刀，先退火再用錾子划齿。书中还记载了制针工艺中工序间消除内应力的退火。

古代兵器如剑、戟、斧、戈等，需要进行锻打成锋刃，为防止锻造过程中开裂，须采用锻间退火处理。"锻乃矛戈"是商周时期有关制作兵器的记载，只有有效地应用退火技术，才能制作出工艺复杂、锋利异常的宝剑。

2. 淬火

我国早在战国时期就已经发明淬火工艺，秦汉时期，淬火工艺得到了进一步发展，出现了对钢刀、铜剑的刃部进行局部淬火的技术。1965年河北易县燕下都遗址出土的战国后期锻剑等武器大都是经过淬火硬化的，经金相分析，发现了淬火产生的针状马氏体。

在早期历史文献中，对淬火技术也有所记载，《史记·天官书》有"水与火合为淬"之说。《汉书（记西汉事）·王褒传》有"巧冶干将之朴（窄长有短把的刀），清水淬其锋"，许慎的《说文解字》中有"淬，坚刀刃也"等的记载。

《北齐书·列传第四十一》载东魏、北齐间（534—577）的綦母怀文在"宿铁刀"淬火时，"浴以五牲之溺，淬以五牲之脂"。可见当时已采用含盐的水和油作为具有不同冷却速度的液冷介质。一些杰出的刀剑制造专家还注意到了不同性能的刀剑需用不同的水淬火。如龙泉剑就是因为用龙泉水淬火而得名，曹丕命人制造的"百辟剑"是用清漳水淬火的。说明人们在淬火技术方面已经积累了比较丰富的实践经验。

3. 渗碳和渗氮

从考古发掘的含碳块炼铁器物来看，中国古代有意识的渗碳大约始于春秋时期，大约在公元前7世纪至公元前6世纪。这期间出现了固体渗碳制钢术，固体渗碳是采用将工件埋入固体渗碳物质中进行处理的工艺技术，它是最古老的热处理技术之一。对湖南长沙杨家山出土的春秋晚期钢剑的分析表明，其碳的平均质量分数为0.5%左右，属块炼铁渗碳钢制品，其年代为公元前6世纪左右。

1968年河北满城出土的西汉刘胜的佩剑，经分析，表面有明显的渗碳层，并经淬火，其硬度为900~1170HV，而中心低碳部分的硬度为220~300HV。表面硬度较高，锋利耐磨，而中心则有很好的韧性，不易折断。刘胜的错金书刀经过渗碳局部淬火后，刃部和刃背获得硬韧兼备的效果，可见当时刀、剑的热处理工艺已具有很高的水平。

呼和浩特市出土的汉武帝时的铁甲，甲片是用块炼铁经过渗碳、反复锻打、退火、表面渗碳等工序制成的，提高了甲片的硬度。

《天工开物》叙述了古代制针的渗碳剂和固体渗碳工艺。明末方以智的《物理小识》记载了三种渗碳剂：一是"虎骨朴硝酱，刀成之后，火赤而屡淬之"；二是"酱同硝涂鏊口，锻赤淬火"；三是用"羊角乳发为末，调敷刀口"。前两者都有渗氮作用。

明朝宋应星在《锤锻》篇中提及，锄用"熟铁锻成，熔化生铁淋口，入水淬健，即成刚劲"。该工艺是将锄具在熔化生铁中渗碳，目的是使其表面成为高碳钢，经淬火后得到马氏体而强化。

## 模块小结

（1）钢的热处理是指将钢在固态下采用适当的方式进行加热、保温和冷却，从而改变钢的内部组织结构，最终获得所需性能的工艺方法。

（2）通过适当的热处理，不仅可以提高钢的使用性能，改善钢的工艺性能，而且能够充分发挥钢的性能潜力，从而减少零件的重量，延长产品使用寿命，提高产品的产量、质量和经济效益。

（3）热处理时，首先要把钢加热到一定温度，这是热处理过程中的一个重要阶段，其目的主要是使钢奥氏体化。

（4）奥氏体晶粒尺寸过大（或过粗）往往导致热处理后钢的强度降低，工程上往往希望得到细小而成分均匀的奥氏体晶粒。

（5）退火和正火是应用非常广泛的热处理方法，主要用于铸、锻、焊毛坯加工前的预备热处理，以消除前一工序所带来的某些缺陷，改善机械零件毛坯的切削加工性能，也可用于性能要求不高的机械零件的最终热处理。

（6）淬火可以很大地提高钢的硬度和强度，但脆性变大，塑性和韧性降低，然后配合以不同温度的回火，可以大幅提高钢的强度、硬度、耐磨性、疲劳强度以及韧性等，从而满足各种机械零件和工具的不同使用要求。

（7）退火、正火、淬火和回火是整体热处理中的"四把火"，其中淬火与回火关系密切，常配合使用，缺一不可。

（8）仅对工件表层进行热处理以改变其组织和性能的工艺称为表面热处理，常用的表面热处理方法包括表面淬火和化学热处理两类。

（9）热处理方案的正确选择以及工艺位置的合理安排，是制造出合格零件的重要保证。

（10）要保证零件的热处理质量，除严格控制热处理工艺外，还必须合理设计零件的形状结构，使之满足热处理的要求。

## 模块考核与评价

1. 观察与思考钢在加热和冷却时相图上的各相变点。

2. 为何过共析钢不宜采用完全退火？

3. 回火的目的是什么？为什么淬火工件务必要及时回火？

4. 若45钢经过淬火、低温回火后硬度为57HRC，然后再进行560℃回火，是否可以降低其硬度？为什么？

5. 欲加工一根40Cr钢的机床主轴，心部要求有良好的强韧性（200～300HBW），轴颈处要求硬而耐磨（54～58HRC），试回答下列问题：

（1）应选择何种预备热处理及最终热处理？

（2）说明各热处理后的组织变化。

6. 什么是表面淬火？

表4-7    模块学习过程评价表

| 姓名 | | 专业班级 | | | 学号 | | 日期 | |
|---|---|---|---|---|---|---|---|---|
| 序号 | 评价项目 | | 过程性评价观测点 | 配分 | 自评分 | 小组评分 | 教师评分 | 心得体会 | 不足与改进 |
| 1 | 综合素质评价 | 平时表现 | 1. 学习期间出勤情况<br>2. 遵守课堂纪律情况<br>3. 回答问题、课堂互动等表现情况<br>4. 课堂作业及实践任务完成情况 | 20分 | | | | | |

（续）

| 姓名 | | | 专业班级 | | | | 学号 | | | 日期 | | |
|---|---|---|---|---|---|---|---|---|---|---|---|---|
| 序号 | 评价项目 | | 过程性评价观测点 | 配分 | 自评分 | 小组评分 | 教师评分 | 心得体会 | | 不足与改进 | | |
| 1 | 综合素质评价 | 素养态度 | 1. 团队合作情况<br>2. 热爱劳动，注重加强动手能力<br>3. 实验工位及学习工位卫生情况<br>4. 节约实验耗材，合理使用材料 | 10分 | | | | | | | | |
| 2 | 综合专业水平评价 | 基本知识 | 1. 认识钢的热处理<br>2. 探究钢在加热时的转变<br>3. 探究钢在冷却时的转变<br>4. 对钢进行退火、正火、淬火<br>5. 对淬火钢进行回火<br>6. 对钢进行热处理 | 35分 | | | | | | | | |
| | | 实践能力 | 1. 善于理论联系实际，积极关注真实生产，注重提高综合实践能力<br>2. 在实验中能积极主动地操作<br>3. 熟悉实验设备操作规范，操作熟练 | 25分 | | | | | | | | |
| 3 | 安全文明生产评价 | | 1. 遵守纪律，听从指导教师指挥<br>2. 掌握操作规程和消防、灭火等安全知识<br>3. 严格遵守安全操作规程、设备使用规范、实验中心规章制度和实习纪律<br>4. 发生重大事故者，本项成绩为0 | 10分 | | | | | | | | |
| 4 | 合计 | | | | | | | | | | | |
| 5 | 总评等级（画√） | | | | □优　□良　□中　□及格　□不及格 | | | | | | | |
| 备忘记录 | | | | | | | | | | | | |

小贴士

成功＝艰苦的劳动＋正确的方法＋少说空话。

——爱因斯坦

## 能力目标

◇ 掌握合金钢的分类方法和牌号表示。
◇ 理解合金元素对钢的力学性能、热处理性能及加工工艺性能的影响。
◇ 掌握各类合金结构钢、合金工具钢、典型特殊性能钢的牌号、特性与应用。
◇ 掌握硬质合金的特性与应用。

## 素质目标

◇ 合金元素的加入，增强了钢的性能，体会培养团结合作精神的重要性。
◇ 合金元素加入量的不同，造就了金属不同的性能，体会适度、适量的理念。
◇ 合金钢力学性能优良，有强度有韧性，具有抗压和不怕困难的精神非常重要。
◇ 特种钢的性能不断被突破，要具备勇于探索、不断追求的精神。
◇ 认真体会新时期应用合金钢的社会主义伟大成就，充分培养民族自豪感。

## 课前学习引导

### 思维导图

合金钢及硬质合金
- 合金钢的分类和牌号
  - 合金钢的分类
  - 合金钢的牌号
- 合金元素在钢中的作用
  - 合金元素对钢力学性能的影响
  - 合金元素对钢热处理性能的影响
  - 合金元素对钢加工工艺性能的影响
- 合金结构钢
  - 工程构件用合金钢
  - 机械结构用合金钢
- 合金工具钢
  - 合金量具钢
  - 合金刃具钢
  - 耐冲击工具钢
  - 合金模具钢
- 特殊性能合金钢
  - 不锈钢
  - 耐热钢
  - 耐磨钢
  - 易切削结构钢
- 硬质合金
  - 硬质合金的应用与特性
  - 常用硬质合金

## 引导案例——世界最长公铁两用桥南京长江大桥背后的钢铁材料

南京长江大桥（见图5-1）是南京市的著名景点之一，位于南京市鼓楼区下关和浦口区桥北之间，于1968年建成通车，时至今日，大桥每天通车8万辆，依然雄姿英发，从来没有出现过任何差错，依然是我国东部地区南北交通要塞和我国交通体系至关重要的一环。它是长江上第一座由我国自主设计和建造的双层式铁路、公路两用桥，上层双向公路桥长4589m；下层双线铁路桥长6772m，连接津浦线与沪宁线两条铁路干线。它是我国经济建设的重要成就和中国桥梁建设的重要里程碑，在中国桥梁史乃至世界桥梁史上具有重要意义，具有极大的经济、政治和战略意义。

在大桥建设过程中，主要采用了哪些新技术和材料呢？当年又为何被称为"争气桥"呢？

图5-1　南京长江大桥

### 课前思考与预习

1. 根据引导案例，进行思考与预习。
2. 你知道什么是合金钢吗？列举几种合金钢制作的零部件。
3. 根据思维导图，梳理知识点，扫描二维码资源预习。

### 学习备忘

--------------------------------------------------------
--------------------------------------------------------
--------------------------------------------------------
--------------------------------------------------------
--------------------------------------------------------
--------------------------------------------------------

## 单元5.1　合金钢的分类和牌号

### 1. 碳素钢的不足之处

碳素钢经热处理后具有良好的力学性能，且冶炼工艺简单，压力加工和机械加工性能好，价格低廉，是工业生产中应用最广的金属材料。但由于它存在淬透性低、回火抗力低、强度不够高和不具备特殊性能（如耐高温、耐低温、耐磨损、耐腐蚀）等缺点，不能用于制造要求减轻自重的大型结构件，受力复杂、负荷大、速度快的重要机器零件和工具以及在高温、低温、腐蚀、磨损等恶劣环境下工作的零件。

**2. 合金钢**

为了提高钢的性能，在铁碳合金中加入合金元素所获得的钢种，称为合金钢。

合金钢在机械制造中的应用日益广泛，一些在恶劣环境中使用的设备以及承受复杂交变应力、冲击载荷和在摩擦条件下工作的工件更是广泛使用合金钢材料。

> 📢 生产经验提示：合金钢性能虽好，但其冶炼、铸造、锻造、焊接及热处理等工艺复杂，成本高。因此当碳素钢能满足使用要求时，应尽量选用碳素钢，以降低生产成本。

## 5.1.1　合金钢的分类

合金钢的品种很多，为了便于生产、管理和选用，必须对其进行科学的分类、命名和编号。合金钢种类繁多，为便于生产、选材、管理及研究，根据某些特性，从不同角度出发可以将其分成若干种类。

**1. 按用途分类**

具体分类可归纳为如下结构：

合金钢
- 合金结构钢
  - 工程构件用合金钢（低合金结构钢）
    - 低合金高强度结构钢
    - 低合金耐候钢
    - 低合金专业用钢
  - 机械结构用合金钢
    - 合金渗碳钢
    - 合金调质钢
    - 合金弹簧钢
    - 滚动轴承钢
    - 超高强度钢
- 合金工具钢
  - 刃具钢
    - 低合金刃具钢
    - 高速工具钢
  - 量具钢
  - 耐冲击工具钢
  - 合金模具钢
    - 冷作模具钢
    - 热作模具钢
    - 塑料模具钢
- 特殊性能合金钢
  - 不锈钢
  - 耐热钢
  - 耐磨钢
  - 易切削结构钢

**2. 按合金元素含量分类**

（1）低合金钢　合金元素的总质量分数在 5% 以下。

（2）中合金钢　合金元素的总质量分数在 5% ~ 10% 之间。

（3）高合金钢　合金元素的总质量分数在 10% 以上。

**3. 按金相组织不同分类**

（1）按平衡组织或退火组织　可以分为亚共析钢、共析钢、过共析钢和莱氏体钢。

（2）按正火组织　可以分为珠光体钢、贝氏体钢、马氏体钢和奥氏体钢。

**4. 其他分类方法**

除上述分类方法外，还有许多其他的分类方法，例如：

（1）按工艺特点　可分为铸钢、渗碳钢、易切削钢等。

（2）按质量　可以分为普通质量钢、优质钢和高级质量钢，其区别主要在于钢中所含有害杂质（S、P）的多少。

### 5.1.2　合金钢的牌号

[识记合金钢的牌号]

钢的编号原则主要有两条：首先，根据编号可以大致看出该钢的成分；其次，根据编号可大致看出该钢的用途。注意这里介绍的是新国标表示方法，老国标略有差异。

我国合金钢的牌号，常采用如下格式：

合金钢牌号 = 数字 + 化学元素（如 Si、Mn、Cr、W 等）＋数字 + 尾缀符号

化学元素采用元素中文名称或化学符号。而产品名称、用途和浇注方法等则采用汉语拼音字母表示。

**1. 碳含量数字**

（1）合金结构钢、合金弹簧钢　碳的质量分数数字为 2 位数，表示钢中碳的平均质量分数（以万分之几计）。例如 60Si2Mn 钢中碳的平均质量分数为万分之六十，即 0.6%。低合金高强度结构钢牌号另有规定，见 5.4.1 节。

（2）合金工具钢　分两种情况：

1）碳的平均质量分数 <1% 时，数字为 1 位数，表示碳的平均质量分数（以千分之几计）。如 9SiGr 钢中碳的平均质量分数为千分之九，即 0.9%。

2）碳的平均质量分数 ≥1% 时，不标数字。如 Cr12 表示碳的平均质量分数 ≥1%，未标。

（3）不锈钢和耐热钢　与合金结构钢相同，只是在不锈钢中，当碳的平均质量分数小于或等于 0.03%（超级低碳）时，用 3 位数表示碳的平均质量分数（以万分之几计）。例如 022Cr18Ti，表示碳平均质量分数为 0.022% 的不锈钢。

**2. 合金元素含量数字**

合金元素含量数字表示该合金元素平均质量分数（以百分之几计）。当合金元素平均质量分数小于 1.5% 时不标数字，各元素按含量从高到低排列。例如 60Si2Mn 表示钢中的平均 $w_{Si}$ = 2%，平均 $w_{Mn} < 1.5\%$。

低铬合金工具钢（$w_{Cr} < 1\%$）在铬含量（以千分之几计）前加"0"，如 Cr06 表示铬平均质量分数为 0.6%。

**3. 尾缀符号**

当采用汉语拼音字母表示产品名称、用途、特性和工艺方法时，一般用代表产品名称的汉语拼音的首字母表示，加在牌号首部或尾部。如 GCr15（G 表示滚动轴承）、SM3Cr3Mo（SM 表示塑料模具）。

高级优质钢、特级优质钢在其牌号尾部加符号"A""E"，优质钢不加字母，所有合金工具钢均属高级优质钢，故不标"A"。

**4. 专门用途钢**

专门用途的钢种以其用途名称的汉语拼音第一个字母表示该钢的类型，例如，铆螺用 30CrMnSi 钢，其牌号表示为 ML30CrMnSi；锅炉用 20 钢，其牌号表示为 20g。16MnR 表示碳的质量分数为 0.16%、锰的质量分数小于 1.5% 的容器用钢。

## 单元 5.2　探究合金元素在钢中的作用

在合金钢中，经常加入的合金元素有锰（Mn）、硅（Si）、铬（Cr）、镍（Ni）、钼（Mo）、钨（W）、钒（V）、钛（Ti）、铌（Nb）、锆（Zr）、稀土元素（RE）等。合金元素在钢中的作用是非常复杂的，包括与钢中的铁和碳两个基本组元发生作用及合金元素间的相互作用。

> **知识链接：** 我国稀土资源非常丰富，稀土是很多高精尖产业必不可少的原料，素有"工业黄金""金属材料维生素"之称，由于其具有优良的光电磁等物理特性，能与其他材料组成性能各异、品种繁多的新型材料，最显著的功能就是大幅度提高其他产品的质量和性能，如大幅度提高用于制造坦克、飞机、导弹的钢材以及铝合金、镁合金、钛合金的战术性能。而且，稀土是电子、激光、核工业及超导等诸多高科技的润滑剂。

### 5.2.1　合金元素对钢力学性能的影响

**1. 溶解于铁素体，起固溶强化作用**

几乎所有合金元素均能不同程度地溶于铁素体、奥氏体中而形成固溶体，使钢的强度、硬度提高，但塑性、韧性会有所下降。不同合金元素对铁素体力学性能的影响如图 5-2 所示。

a) 对硬度的影响　　　　b) 对韧性的影响

**图 5-2　不同合金元素对铁素体力学性能的影响**

**2. 形成碳化物，起第二相强化与硬化作用**

按照与碳之间的相互作用（形成碳化物，起第二相强化、硬化作用）不同，常用的合金元素分为非碳化物形成元素和碳化物形成元素两大类。碳化物形成元素包括 Ti、Nb、V、W、Mo、Cr 和 Mn 等，它们在钢中能与碳结合形成碳化物，如 TiC、VC 和 WC 等，这些碳化物一般都具有高的硬度、高的熔点和稳定性，如果它们颗粒细小并在钢中均匀分布，则能显著提高钢的强度、硬度和耐磨性。

碳化物是钢中的重要相之一，其特点是熔点高、硬度高，且很稳定，不易分解，热处理

121

加热时很难溶于奥氏体中。因此，碳化物的形态、数量、大小及分布对钢的力学性能及热处理工艺性能有很大影响，尤其是对于工具钢和模具钢意义重大。对碳化物的一般要求是呈球状、细小、均匀地分布在钢的基体上，即"圆、小、匀"。

**3. 使结构钢中珠光体增加，起强化作用**

合金元素的加入，使 Fe-Fe$_3$C 相图中的共析点左移，因而，与碳含量相同的碳素钢相比，亚共析成分的结构钢（一般结构钢为亚共析钢）碳含量更接近于共析成分，组织中珠光体的数量增加，使合金钢的强度提高。

## 5.2.2 合金元素对钢热处理性能的影响

**1. 对加热过程奥氏体化的影响**

合金钢中的合金渗碳体、合金碳化物稳定性高，不易溶入奥氏体，合金元素溶入奥氏体后扩散很缓慢，因此合金钢的奥氏体化速度比碳素钢慢。为加速奥氏体化，要求将合金钢（锰钢除外）加热到较高的温度和保温较长的时间。

除 Mn 外的所有合金元素都有阻碍奥氏体晶粒长大的作用，尤其是 Ti、V 等强碳化物形成的合金碳化物稳定性高，残存在奥氏体晶界上，会显著地阻碍奥氏体晶粒长大，因此奥氏体化的晶粒一般比碳素钢细。

**2. 提高钢的淬透性**

大多数合金元素（除 Co 和 Al 外）溶入奥氏体时都能增加过冷奥氏体的稳定性，从而使等温转变图位置右移，降低了钢的临界冷却速度，提高了钢的淬透性。因此，与碳素钢相比，合金钢淬火能使较大截面的工件获得均匀一致的组织，从而获得较高的力学性能；对复杂的合金钢工件，可用冷却能力较弱的淬火冷却介质（如熔盐等）淬火，从而减少工件淬火时的变形和开裂。

提高淬透性作用最大的元素是 Mo、Mn、Cr，其次是 Ni。微量的 B（<0.005%）能显著提高钢的淬透性。

**3. 提高钢的耐回火性**

淬火钢在回火时抵抗硬度下降的能力称为钢的耐回火性。由于合金元素溶入马氏体中，阻碍了原子的扩散，使马氏体在回火过程中不易分解，碳化物不易析出。因此，合金钢回火时硬度下降较慢，耐回火性较高。合金钢若与碳素钢在相同温度下回火，则合金钢的强度和硬度将比碳素钢高。提高耐回火性较强的合金元素有钒、硅、钼、钨等。

**4. 产生二次硬化**

某些合金钢回火时在某温度范围出现硬度不降反而回升的现象，称为二次硬化。产生二次硬化的原因是：含钒、钼、钨等强碳化物形成元素的合金钢在高温回火时，析出了与马氏体保持共格关系并高度弥散分布的特殊碳化物（W$_2$C、Mo$_2$C、VC、TiC 等）。

高的耐回火性和二次硬化使合金钢具有很好的高温强度和热硬性。热硬性是指合金在高温下保持高硬度（≥60HRC）的能力，此性能对于高速切削刀具具有重要意义。

## 5.2.3 合金元素对钢加工工艺性能的影响

**1. 对焊接性能的影响**

淬透性良好的合金钢在焊接时，容易在接头处出现淬硬组织，使该处脆性增大，容易出现焊接裂纹；焊接时合金元素容易被氧化形成氧化物夹杂，使焊接质量下降，例如，在焊接不锈钢时，形成 $Cr_2O_3$ 夹杂，使焊缝质量受到影响，同时由于铬的损失，不锈钢的耐蚀性下降，所以高合金钢最好采用保护作用好的氩弧焊。

**2. 对锻造性能的影响**

由于合金元素溶入奥氏体后变形抗力增加，使塑性变形困难，合金钢锻造需要施加更大的压力；同时合金元素使钢的导热性降低、脆性加大，增大了合金钢锻造时和锻后冷却中出现变形、开裂的倾向，因此合金钢锻后一般应控制终锻温度和冷却速度。

## 单元 5.3　选用合金结构钢

用于制造各类机械零件以及建筑工程结构的钢称为结构钢。碳素结构钢的冶炼及加工工艺简单、成本低，这类钢的生产量在全部结构钢中占有很大比例。但随着工业和科学技术的发展，一般碳素结构钢难以满足重要机械构件和机器零件的需要，对于形状复杂、截面较大、要求淬透性较好以及力学性能要求高的工件就必须采用合金结构钢制造。

合金结构钢主要包括工程构件用合金钢（低合金结构钢）和机械制造用合金钢（合金渗碳钢、合金调质钢、合金弹簧钢、滚动轴承钢及超高强度钢等）。

合金结构钢的成分特点，是在碳素结构钢的基础上适当加入一种或多种合金元素，例如 Cr、Mn、Si、Ni、Mo、W、V、Ti 等。合金元素除了保证有较高的强度和较好的韧性外，另一重要作用是提高钢的淬透性，使机械零件在整个截面上得到均匀一致的、良好的综合力学性能，在具有高强度的同时又有足够的韧性。

### 5.3.1　工程构件用合金钢

**1. 低合金高强度结构钢**

低合金高强度结构钢强度高，韧性和加工性能优异，合金元素含量少，并且不需要进行复杂的热处理，已越来越受到重视。由于我国微合金化元素资源十分丰富，所以低合金高强度结构钢在我国具有极其广阔的发展前景。

（1）化学成分　低合金高强度结构钢的成分特点是：低碳、低合金，其 $w_C < 0.20\%$，常加入的合金元素有 Mn、Si、Ti、Nb、V 等。碳含量低是为了获得高的塑性、良好的焊接性和冷变形能力。合金元素 Si 和 Mn 主要溶于铁素体中，起固溶强化作用。Ti、Nb、V 等在钢中形成细小碳化物，起细化晶粒和弥散强化作用，从而提高了钢的强韧性。

（2）牌号表示　与碳素结构钢的牌号表示方法相似，按国标 GB/T 1591—2018，低合金高强度钢的牌号由四部分组成：

钢级

Q+规定的最小上屈服强度数值+交货状态代号+质量等级符号

含B、C、D、E、F五级，依次质量提高

热轧：用AR或WAR表示，可省略，代表未经任何特殊轧制或热处理
正火或正火轧制：用N表示
热机械轧制：用M表示

规定的最小上屈服强度数值，单位为MPa

屈服强度"屈"字的汉语拼音首字母

> 🔊 **生产经验提示**：新国标 GB/T 1591—2018 代替了旧版 GB/T 1591—2008，牌号表示方法有显著变化；增加了订货内容；按不同交货状态规定各牌号的化学成分和力学性能；本标准牌号和国外标准牌号可根据新标准中的"表 A.1 国内外标准牌号对照"加以区分。

例如，Q355ND，其中：

Q——钢的屈服强度的"屈"字汉语拼音的首字母；

355——规定的最小上屈服强度数值，单位为 MPa；

N——交货状态为正火或正火轧制；

D——质量等级为 D 级。

当需方要求钢板具有厚度方向性能时，则在上述规定的牌号后加上代表厚度方向（Z 向）性能级别的符号，如：Q355NDZ25。

（3）性能及用途　低合金高强度结构钢是一类可焊接的低碳低合金工程结构用钢，具有较高的强度，良好的塑性、韧性、良好的焊接性、耐蚀性和冷成形性，低的韧脆转变温度，适于冷弯和焊接，广泛用于桥梁、车辆、船舶、锅炉、高压容器和输油管、建筑钢结构等，如图 5-3 所示。在某些场合，用低合金高强度结构钢代替碳素结构钢可减轻构件的质量。常用低合金高强度结构钢的牌号、力学性能及用途见表 5-1，常用低合金高强度结构钢的新旧牌号对比见表 5-2。

a) 长江大桥　　　　　　　　　　　　b) 国家体育场"鸟巢"

图 5-3　钢结构建筑

表 5-1　常用低合金高强度结构钢的牌号、力学性能及用途

| 牌号 | 质量等级 | 力学性能 | | | | 应用范围 |
|---|---|---|---|---|---|---|
| | | $R_m$/MPa | $A$(%) | $R_{eH}$/MPa 大于或等于 | $KV$/J 大于或等于 | |
| Q355 | B | 470～630 | 22 | 355 | 34（20℃） | 各种大型船舶，铁路车辆，桥梁，管道，锅炉，压力容器，石油储罐，水轮机蜗壳，起重及矿山机械，电站设备，厂房钢架等承受动载荷的各种焊接结构件；一般金属构件、零件 |
| | C | 470～630 | 22 | 355 | 34（0℃） | |
| | D | 470～630 | 22 | 355 | 34（-20℃） | |
| Q390 | B | 490～650 | 21 | 390 | 34（20℃） | 中、高压锅炉锅筒，中、高压石油化工容器，大型船舶，桥梁，车辆及其他承受较高载荷的大型焊接结构件；承受动载荷的焊接结构件，如水轮机蜗壳 |
| | C | 490～650 | 21 | 390 | 34（0℃） | |
| | D | 490～650 | 21 | 390 | 34（-20℃） | |

（续）

| 牌号 | 质量等级 | 力学性能 | | | | 应用范围 |
|---|---|---|---|---|---|---|
| | | $R_m$/MPa | $A$(%) | $R_{eH}$/MPa 大于或等于 | $KV$/J 大于或等于 | |
| Q420 | B | 520~680 | 20 | 420 | 34（20℃） | 中、高压锅炉及容器，大型船舶，车辆，电站设备及焊接结构件 |
| | C | 520~680 | 20 | 420 | 34（0℃） | |
| Q460 | C | 550~720 | 18 | 460 | 34（0℃） | 淬火、回火后用于大型挖掘机、起重运输机械、钻井平台等 |
| Q500M | C | 610~770 | 17 | 500 | 55（0℃） | 用于厂房、一般建筑、高层钢结构建筑，以及各类机械，如矿山和各类工程用的钻机、电铲、电动轮翻斗车、矿用汽车、挖掘机、装载机、推土机、各类起重机、煤矿液压支架等机械设备及其他结构件 |
| | D | 610~770 | 17 | 500 | 47（-20℃） | |
| | E | 610~770 | 17 | 500 | 31（-40℃） | |
| Q550M | C | 670~830 | 16 | 550 | 55（0℃） | |
| | D | 670~830 | 16 | 550 | 47（-20℃） | |
| | E | 670~830 | 16 | 550 | 31（-40℃） | |
| Q620M | C | 710~880 | 15 | 620 | 55（0℃） | |
| | D | 710~880 | 15 | 620 | 47（-20℃） | |
| | E | 710~880 | 15 | 620 | 31（-40℃） | |
| Q690M | C | 770~940 | 14 | 690 | 55（0℃） | |
| | D | 770~940 | 14 | 690 | 47（-20℃） | |
| | E | 770~940 | 14 | 690 | 31（-40℃） | |

注：$R_{eH}$ 为公称厚度（直径、边长）≤16mm 时的数据；$R_m$ 为公称厚度（直径、边长）≤40mm 时的数据；$A$ 为公称厚度（直径边长）≤100mm 时的数据，取纵向试样方向；冲击试验取纵向试样方向。其他情况请查阅现行国家标准。

表 5-2　常用低合金高强度结构钢的新旧牌号对比

| 新国标 GB/T 1591—2018 | 旧国标 GB/T 1591—2008 | 更早期旧国标 |
|---|---|---|
| Q355 | Q345 | 12MnV、14MnNb、16Mn、16MnRE、18Nb |
| Q390 | Q390 | 15MnV、15MnTi、16MnNb |
| Q420 | Q420 | 15MnVN、14MnVTiRE |
| Q460 | Q460 | 4MnMoV、18MnMoNb |

**新时代伟大成就——滹沱河特大桥：**2023 年，位于河北省石家庄市复兴大街正定段的滹（hū）沱河特大桥竣工通车，全长约 2208m，主桥跨距 300m，主塔高 146.5m，主桥采用国内首创的独塔斜拉索钢箱梁设计，上部钢混结构，曲面斜拉索，如图 5-4 所示。冀中大地自古乃文人墨客汇聚之地，桥塔造型由画卷抽象而来，从太行山到滹沱河，如同一幅徐徐展开的画卷立于水面上，桥梁沟通南北，成为石家庄"山水画卷"的"卷轴"，温婉优雅，气宇轩昂，宏伟壮丽，充分体现了我国强大的基建能力。

a) 特大桥正面日景                    b) 特大桥侧面夜景

c) 建造中的特大桥钢梁部件

图5-4　滹沱河特大桥

**2. 低合金耐候钢**

低合金耐候钢具有良好的耐大气腐蚀的能力，是近年来我国发展起来的新钢种。此类钢主要加入的合金元素有少量的铜、铬、磷、钼、钛、铌、钒等，使钢的表面生成致密的氧化膜，提高耐候性。

常用的牌号有：09CuP、09CuPCrNi 等。此类钢可用于农业机械、运输机械、起重机械、铁路车辆、建筑、塔架等构件，如图5-5 所示，也可用于制作铆接件和焊接件。

图5-5　农业机械与摩天轮

## 5.3.2　机械结构用合金钢

**1. 合金渗碳钢**

（1）应用　合金渗碳钢是用于制造渗碳零件的合金钢，具有外硬内韧的性能，可用来制造承受冲击和耐磨的产品，如汽车、拖拉机中的变速齿轮，内燃机上的凸轮轴（见图5-6）、活塞销等。

（2）特点　碳素渗碳钢的淬透性低，零件心部的硬度和强度在热处理前后差别不大。而合金渗碳钢则不然，因其淬透性高，零件心部的硬度和强度在热处理前后差别较大，可通过热处理使渗碳件的心部达到较显著的强化效果。

（3）化学成分 合金渗碳钢碳含量低，一般 $w_C$ = 0.10% ~ 0.25%，属于低碳钢。低的碳含量可保证零件心部具有足够的塑性、韧性。为了提高淬透性，加入 Cr、Mn、Ni、B 等，并可强化渗碳层和心部组织。此外，还加入微量的 Mo、W、V、Ti 等强碳化物形成元素。这些元素形成的稳定合金碳化物，能防止渗碳时晶粒长大，还能增加渗碳层硬度，提高耐磨性。

图 5-6 凸轮轴

（4）常用牌号 常用牌号主要有 20Cr、20CrMnTi 及 20Cr2Ni4 等。常用合金渗碳钢的牌号、化学成分、热处理、力学性能及用途见表 5-3。

表 5-3 常用合金渗碳钢的牌号、化学成分、热处理、力学性能及用途

| 类别 | 牌号 | 热处理 | | | 力学性能 | | | | 应用举例 |
|---|---|---|---|---|---|---|---|---|---|
| | | 一次淬火加热温度/℃ 冷却剂 | 二次淬火加热温度/℃ 冷却剂 | 回火加热温度/℃ 冷却剂 | $R_m$/MPa | $R_{eL}$/MPa | $A$(%) | $KU$/J | |
| | | | | | 不小于 | | | | |
| 低淬透性 | 20Cr | 880 水、油 | 780 ~ 820 水、油 | 200 水、空气 | 835 | 540 | 10 | 47 | 截面在 30mm 以下、形状复杂、心部要求较高强度、工作表面承受磨损的零件，如机床变速器齿轮、凸轮、蜗杆、活塞销及爪形离合器等 |
| | 20Mn2 | 850 水、油 | — | 200 水、空气 | 785 | 590 | 10 | 47 | 代替 20 钢制作小型渗碳齿轮、轴、轻载活塞销、汽车顶杆及变速器操纵杆等 |
| 中淬透性 | 20CrMnTi | 880 油 | 870 油 | 200 水、空气 | 1080 | 850 | 10 | 55 | 在汽车、拖拉机工业中用于截面在 30mm 以下，承受高速、中或重载荷以及受冲击、摩擦的重要渗碳件，如齿轮、轴、齿轮轴、爪形离合器及蜗杆等 |
| | 20MnVB | 860 油 | — | 200 水、空气 | 1080 | 885 | 10 | 55 | 模数较大、载荷较重的中小渗碳件，如重型机床上的齿轮、轴，汽车后桥主动从动齿轮等 |
| | 20MnTiB | 860 油 | — | 200 水、空气 | 1130 | 930 | 10 | 55 | 20CrMnTi 的代用钢种，制作汽车、拖拉机上小截面、中等载荷的齿轮 |
| 高淬透性 | 20Cr2Ni4 | 880 油 | 780 油 | 200 水、空气 | 1180 | 1080 | 10 | 63 | 大截面、较高载荷或交变载荷下工作的重要渗碳件，如大型齿轮、轴等 |

注：表中各牌号的合金渗碳钢试样尺寸均为 15mm。

模块 5

### 2. 合金调质钢

合金调质钢的最终热处理为淬火后高温回火（即调质处理），回火温度一般为 500 ~ 650℃。热处理后的组织为回火索氏体。

（1）特点及应用 合金调质钢具有高的强度、良好的塑性与韧性，即具有良好的综合力学性能，主要用于制造在多种载荷（如扭转、弯曲、冲击等）下工作、受力比较复杂、要求具有良好综合力学性能的重要零件，如汽车、拖拉机及机床等上的齿轮及齿轮轴（见图 5-7）、连杆、高强度螺栓等。合金调质钢是机械结构用合金钢的主体。

图 5-7　齿轮及齿轮轴

（2）化学成分 合金调质钢为中碳钢，其 $w_C = 0.25\% \sim 0.50\%$，以保证调质处理后具有良好的综合力学性能。主要加入的合金元素有 Cr、Ni、Mn、Si、B 等，能提高淬透性和强化钢材，而加入少量的 W、Mo、V、Ti 等元素可形成稳定的合金碳化物，阻止奥氏体晶粒长大，起细化晶粒及防止回火脆性的作用。

（3）常用牌号 40Cr、35CrMo、38CrMoAl 及 40CrNiMoA 等为常用的合金调质钢。常用合金调质钢的牌号、化学成分、热处理、力学性能及用途见表 5-4。

表 5-4　常用合金调质钢的牌号、化学成分、热处理、力学性能及用途

| 类别 | 牌号 | 化学成分 w(%) | | | | | 热处理 | | 力学性能 | | | 应用范围 |
|---|---|---|---|---|---|---|---|---|---|---|---|---|
| | | C | Si | Mn | Cr | 其他 | 淬火加热温度/℃ 冷却剂 | 回火加热温度/℃ 冷却剂 | $R_m$/MPa | $R_{eL}$/MPa | A (%) | |
| | | | | | | | | | 不小于 | | | |
| 低淬透性 | 40Cr | 0.37 ~ 0.44 | 0.17 ~ 0.37 | 0.50 ~ 0.80 | 0.80 ~ 1.10 | | 850 油 | 520 水、油 | 980 | 785 | 9 | 制造承受中等载荷和中等速度工作下的零件，如汽车后半轴及机床上齿轮、轴、花键轴及顶尖套等 |
| | 40MnB | 0.37 ~ 0.44 | 0.17 ~ 0.37 | 1.10 ~ 1.40 | | B：0.0008 ~ 0.0035 | 850 油 | 500 水、油 | 980 | 785 | 10 | 代替40Cr制造中、小截面重要调质件，如汽车半轴、转向轴、蜗杆及机床主轴、齿轮等 |
| 中淬透性 | 35CrMo | 0.32 ~ 0.40 | 0.17 ~ 0.37 | 0.40 ~ 0.70 | 0.80 ~ 1.10 | Mo：0.15 ~ 0.25 | 850 油 | 550 水、油 | 980 | 835 | 12 | 通常用作调质件，也可在中、高频表面淬火或淬火、低温回火后用于高载荷下工作的重要结构件，特别是受冲击、振动、弯曲、扭转载荷的机件，如主轴、大电动机轴、曲轴、锤杆等 |

（续）

| 类别 | 牌号 | 化学成分 w(%) | | | | | 热处理 | | 力学性能 | | | 应用范围 |
|---|---|---|---|---|---|---|---|---|---|---|---|---|
| | | C | Si | Mn | Cr | 其他 | 淬火加热温度/℃ 冷却剂 | 回火加热温度/℃ 冷却剂 | $R_m$/MPa | $R_{eL}$/MPa | A(%) | |
| | | | | | | | | | 不小于 | | | |
| 中淬透性 | 40CrNi | 0.37 ~ 0.44 | 0.17 ~ 0.37 | 0.50 ~ 0.80 | 0.45 ~ 0.75 | Ni：1.00 ~ 1.40 | 820 油 | 500 水、油 | 980 | 785 | 10 | 制造截面较大、载荷较重的零件，如轴、连杆及齿轮轴等 |
| | 38CrMoAl | 0.35 ~ 0.42 | 0.20 ~ 0.45 | 0.30 ~ 0.60 | 1.35 ~ 1.65 | Mo：0.15 ~ 0.25 Al：0.70 ~ 1.10 | 940 水、油 | 640 水、油 | 980 | 835 | 14 | 高级氮化钢，常用于制造磨床主轴、自动车床主轴、精密丝杠、精密齿轮、高压阀门、压缩机活塞杆、橡胶及塑料挤压机上的各种耐磨件 |
| 高淬透性 | 40CrNiMo | 0.37 ~ 0.44 | 0.17 ~ 0.37 | 0.50 ~ 0.80 | 0.60 ~ 0.90 | Mo：0.15 ~ 0.25 Ni：1.25 ~ 1.65 | 850 油 | 600 水、油 | 980 | 835 | 12 | 要求韧性好、强度高及大尺寸的重要调质件，如重型机械中高载荷的轴类、直径大于25mm 的汽轮机轴、叶片及曲轴等 |
| | 25Cr2Ni4W | 0.21 ~ 0.28 | 0.17 ~ 0.37 | 0.30 ~ 0.60 | 1.35 ~ 1.65 | W：0.80 ~ 1.20 Ni：4.00 ~ 4.50 | 850 油 | 550 水、油 | 1080 | 930 | 11 | 200mm 以下要求淬透的大截面重要零件 |

注：表中 38CrMoAl 钢试样毛坯尺寸为 $\phi$30mm，其余牌号合金调质钢试样毛坯尺寸均为 $\phi$25mm。

**3. 合金弹簧钢**

（1）应用　合金弹簧钢主要用于制造各种重要的弹性元件，如机器、仪表中的弹簧。

（2）性能要求　合金弹簧钢应具有高的弹性极限、疲劳强度和高的屈强比，足够的塑性、韧性，还应具有良好的淬透性及较低的脱碳敏感性。有些弹簧还要求具有耐热和耐蚀性。中碳钢和高碳钢都可用来制作弹簧，但因其淬透性和强度较低，故只能用来制造截面较小、受力较小的弹簧。合金弹簧钢则可制造截面较大、屈服强度较高的重要弹簧。

（3）化学成分　合金弹簧钢为中、高碳成分，一般 $w_C$ = 0.5% ~ 0.7%，以满足高弹性、高强度的性能要求。加入的合金元素主要是 Si、Mn、Cr，作用是强化铁素体、提高淬透性和耐回火性。但加入过多的 Si 会造成钢在加热时表面容易脱碳，加入过多的 Mn 容易使晶粒长大。加入少量的 V 和 Mo 可细化晶粒，从而进一步提高强度并改善韧性，还有进一步提高淬透性和耐回火性的作用。

（4）常用牌号及用途　常用的合金弹簧钢有 60Si2Mn、50CrV 及 30W4Cr2V 等。

1）60Si2Mn 钢是应用最广泛的合金弹簧钢，其生产量约为合金弹簧钢产量的80%。它的强度、淬透性、耐回火性都比碳素弹簧钢高，工作温度达250℃，缺点是脱碳倾向较大，适于制造厚度小于10mm 的板簧（见图5-8）和截面尺寸小于25mm 的螺旋弹簧，在重型机械、铁道车辆、汽车及拖拉机上都有广泛的应用。

2）50CrV 钢的力学性能与 60Si2Mn 钢相近，但淬透性更高，钢中 Cr 和 V 能提高弹性极限、强度、韧性和耐回火性，常用于制作承受重载荷、工作温度较高及截面尺寸较大的弹簧。

3）30W4Cr2V 是高强度的耐热弹簧钢，用于 500℃以下工作的锅炉主安全阀弹簧、汽轮机汽封弹簧等。

（5）弹簧成形方法　对直径或板簧厚度大于 10mm 的大弹簧，可在比正常淬火温度高出 50~80℃的温度下热成形，对直径或板簧厚度小于 10mm 的小弹簧，常用冷拔弹簧钢丝冷卷成形。

图 5-8　板簧

（6）热处理　为保证弹簧具有高的强度和足够的韧性，通常淬火以后再中温回火。对热成形弹簧，可采用热成形余热淬火；对冷成形弹簧，有时可省去淬火、中温回火工艺，成形后只需在 200~300℃温度范围下进行去应力退火即可。弹簧钢热处理后通常进行喷丸处理，其目的是在弹簧表面产生残余压应力，以提高弹簧的疲劳强度。

**4. 滚动轴承钢**

（1）应用　滚动轴承钢成分和性能接近于工具钢，主要用于制造滚动轴承的内圈、外圈、滚动体和保持架。虽是制作滚动轴承的专用钢，但也可制作冲模、精密量具等工具，还可制作要求耐磨的精密零件，如柴油机喷油器、精密丝杠（见图 5-9）。

图 5-9　精密丝杠

（2）性能要求　滚动轴承钢要求具有高而均匀的硬度和耐磨性，高的弹性极限和接触疲劳强度，足够的韧性和淬透性，一定的耐蚀能力。其对钢的纯度（非金属夹杂物等）、组织均匀性、碳化物的分布情况及脱碳程度等都有严格的要求。

（3）化学成分　滚动轴承钢为高碳成分，$w_C = 0.75\% \sim 1.05\%$，以保证高硬度和高耐磨性。主要合金元素为 Cr，$w_{Cr} = 1.30\% \sim 1.95\%$，Cr 能提高淬透性，并与碳形成颗粒细小而弥散分布的碳化物，使钢在热处理后获得高而均匀的硬度及耐磨性。有时，轴承钢中还加入 Si 和 Mn，以进一步提高其淬透性，可用于制作大型轴承。

（4）牌号　牌号前用字母"G"表示滚动轴承钢的类别，后附元素符号 Cr 和其平均质量分数的千分数及其他元素符号，如 G8Cr15、GCr15、GCr15SiMn、GCr15SiMo、GCr18Mo，目前应用最广的是 GCr15。常用轴承钢的牌号、化学成分、热处理及用途见表 5-5。

（5）热处理　预备热处理为球化退火，可获得细小均匀的球状珠光体，其目的一是降低硬度（硬度为 170~210HBW），改善切削加工性能；二是为淬火提供良好的原始组织，从而使淬火及回火后得到最佳的组织和性能。最终热处理是淬火和低温回火，获得细回火马氏体加均匀分布的细粒状碳化物及少量残留奥氏体，硬度为 61~65HRC。对精密的轴承钢零件，为保证尺寸稳定性，可在淬火后立即进行冷处理（−60~−80℃），以尽量减少残留奥氏体的数量，在冷处理后进行低温回火和粗磨，接着在 120~130℃进行时效，最后进行精磨。

表 5-5　常用轴承钢的牌号、化学成分、热处理及用途

| 牌号<br>（统一数字代号） | 化学成分 $w$（%） | | | | | | 热处理 | | 应用范围 |
|---|---|---|---|---|---|---|---|---|---|
| | C | Si | Mn | Cr | Mo | C | 球化退火<br>硬度<br>HBW | 软化退火<br>硬度 HBW，<br>不大于 | |
| GCr15<br>（B00150） | 0.95 ~<br>1.05 | 0.15 ~<br>0.35 | 0.25 ~<br>0.45 | 1.40 ~<br>1.65 | ≤0.10 | 0.95 ~<br>1.05 | 179 ~<br>207 | 245 | 用于壁厚 20mm 的中小型套圈，直径小于 50mm 的滚珠，也宜于制作承受较大摆动角度和复杂载荷的关节轴承 |
| GCr15SiMn<br>（B01150） | 0.95 ~<br>1.05 | 0.45 ~<br>0.75 | 0.95 ~<br>1.25 | 1.40 ~<br>1.65 | ≤0.10 | 0.95 ~<br>1.05 | 179 ~<br>217 | | 用于大型、重载或高温、腐蚀环境的轴承部件，也用于高负荷轴类部件，如石油钻井设备中的钻杆轴 |

## 单元5.4　选用合金工具钢

工具钢用于制造刀具、模具和量具等各种工具。工具钢按化学成分可分为非合金工具钢（碳素工具钢）与合金工具钢。合金工具钢按用途又分为量具钢、刃具钢、耐冲击工具钢和模具钢。非合金工具钢在单元 3.4 中已做过介绍。

### 5.4.1　合金量具钢

合金量具钢是用于制造量具（如卡尺、千分尺、量块和塞尺等）的合金钢。

**1. 工作条件及性能要求**

量具在使用过程中主要是受到磨损，因此对合金量具钢的主要性能要求是：

1）工作部分有高的硬度和耐磨性，以防止在使用过程中因磨损而失效。

2）要求组织稳定性高，以求在使用过程中有较高的尺寸精度。

3）良好的磨削加工性。

**2. 量具钢的成分特点及钢种**

量具用钢没有专用钢。最常用的量具用钢为碳素工具钢和低合金工具钢。

（1）碳素工具钢　淬透性低，采用水淬，变形大，因此常用于制作尺寸小、形状简单、精度要求低的量具，如卡尺、样板、塞规和环规等（见图 5-10）。量具可采用 T10A 钢、T12A 钢制作，经淬火、低温回火后使用，或用 50 钢、60 钢制作，经高频感应加热淬火；也可用 15 钢、20 钢，经渗碳、淬火、低温回火后使用。

（2）低合金工具钢　对形状复杂、高精度的量具（如量块，见图 5-10a），常采用热处理变形小的 GCr15 钢、CrWMn 钢、CrMn 钢、9SiCr 钢等制作。其中 GCr15 钢耐磨性和尺寸稳定性都较好，用得最多。

此外，有时用渗碳钢经渗碳淬火或渗氮钢氮化处理后制作精度不高、耐冲击的量具；也可以用冷作模具钢制作要求精密的量具；在腐蚀介质中使用的量具则用不锈钢 30Cr13（3Cr13）制作。

**3. 量具钢的热处理**

量具钢通常具有高的碳含量，其热处理先用球化退火，最后进行淬火、低温回火，淬火、

a) 卡尺和量块          b) 角度样板          c) 塞规和环规

图5-10  常用量具

回火后得到稳定均匀的马氏体组织；高精度量具，如量块等，淬火、回火后还要进行稳定化退火（110~150℃，24~36h），以保证尺寸稳定性。

> 🔊 **生产经验提示**：量具淬火加热温度应尽量低些，一般不采用分级与等温淬火，淬火后应进行冷处理，尽量减少残留奥氏体的量；许多量具在最终热处理后一般要进行电镀铬防护处理，以提高表面的装饰性和耐磨性、耐蚀性。

### 5.4.2 合金刃具钢

**1. 合金刃具钢的用途及性能**

（1）用途  主要用于制造各种金属切削刀具，如车刀、铣刀和钻头等。

（2）性能要求  刃具切削时受工件的压力，刃部与切屑之间产生强烈的摩擦；由于切削发热，刃部温度可达500~600℃；此外，还承受一定的冲击和振动。刃具钢应具有的基本性能如下：

1）高硬度。金属切削刀具的硬度一般都在60HRC以上。

2）高耐磨性。不仅取决于钢的硬度，而且与钢中硬化物的性质、数量、大小和分布有关。

3）高热硬性。热硬性是指钢在高温下保持高硬度的能力（旧称为红硬性）。热硬性与钢的耐回火性和特殊碳化物的弥散析出有关。为保证钢有高的热硬性，通常在钢中加入提高耐回火性的合金元素（钨、钒等）。

4）足够的塑性和韧性。以防止刃具受冲击振动时折断和崩刃。

**2. 低合金刃具钢**

低合金刃具钢是在碳素工具钢的基础上加入少量的合金元素（一般不超过3%~5%）而制成的。

（1）用途  低合金刃具钢主要用于制作切削刃具，如板牙、丝锥和铰刀等。

（2）成分特点  这类钢碳的质量分数为0.80%~1.50%，高的碳含量可保证钢的高硬度及形成足够的合金碳化物，提高耐磨性。钢中常加入的合金元素有硅、锰、铬、钼、钨及钒等。其中，铬、锰、硅等可提高淬透性、耐回火性和改善热硬性。加入钨、钒等碳化物形成元素，可形成WC、VC或$V_4C_3$等特殊碳化物，提高钢的热硬性和耐磨性。

（3）热处理特点  低合金刃具钢锻造后进行球化退火，可改善切削加工性能。最终热处理为淬火和低温回火，其组织为细回火马氏体、合金碳化物和少量残留奥氏体，硬度为60~65HRC。

（4）常用低合金刃具钢　9SiCr 是常用的低合金刃具钢，具有高的淬透性和耐回火性，热硬性可达 300 ~ 350℃。9SiCr 可采用分级或等温淬火，以减少变形，主要制造变形小的薄刃低速切削刀具（如丝锥、板牙和铰刀等）。CrWMn 钢具有高的淬透性，热处理后变形小，故称为微变形钢，适于制造较复杂的精密低速切削刀具（如长铰刀和拉刀等）。常用低合金刃具如图 5-11 所示。常用低合金量具钢、刃具钢的牌号、热处理工艺、力学性能及用途见表 5-6。

| a) 丝锥 | b) 板牙 | c) 铰刀 | d) 拉刀 |

**图 5-11　常用低合金刃具**

**表 5-6　常用低合金量具钢、刃具钢的牌号、热处理工艺、力学性能及用途**

| 牌号（统一数字代号） | 化学成分 $w$（%） | | | | | 淬火 | | | 用途举例 |
| --- | --- | --- | --- | --- | --- | --- | --- | --- | --- |
| | C | Mn | Si | Cr | W | 温度/℃ | 冷却剂 | HRC 不低于 | |
| 9SiCr（T31219） | 0.85 ~ 0.95 | 0.30 ~ 0.60 | 1.20 ~ 1.60 | 0.95 ~ 1.25 | — | 820 ~ 860 | 油 | 62 | 板牙、丝锥、铰刀、搓丝板及冲模等 |
| Cr06（T30200） | 1.30 ~ 1.45 | ≤0.40 | ≤0.40 | 0.50 ~ 0.70 | | 780 ~ 810 | 水 | 64 | 刮刀、锉刀、剃刀、外科手术刀及刻刀等 |
| Cr2（T31200） | 0.95 ~ 1.10 | ≤0.40 | ≤0.40 | 1.30 ~ 1.65 | | 830 ~ 860 | 油 | 62 | 车刀、插刀、铰刀、钻套、量具、样板、偏心轮、拉丝模及大尺寸冷冲模等 |

### 3. 高速工具钢

尽管低合金工具钢的淬透性、耐磨性及热硬性已有所提高，但其工作温度也只有 250 ~ 300℃，不能满足高速切削的要求。高速工具钢就是随着工业技术的不断发展，为适应高速切削的要求发展起来的钢种。高速工具钢是高速切削用钢的代名词，简称为高速钢（旧称为白钢），是一种含有钨、铬、钒等多种元素的高合金工具钢。

**选用高速工具钢材料**

（1）性能特点和用途　高速工具钢具有高的硬度和耐磨性以及足够的塑性和韧性，并且具有很高的热硬性，当切削温度高达 600℃时，仍有良好的切削性能，故俗称为"锋钢"。高速工具钢主要用于制造高速切削刀具（如车刀、钻头等）和形状复杂、负荷较重的成形刀具（如齿轮铣刀、拉刀等）。图 5-12 所示为高速工具钢数控刀具。

（2）成分特点　高速工具钢的 $w_C$ = 0.70% ~ 1.25%，高速工具钢中一般含有较多的钨元素，钨是提高钢热硬性的主要元素，Cr 的加入可提高钢的淬透性，并能形成碳化物强化相。

（3）锻造与热处理特点　高速工具钢铸态组织中有大量的粗大鱼骨状的合金碳化物，此碳化物硬而脆，不能用热处理方法消除，必须借助于反复的压力热加工，一般选择多次轧制和锻压，将粗大的共晶碳化物和二次碳化物破碎，并使它们均匀分布在基体中。高速工具钢的热处理工艺过程极其复杂，与其他钢的热处理工艺相比较，高速工具钢的淬火、回火可归

图 5-12　高速工具钢数控刀具

纳为"两高一多",即淬火温度高、回火温度高、回火次数多（2 次）。

（4）常用高速工具钢　我国最常用的是 W18Cr4V、W6Mo5Cr4V2，W18Cr4V 钢是发展最早、应用非常广泛的高速工具钢，其热硬性高，主要用于制作中速切削刀具或结构复杂的低速切削刀具（如拉刀、齿轮刀具等）；W6Mo5Cr4V2 钢可作为 W18Cr4V 钢的代用品，与 W18Cr4V 钢相比，W6Mo5Cr4V2 钢由于钼的碳化物细小，故有较好的韧性，主要用于制作耐磨性和韧性配合较好的刃具，尤其适于制作热加工成形的薄刃刀具（如麻花钻头等）。常用高速工具钢的成分、热处理、力学性能及用途见表 5-7。

表 5-7　常用高速工具钢的成分、热处理、力学性能及用途

<table>
<tr><th colspan="3">高速工具钢牌号<br>（统一数字代号）</th><th>W18Cr4V<br>（T51841）</th><th>W6Mo5Cr4V2<br>（T66541）</th><th>W6Mo5Cr4V3<br>（T66543）</th></tr>
<tr><td rowspan="7">化学<br>成分<br>$w$<br>（%）</td><td colspan="2">C</td><td>0.73 ~ 0.83</td><td>0.80 ~ 0.90</td><td>1.15 ~ 1.25</td></tr>
<tr><td colspan="2">Mn</td><td>0.10 ~ 0.40</td><td>0.15 ~ 0.40</td><td>0.15 ~ 0.40</td></tr>
<tr><td colspan="2">Si</td><td>0.20 ~ 0.40</td><td>0.20 ~ 0.45</td><td>0.20 ~ 0.45</td></tr>
<tr><td colspan="2">Cr</td><td>3.80 ~ 4.50</td><td>3.80 ~ 4.40</td><td>3.80 ~ 4.50</td></tr>
<tr><td colspan="2">W</td><td>17.20 ~ 18.70</td><td>5.50 ~ 6.75</td><td>5.90 ~ 6.70</td></tr>
<tr><td colspan="2">V</td><td>1.00 ~ 1.20</td><td>1.75 ~ 2.20</td><td>2.70 ~ 3.20</td></tr>
<tr><td colspan="2">Mo</td><td>—</td><td>4.50 ~ 5.50</td><td>4.70 ~ 5.20</td></tr>
<tr><td rowspan="4">热<br>处<br>理</td><td rowspan="2">淬<br>火</td><td>淬火<br>温度/℃</td><td>盐浴炉：1250 ~ 1270<br>箱式炉：1260 ~ 1280</td><td>盐浴炉：1200 ~ 1220<br>箱式炉：1210 ~ 1230</td><td>盐浴炉：1190 ~ 1210<br>箱式炉：1200 ~ 1220</td></tr>
<tr><td>冷却介质</td><td>油或盐浴</td><td>油或盐浴</td><td>油或盐浴</td></tr>
<tr><td>回<br>火</td><td>回火<br>温度/℃</td><td>550 ~ 570<br>（2 次，每次 1h）</td><td>540 ~ 560<br>（2 次，每次 2h）</td><td>540 ~ 560<br>（2 次，每次 2h）</td></tr>
<tr><td colspan="2">硬度 HRC</td><td>≥63</td><td>≥64</td><td>≥64</td></tr>
<tr><td colspan="3">应用举例</td><td>制造一般高速切削用车刀、刨刀、钻头、铣刀等</td><td>制造要求耐磨性和韧性很好配合的高速切削刀具，如丝锥、钻头等；并适于采用轧制、扭制热变形加工成形新工艺来制造钻头等刀具</td><td>制造要求耐磨性和热硬性较高的、耐磨性和韧性较好配合的、形状稍微复杂的刀具，如拉刀、铣刀等</td></tr>
</table>

生产经验提示：因"高速钢"是过去生产条件下所命名，所以并不适宜如今的很多高速切削，高速切削易产生高温，当工作温度高于700℃时，高速钢一般无法胜任，应使用硬质合金（可工作在800～1000℃）或陶瓷材料（可工作在1000～1200℃）制作的刀具。

### 5.4.3　耐冲击工具钢

耐冲击工具钢是我国应用较广泛的钢种，主要用于耐冲击、耐磨性高的冷作工模具和薄刃刀具上。常用耐冲击工具钢的牌号、性能及用途见表5-8。

表5-8　常用耐冲击工具钢的牌号、性能及用途

| 统一数字代号 | 牌号 | 性能及用途 |
|---|---|---|
| T40294 | 4CrW2Si | 用于制造承受高冲击负荷的工具，如风动工具、錾、冲裁切边复合模、冲模、冷切用的剪刀工具，以及小型热作模具等 |
| T40295 | 5CrW2Si | 用于制造冷剪金属的刀片、铲搓丝板的铲刀、冷冲裁和切边的凹模和长期工作的木工工具，以及手用或风动錾子、空气锤工具、锅炉工具、顶头模和冲头、剪刀（重振动）、切割器（重振动）、混凝土破裂器等 |
| T40296 | 6CrW2Si | 用于制造承受高冲击载荷并要求有较高耐磨性的工具，如风动工具、錾子、冲击模具、冷剪机刀片、冲裁切边用凹模和空气锤用工具等 |

### 5.4.4　合金模具钢

#### 案例导读

某公司通过模具加工水杯（见图5-13）。多年来，模具材料一直选用普通碳素结构钢Q235B，该材料的优点在于取材方便、价格便宜，缺点是热处理过程容易变形，渗透性和耐磨性差，易出现软点等。每年因热处理变形报废的模具就有十几件，出现一个软点，冲压模具就会提早报废。后来，设计人员对模具选材进行重新论证，一致认为，由普通碳素结构钢Q235B改为合金模具钢Cr12MoV，在更改模具材料后，虽然每个模具的成本提高了近50%，但公司每年模具总消耗成本却降为原来的40%多，你知道这是为何吗？

图5-13　水杯及其冲压模具

制作模具的材料很多，碳素工具钢、高速工具钢、轴承钢、耐热钢、不锈钢及蠕墨铸铁等都可用于制作各类模具，用得最多的是合金模具钢。根据用途，模具用钢可分为冷作模具钢、热作模具钢和塑料模具钢。

#### 1. 冷作模具钢

（1）应用特点　冷作模具用于冷态下（工作温度低于200～300℃）金属的成形加工，如冲模、冷挤压模、剪切模等。此类模具承受很大的压力、强烈的摩擦和一定的冲击，要求具有高硬度、高耐磨性和足够的韧性。此外，形状复杂、精密、大型的模具还要求具有较高的

淬透性和小的热处理变形。图 5-14 所示为汽车部件的冲压模具外观。

图 5-14　汽车部件的冲压模具外观

（2）化学成分　冷作模具钢一般具有高的碳含量，$w_C = 1.0\% \sim 2.0\%$，以获得高硬度和高耐磨性。通过加入合金元素 Cr、Mo、W、V 等，可提高耐磨性、淬透性和耐回火性。

（3）常用冷作模具钢　主要包括 Cr12、Cr12MoV 等，此类钢的淬透性及耐磨性好，热处理变形小，常用于制作大型冷作模具。其中 Cr12MoV 钢除耐磨性不及 Cr12 钢外，强度、韧性都较好，应用最广。尺寸较小的冷作模具可选用低合金冷作模具钢 CrWMn 等，也可采用刃具钢 9SiCr 或轴承钢 GCr15。常用冷作模具钢的牌号、化学成分、热处理及用途见表 5-9。

表 5-9　常用冷作模具钢的牌号、化学成分、热处理及用途

| 牌号（统一数字代号） | 化学成分 w(%) | | | | | | | 交货状态（退火）HBW | 热处理 | | 应用范围 |
| | C | Si | Mn | Cr | P | S | 其他 | | 淬火温度/℃ 冷却剂 | HRC | |
| | | | | | 不大于 | | | | | 不小于 | |
| CrWMn（T21290） | 0.90 ~ 1.05 | ≤0.40 | 0.80 ~ 1.10 | 0.90 ~ 1.20 | 0.03 | 0.03 | W: 1.20 ~ 1.60 | 207 ~ 255 | 800 ~ 830 油 | 62 | 制作淬火要求变形很小、长而形状复杂的切削刀具，如拉刀、长丝锥及形状复杂、高精度的冲模 |
| Cr12（T21200） | 2.00 ~ 2.30 | ≤0.40 | ≤0.40 | 11.50 ~ 13.00 | 0.03 | 0.03 | — | 217 ~ 269 | 950 ~ 1000 油 | 60 | 制作耐磨性高、不受冲击、尺寸较大的模具，如冲模、冲头、钻套、量规、螺纹滚丝模和拉丝模等 |
| Cr12MoV（T21319） | 1.45 ~ 1.70 | ≤0.40 | ≤0.40 | 11.00 ~ 12.50 | 0.03 | 0.03 | Mo: 0.40 ~ 0.60 V: 0.15 ~ 0.30 | 207 ~ 255 | 950 ~ 1000 油 | 58 | 制作截面较大、形状复杂、工作条件繁重的各种冷作模具及螺纹搓丝板等 |

**2. 热作模具钢**

（1）应用特点　热作模具用于热态金属的成形加工，如热锻模、压铸型及热挤压模等。热作模具工作时要承受比较高的冲击载荷，同时型腔表面要与炽热金属接触并发生摩擦，局部温度可达 500℃以上，并且还要不断反复受热与冷却，常因热疲劳而使型腔表面龟裂，故要求热作模具钢在高温下具有较高的综合力学性能及良好的耐热疲劳性。此外，必须具有足够的淬透性。

（2）化学成分　热作模具钢为中碳成分，$w_C = 0.3\% \sim 0.6\%$，以获得综合力学性能。合金元素有 Cr、Mn、Ni、Mo、W、Si 等，其中，Cr、Mn、Ni 的主要作用是提高淬透性；W、Mo 可提高耐回火性并防止回火脆性；Cr、W、Mo、Si 可提高钢的耐热疲劳性。

（3）常用热作模具钢　5CrMnMo 和 5CrNiMo 是最常用的热锻模具钢，其中 5CrMnMo 常用来制造中小型热锻模，5CrNiMo 常用于制造大中型热锻模；对于受静压力作用的模具（如压

铸型、挤压模等），应选用 3Cr2W8V 或 4Cr5W2VSi 钢。常用热作模具钢的牌号、化学成分、热处理及用途见表 5-10。

表 5-10  常用热作模具钢的牌号、化学成分、热处理及用途

| 牌号<br>（统一数字代号） | 化学成分 $w(\%)$ | | | | | | | 交货状态<br>（退火）<br>HBW | 淬火温度<br>/℃<br>冷却剂 | 应用范围 |
|---|---|---|---|---|---|---|---|---|---|---|
| | **C** | **Si** | **Mn** | **Cr** | **P** | **S** | 其他 | | | |
| | | | | | 不大于 | | | | | |
| 5CrMnMo<br>（T22345） | 0.50 ~ 0.60 | 0.25 ~ 0.60 | 1.20 ~ 1.60 | 0.60 ~ 0.90 | 0.03 | 0.03 | Mo：0.15 ~ 0.30 | 197 ~ 241 | 820 ~ 850<br>油 | 制作中小型热锻模（边长 ≤400mm） |
| 5CrNiMo<br>（T22505） | 0.50 ~ 0.60 | ≤0.40 | 0.50 ~ 0.80 | 0.50 ~ 0.80 | 0.03 | 0.03 | Ni：1.40 ~ 1.80<br>Mo：0.15 ~ 0.30 | 197 ~ 241 | 830 ~ 860<br>油 | 制作形状复型、冲击载荷大的各种大、中型热锻模（边长 >400mm） |
| 3Cr2W8V<br>（T23273） | 0.30 ~ 0.40 | ≤0.40 | ≤0.40 | 2.20 ~ 2.70 | 0.03 | 0.03 | W：7.50 ~ 9.00<br>V：0.20 ~ 0.50 | ≤255 | 1075 ~ 1125<br>油 | 制作压铸型，平锻机上的凸模和凹模、镶块，铜合金挤压模等 |
| 4Cr5W2VSi<br>（T23274） | 0.32 ~ 0.42 | 0.08 ~ 1.20 | ≤0.40 | 4.50 ~ 5.50 | 0.03 | 0.03 | W：1.60 ~ 2.40<br>V：0.60 ~ 1.00 | ≤229 | 1030 ~ 1050<br>油或空气 | 可用于制作高速锤用模具与冲头，热挤压用模具及芯轴，有色金属压铸型等 |

（4）**热处理**  热锻模坯料锻造后需进行退火，以消除锻造应力，降低硬度，利于切削加工；最终热处理为淬火、高温（或中温）回火，回火后获得均匀的回火索氏体或回火托氏体，硬度约为 40HRC。

**3. 塑料模具钢**

（1）**性能要求**  塑料模具（见图 5-15）所受的应力和磨损较小，主要失效形式为模具表面质量下降，因此应具备以下性能：

1）良好的加工性能。具有较高的预硬硬度（28 ~ 35HRC），便于进行切削加工或电火花加工，易于蚀刻各种图案、文字和符号。

图 5-15  塑料模具（左凸模、右凹模）

2）良好的抛光性。模具抛光后表面达到高镜面度（一般 $Ra$ 值为 0.1 ~ 0.012μm）。

3）较高的硬度（热处理后硬度应超过 45HRC），良好的耐磨性，足够的强度和韧性。

4）热处理变形小（保证精度），良好的焊接性（便于进行模具焊补）。

5）良好的耐蚀性，可以抵抗某些塑料在成型时释放出的腐蚀性气体。

6）塑料模具钢还应具有良好的表面装饰处理性能，例如镀铬或镍磷非晶态涂层处理。

（2）**常用塑料模具钢**  由于塑料模具对力学性能的要求不高，所以材料选择有较大的机动性。常用塑料模具钢的牌号、性能及用途见表 5-11。表中所列钢号大多为国产塑料模具钢号，现阶段仍有许多塑料模具采用国外钢号或根据国外钢号生产的改良钢种。

模块 5

**表 5-11　常用塑料模具钢的牌号、性能及用途**

| 种类 | 牌号 | 性能及用途 |
|---|---|---|
| 预硬型[①] | 3Cr2Mo、3Cr2MnNiMo | 工艺性能优良，切削加工性和电火花加工性良好，镜面抛光性好，表面粗糙度 $Ra$ 值可达 $0.025\mu m$，可渗碳、渗硼、氮化和镀铬，耐蚀性和耐磨性好，具备塑料模具钢的综合性能，是目前国内外应用最广的塑料模具钢之一，主要用于制造形状复杂、精密、大型模具，各种塑料模具和低熔点金属压铸型 |
| 非合金型 | 国产 45、50 和日本产 S45C、S58C | 形状简单的小型塑料模具或精度要求不高、使用寿命不需很长的塑料模具 |
| | T7、T8、T10、T11、T12 | 对于形状较简单的、小型的热固性塑料模具，要求较高的耐磨性模具 |
| 整体淬硬型 | 9Mn2V、CrWMn、9CrWMn、Cr12、Cr12MoV、5CrNiMo、5CrMnMo | 用于压制热固性塑料、复合强化塑料产品的模具，以及生产批量很大、要求模具使用寿命很长的塑料模具 |
| 渗碳型 | 20、12CrMo、20Cr | 较高的强度，而且心部具有较好的韧性，表面高硬度、高耐磨性、良好的抛光性能，塑性好，可以采用冷挤压成形法制造模具。缺点是模具热处理工艺较复杂、变形大。用于受较大摩擦、较大动载荷、生产批量大的模具 |
| 耐腐蚀型 | 9Cr18、4Cr13、1Cr17Ni2 | 用于在成形过程中产生腐蚀性气体的聚苯乙烯等塑料制品和含有卤族元素、福尔马林、氨等腐蚀介质的塑料制品模具 |

① GB/T 1299—2014《工模具钢》中列出的塑料模具钢种。

## 单元 5.5　选用特殊性能合金钢

### 案例导读

　　许多生活用具如电水壶、压力锅内胆等都是不锈钢，不锈钢产品有许多宣传语，如优质不锈钢、食品级 304 不锈钢、GB 9684 食品级 304 不锈钢、食品接触用 304 不锈钢、食品级 GB 9684、食品级 GB 4806.9 等，如图 5-16 所示。作为普通消费者，只凭材料的光亮度，或宣传语来判断其安全性是不够的，下面我们一起学习不锈钢的知识。

**图 5-16　不锈钢的各种标识**

### 5.5.1　不锈钢

#### 1. 特性

　　通常所说的不锈钢是不锈钢和耐酸钢的总称。不锈钢指能抵抗大气腐蚀的钢；耐酸钢指能抵抗化学介质腐蚀的钢。"不锈"只是说腐蚀的速度相对较慢，没有绝对不受腐蚀的钢种。

所以，"不锈"是相对的，"腐蚀"才是绝对的。

**2. 应用**

不锈钢主要用来制造在各种腐蚀介质中工作的零件或构件，例如化工装置中的管道、阀门、泵，医疗手术器械，防锈刃具和量具等。

**3. 化学成分**

不锈钢中的主要合金元素是 Cr，只有当 Cr 质量分数达到一定值时，钢才有耐蚀性。因此，不锈钢一般 $w_{Cr}$ 均在 13% 以上。不锈钢中还含有 Ni、Ti、Mn、N 及 Nb 等元素。

不锈钢的耐蚀性随碳含量的增加而降低，因此大多数不锈钢的碳含量均较低，有些不锈钢的 $w_C$ 甚至低于 0.03%（如 022Cr18Ti）。

**4. 常用不锈钢**

不锈钢常按组织状态分为马氏体不锈钢、铁素体不锈钢、奥氏体不锈钢等。另外，按成分不同还分为铬不锈钢、铬镍不锈钢和铬锰氮不锈钢等。

（1）马氏体不锈钢　马氏体不锈钢的 $w_C = 0.10\% \sim 0.40\%$，$w_{Cr} = 11.5\% \sim 18.0\%$，属于铬不锈钢，典型牌号有 12Cr13（1Cr13）、20Cr13（2Cr13）、30Cr13（3Cr13）、40Cr13（4Cr13）等。此类钢含碳量较高，具有较高的强度、硬度和耐磨性，但耐蚀性稍差。通过热处理可以调整其力学性能，多是在淬火、回火处理后使用的。主要用于力学性能要求较高、耐蚀性能要求一般的一些零件上，如弹簧、汽轮机叶片（见图 5-17）、水压机阀、热油泵轴等，也用于制造医疗器械、餐具（见图 5-18）和刃具等。

图 5-17　不锈钢汽轮机叶片

图 5-18　不锈钢餐具

生产经验提示：本单元所有不锈钢牌号如"12Cr13（1Cr13）"等形式，括号内为老牌号，因新国标的推进程度不同，目前，老牌号很多场合依然有使用。

（2）铁素体不锈钢　此类钢的内部显微组织为铁素体，$w_C < 0.12\%$，$w_{Cr} = 11.5\% \sim 32.0\%$，常用牌号有 10Cr17（1Cr17）、Cr25、Cr25Mo3Ti、Cr28 等。此类钢中铬含量高，耐蚀性与抗高温氧化性能均比较好，塑性和焊接性也好，但强度低。铁素体不锈钢加热时组织无明显变化，为单相铁素体组织，故不能用热处理强化，通常在退火状态下使用。铁素体不锈钢能抵抗大气、硝酸及盐水溶液的腐蚀，并具有高温抗氧化性能好、热膨胀系数小等特点，多用于受力不大的耐酸结构及作为抗氧化钢使用，如硝酸及食品工厂设备、高温下工作的零件等。

（3）奥氏体不锈钢　其显微组织为奥氏体，是在高铬不锈钢中添加适当的镍（镍的质量分数为 8% ～ 25%）而形成的。常用牌号有 12Cr18Ni9（1Cr18Ni9）、06Cr19Ni10N（0Cr19Ni9N）等。奥氏体不锈钢中含有大量的 Ni 和 Cr，镍可使钢在室温下呈单一的奥氏体组织。奥氏体不锈钢具有良好的塑性、韧性、焊接性和耐蚀性能，在氧化性和还原性介质中耐蚀性均较好，因而具有比铬不锈钢更高的化学稳定性，有更好的耐蚀性，是目前应用最多的一类不锈钢。奥氏体不锈钢一般用来制作耐酸设备，如耐蚀容器及设备衬里、输送管道、耐硝酸的设备零件等。图 5-19 所示为不锈钢阀门。奥氏体不锈钢一般采用固溶处理，即将钢加热至 1050～1150℃，然后水淬快冷至室温，以获得单相奥氏体组织。

常用不锈钢的牌号、化学成分、热处理、力学性能及用途见表 5-12。

图 5-19 不锈钢阀门

表 5-12 常用不锈钢的牌号、化学成分、热处理、力学性能及用途

| 类别 | 新牌号（旧牌号）（统一数字代号） | 化学成分 w(%) | | | | | 用途举例 |
|---|---|---|---|---|---|---|---|
| | | C | Si | Mn | Cr | 其他 | |
| 马氏体不锈钢 | 30Cr13（3Cr13）（S42030） | 0.26～0.35 | 1.00 | 1.00 | 12.00～14.00 | Ni: 0.60 | 制作硬度较高的耐蚀耐磨刃具、量具、喷嘴、阀座、阀门和医疗器械等 |
| 铁素体不锈钢 | 10Cr17（1Cr17）（S11710） | 0.12 | 1.00 | 1.00 | 16.00～18.00 | Ni: 0.60 | 耐蚀性良好的通用不锈钢，用于建筑装潢（如电梯、扶手等）、家用电器和家庭用具 |
| 奥氏体不锈钢 | 06Cr19Ni10N（0Cr19Ni9N）（S30458） | 0.08 | 1.00 | 2.00 | 18.00～20.00 | Ni: 8.00～11.00 | 应用最广，制作食品、化工、核能设备的零件 |

**📖 知识链接——食品接触用不锈钢及相关国家新标准**

（1）食品接触用 304 不锈钢　用于锅、铲、刀具等与食品接触的不锈钢比较多，如 420 不锈钢、430 不锈钢、304 不锈钢，前面的数字表示含铬量，后面的数字代表含镍量。304 不锈钢是一种常见不锈钢，国际上对 304 不锈钢的定义是含铬 18%～20%、镍 8%～10%，但食品级 304 不锈钢则是含铬 18% 和镍 8%，允许一定小范围内波动，比普通的 304 不锈钢的含量指标更加严格，并且限制各种重金属的含量。304 不锈钢是按照 ASTM（美国材料实验协会）标准生产出来的，具有优良的不锈耐腐蚀性能和较好的抗晶间腐蚀性能，对碱溶液及大部分有机酸和无机酸亦具有良好的耐腐蚀能力，耐高温 800℃，加工性能好、韧性高，广泛应用于工业、家具装饰业和食品医疗业。304 不锈钢常见标示方法有 06Cr19Ni10（0Cr18Ni9）、SUS304，其中 06Cr19Ni10 表示按照国家标准生产，304 一般表示按照 ASTM（美国材料实验协会）标准生产，SUS304 表示按照日本标准生产。

（2）食品安全相关国家标准　不锈钢材质是否安全，主要考量重金属的迁移问题。上述三种材质中，304 不锈钢的铬迁移量较少，因此在餐具中最常见。304 不锈钢若要具备出色的防腐蚀特性，材质中必须添加镍、铬和锰等元素，一般而言镍、铬含量高，防腐

蚀性能增强，但是镍、铬的析出量也会加大，安全风险也会加大。针对金属材料，过去我国有《食品安全国家标准　不锈钢制品》（GB 9684—2011）和《铝制食具容器卫生标准》（GB 11333—1989）两个国标可参考，后来发布了《食品安全国家标准　食品接触用金属材料及制品》（GB 4806.9—2016），涵盖了所有与食品接触的金属材料及制品，更大程度约束了涉及的金属材料。针对不同的材料，要求的测试条件也不同，大大完善了旧标准，未经国标认证的不锈钢不能称为食品级不锈钢，其对人体影响不可知。

（3）其他食品接触用不锈钢　在食品接触材料中，304 不锈钢是用得最多的型号，但它不是唯一，只要符合国家食品级标准，都可作为食品级来使用，所以 201、316、401、420、430 等不锈钢牌号只要通过了 GB 4806.9—2016 国家标准，就可用作食品接触用不锈钢。国家有相关规定，食品接触用不锈钢需在不锈钢产品或最小销售包装上，清晰标注不锈钢类型和"食品接触用"字样，以保护消费者知情权、选择权和监督权。因此买电水壶时，建议优先购买带有"GB 4806.9"或"GB 9684 食品级"字样的 304 不锈钢材质的产品，或标有"食品级""食品接触级"等字样的产品，如图 5-20 所示。

图 5-20　"食品级"字样

## 5.5.2　耐热钢

在航空、锅炉、汽轮机、动力机械、化工、石油及工业用炉等部门中，许多零件是在高温下使用的，要求钢具备高温抗氧化性和高温强度，诸如此类要求材料具有热化学稳定性和热强性的钢称为耐热钢。

**1. 耐热钢的特性和化学成分**

耐热钢具有热化学稳定性和热强性，热化学稳定性是指抗氧化性，即钢在高温下对氧化作用的稳定性。为提高钢的抗氧化能力，向钢中加入合金元素铬、硅、铝等，使其在钢的表面形成一层致密的氧化膜（如 $Cr_2O_3$、$SiO_2$、$Al_2O_3$ 等），可保护金属在高温下不再继续被氧化。热强性是指钢在高温下对外力的抵抗能力，为提高高温强度，可向钢中加入铬、钼、钨及镍等元素。

**2. 耐热钢的分类**

选用耐热钢时，必须注意钢的工作温度范围以及在这个温度下的力学性能指标，按照使用温度范围和组织不同可分为以下几种：

（1）珠光体型耐热钢　此类钢中合金元素总质量分数为 3%～5%，属于低合金耐热钢。常用牌号有 15CrMo 钢、12CrMoV 钢、25CrMoVA 钢、35CrMoV 钢等，主要用于制作锅炉热交换管（见图 5-21）、耐热紧固件、汽轮机转子及叶轮等。此类钢使用温度低于 600℃。

（2）马氏体型耐热钢　通常是在 Cr13 型不锈钢的基础上加入一定量的钼、钨、钒等元素。高温强度好，此类钢使用温度低于 650℃，常用于制作承载较大的零件，如汽轮机叶片和气阀等。常

141

用 牌 号 有 20Cr13 （2Cr13）、42Cr9Si2 （4Cr9Si2） 和 14Cr11MoV（1Cr11MoV）钢。

（3）铁素体型耐热钢 此类钢主要含 Cr，以提高钢的抗氧化性。铁素体型耐热钢经退火后可用于制作900℃以下工作的耐氧化零件，如散热器等，常用牌号有06Cr13Al（0Cr13Al）等。

（4）奥氏体型耐热钢 此类钢含有较多的铬和镍，铬可提高钢的高温强度和抗氧化性，镍可促使形成稳定的奥氏体组织。奥氏体型耐热钢的工作温度为650～700℃，广泛用于航空、舰艇及石油化工等工业部门制造汽轮机叶片和发动机汽阀等。奥氏体型耐热钢的常用牌号有06Cr25Ni20（0Cr25Ni20）和45Cr14Ni14W2Mo（4Cr14Ni14W2Mo）钢。

图 5-21　锅炉热交换管

常用耐热钢的牌号、热处理、力学性能及用途见表 5-13。

表 5-13　常用耐热钢的牌号、热处理、力学性能及用途

| 类别 | 新牌号<br>（旧牌号）<br>（统一数字代号） | 热处理 | 力学性能 ≥ | | | 用途举例 |
| --- | --- | --- | --- | --- | --- | --- |
| | | | $R_m$/MPa | $A$（%） | HBW | |
| 马氏体型 | 20Cr13<br>（2Cr13）<br>（S42020） | 淬火：920～980℃油冷；<br>回火：600～750℃水冷 | 520 | 18 | 223 | 淬火状态下硬度高，用于制作汽轮机叶片 |
| 铁素体型 | 06Cr13Al<br>（0Cr13Al）<br>（S11348） | 退火：780～830℃空冷或缓冷 | 415 | 20 | 179 | 燃气透平压缩机叶片、退火箱、淬火台架等 |
| 奥氏体型 | 06Cr25Ni20<br>（0Cr25Ni20）<br>（S31008） | 固溶处理：1030～1100℃快冷 | 515 | 40 | 217 | 700℃以下工作的内燃机、柴油机的重负荷进排气阀和紧固件 |

### 5.5.3　耐磨钢

**选用耐磨钢材料**

#### 1. 耐磨钢的特性

耐磨钢是耐磨损性能强的钢铁材料的总称，是当今耐磨材料中用量最大的一种。耐磨钢具有表面硬度高、耐磨、心部韧性好和强度高的特点。当工作中受到强烈的挤压、撞击、摩擦时，耐磨钢工件表面迅速产生剧烈的加工硬化，表层硬度、强度急剧上升，而内部仍保持高的塑性、韧性的奥氏体组织。

#### 2. 耐磨钢的应用

耐磨钢主要用于在运转过程中承受严重磨损和强烈冲击的零件，广泛用于矿山机械、煤炭采运、工程机械、农业机械、建材、电力机械和铁路运输等部门。例如，球磨机的钢球、衬板、挖掘机的铲斗、斗齿，各种破碎机的轧臼壁、齿板、锤头，拖拉机和坦克的履带板、风扇磨机的打击板，铁路道岔，煤矿刮板输送机用的中部槽中板、槽帮、圆环链，推土机用的铲刀、铲齿，大型电动轮车斗用衬板，石油和露天铁矿穿孔用牙轮钻头等。

以上所列举的主要属于经受磨料磨损的耐磨钢的应用，而各种各样的机械中凡是有相对运动的工件间，均会产生各种类型的磨损，都有提高工件材料耐磨性的要求或采用耐磨钢的要求，此方面的应用实例不胜枚举。

**3. 耐磨钢的类别**

耐磨钢种类繁多，大体上可分为高锰钢，中、低合金耐磨钢，铬钼硅锰钢，耐气蚀钢，耐磨蚀钢以及特殊耐磨钢等。一些通用的合金钢，如不锈钢、轴承钢、合金工具钢及合金结构钢等也都在特定的条件下作为耐磨钢使用，由于来源方便，性能优良，故在耐磨钢的使用中也占有一定的比例。

**4. 典型耐磨钢——高锰钢**

高锰钢是最重要的耐磨钢，其典型牌号是 ZGMn13。高锰钢的成分特点是高锰、高碳，$w_{Mn} = 11.5\% \sim 14.5\%$；$w_C = 0.9\% \sim 1.3\%$，其铸态组织是奥氏体和大量锰的碳化物，经水韧处理（即将高锰钢加热到临界温度以上，使全部碳化物溶解到奥氏体中，然后迅速淬入水中，碳化物来不及从奥氏体中析出）可获得单相奥氏体组织。单相奥氏体组织韧性、塑性很好，但刚开始投入使用时硬度很低、耐磨性差。

可用高锰钢制造铁道上的道岔、转辙器及小半径转弯处的轨条；在建筑、矿山、冶金业中，长期使用高锰钢制造的挖掘机铲齿（见图 5-22），各种碎石机颚板、衬板、磨板；高锰钢还可用于制造坦克履带等。又因高锰钢组织为单一无磁性奥氏体，也可用于既耐磨又抗磁化的零件，如吸料器的电磁铁罩。

图 5-22　高锰钢制造的挖掘机铲齿

高锰钢易于加工硬化，对其进行机械加工很困难，基本上都是铸造成形后使用。

> 🔊 **生产经验提示**：将高锰钢加热到临界温度以上（1000℃左右），然后迅速淬入水中，碳化物来不及从奥氏体中析出，从而获得单相奥氏体组织，韧性、塑性得到提高，此工艺称为水韧处理。

### 5.5.4　易切削结构钢

易切削结构钢具有小的切削抗力、对刀具的磨损小、切屑易碎及便于排除等特点，主要用于成批大量生产的螺柱、螺母、螺钉等标准件，也可用于轻型机械，如自行车、缝纫机及计算机零件等。加入硫、锰、磷等合金元素，或加入微量的钙、铅，能改善其切削加工性能。

易切削结构钢钢号中首位字母"Y"表示钢的类别为易切削结构钢，其后的数字为平均含碳量（以万分之几计），末位元素符号表示主要加入的合金元素（无此项符号的钢表示为非合金易切削结构钢）。

易切削结构钢常用牌号有 Y12、Y12Pb、Y15、Y30、Y40Mn 及 Y45Ca 等，其牌号及用途见表 5-14。

表 5-14　易切削结构钢的常用牌号及用途

| 牌号 | 热轧硬度 HBW（不大于） | 用途举例 |
|---|---|---|
| Y12 | 170 | 螺栓、螺母、螺钉、销钉、管接头及火花塞等一般标准件 |
| Y12Pb | 170 | 制造表面粗糙度值要求更小的一般机械零件，如轴、销及仪表精密小零件等 |
| Y15 | 170 | 用途同 Y12，自动机床加工时，生产效率比 Y12 提高 30%～50% |
| Y15Pb | 170 | 用途同 Y12Pb，切削性能较 Y15 更好 |
| Y20 | 175 | 切削性能低于 Y12，一般制造仪器仪表零件，加工后还可渗碳处理制作耐磨零件 |
| Y30 | 187 | 制作强度要求高的标准件，加工成的小零件可以调质处理 |
| Y35 | 187 | 用途同 Y30 |
| Y40Mn | 229 | 与 45 钢比较，刀具寿命提高 4 倍，制作机床丝杠、光杠、螺栓及缝纫机零件等 |
| Y45Ca | 241 | 制作经热处理的齿轮、轴等 |

## 单元 5.6　选用硬质合金

硬质合金（旧称为钨钢）是把一些高硬度、高熔点的粉末（WC、TiC 等）和胶结物质（Co、Ni 等）混合、加压、烧结成形的一种粉末冶金材料。

### 5.6.1　硬质合金的应用与特性

**1. 应用**

硬质合金虽不是合金工具钢，却是一种常用的、主要的刃具材料，主要用来制造高速切削刃具和切削硬而韧的材料的刃具故也称为"工业牙齿"。由于硬质合金的硬度很高，切削加工困难，因此形状复杂的刀具（如拉刀、滚刀）就不能用硬质合金来制作。一般硬质合金做成刀片（见图 5-23），镶在刀体上使用。此外，也用来制造某些冷作模具、量具及不受冲击、振动的高耐磨零件（如磨床顶尖等）。

**2. 特性**

（1）硬度高、热硬性高、耐磨性好　由于

图 5-23　各类硬质合金涂层刀片

硬质合金是以高硬度、高耐磨、极为稳定的碳化物为基体，在常温下，硬度可达 86～93HRA（相当于 69～81HRC），热硬性温度可达 900～1000℃，故硬质合金刀具在使用时，其切削速度可比高速工具钢提高 4～7 倍，耐磨性与寿命也有显著提高，这些是硬质合金最突出的优点。

（2）抗压强度高　抗压强度可达 6000MPa，高于高速工具钢。

（3）抗弯强度低　抗弯强度较低，只有高速工具钢的 1/3～1/2。

（4）韧性差　硬质合金弹性模量很高，为高速工具钢的 2～3 倍。但其韧性很差，为淬火钢的 30%～50%。

（5）耐蚀性与抗氧化性好　硬质合金还具有良好的耐蚀性（抗大气、酸、碱等）与抗氧化性。

## 5.6.2　常用硬质合金

**1. 钨钴类（YG 类）硬质合金**

主要化学成分为碳化钨及钴。其代号用"硬""钴"两字汉语拼音的首字母"YG"加数字表示，后边的数字表示钴的质量分数（以百分之几计）。牌号有 YG3、YG6、YG8 等，如 YG8 表示钴的质量分数为 8%、碳化钨（WC）的质量分数为 92% 的钨钴类硬质合金。

钨钴类硬质合金用于加工脆性材料（铸铁以及胶木等非金属材料）。其中钴含量高的抗弯强度高，韧性好，而硬度、耐磨性低，适于粗加工。

**2. 钨钴钛类（YT 类）硬质合金**

主要化学成分为碳化钨、碳化钛及钴。其代号用"硬""钛"两字汉语拼音的首字母"YT"加数字表示，后边的数字表示碳化钛（TiC）的质量分数（以百分之几计）。牌号有 YT5、YT15、YT30 等，如 YT15 表示含质量分数 15% 的 TiC，其余为 WC 和 Co 的钨钴钛类硬质合金。

钨钴钛类硬质合金用于加工弹塑性材料（适于加工各种钢件），由于 TiC 的耐磨性好，热硬性高，所以这类硬质合金的热硬性好，加工的零件表面质量也好。

**3. 通用硬质合金**

此类硬质合金以碳化钽（TaC）或碳化铌（NbC）取代 YT 类合金中的一部分碳化钛（TiC）。在硬度不变的情况下，取代的数量越多，合金的抗弯强度越高。它适宜切削各种钢材，特别是对于不锈钢、耐热钢、高锰钢等难以加工的钢材，切削效果更好。它也可代替 YG 类硬质合金切削脆性材料，但效果并不比 YG 类合金好。通用硬质合金又称为"万能硬质合金"，其代号用"硬""万"两字的汉语拼音首字母"YW"加顺序号表示。

**4. 不同硬质合金的特性分析**

硬质合金中，碳化物的含量越多，钴含量越少，则合金的硬度、热硬性及耐磨性越高，但强度及韧性越低。当钴含量相同时，YT 类合金由于碳化钛的加入，具有较高的硬度与耐磨性。同时，由于这类合金表面会形成一层氧化钛薄膜，切削时不易粘刀，故具有较高的热硬性。但其强度和韧性比 YG 类合金低。因此，YG 类合金适宜加工脆性材料（如铸铁等），而 YT 类合金则适宜于加工弹塑性材料（如钢等）。同一类合金中，钴含量较高者适宜制造粗加工刀具，反之，则适宜制造精加工刀具。

**5. 常用硬质合金牌号**

常用硬质合金的牌号、成分和性能见表 5-15。

表 5-15　常用硬质合金的牌号、成分和性能

| 类别 | 牌号 | 化学成分（%） | | | | 力学性能 | | 用途举例 |
|---|---|---|---|---|---|---|---|---|
| | | $w_{WC}$ | $w_{TiC}$ | $w_{TaC}$ | $w_{Co}$ | 硬度 HRA ≥ | 抗弯强度/MPa ≥ | |
| 钨钴类硬质合金 | YG3X | 96.5 | — | <0.5 | 3 | 91.5 | 1100 | 加工脆性材料（如铸铁等） |
| | YG6 | 94 | — | | 6 | 89.5 | 1450 | |
| | YG6X | 93.5 | — | <0.5 | 6 | 91 | 1400 | |
| | YG8 | 92 | — | | 8 | 89 | 1500 | |
| | YG8C | 92 | — | | 8 | 88 | 1750 | |
| | YG11C | 89 | — | | 11 | 86.5 | 2100 | |
| | YG15 | 85 | — | | 15 | 87 | 2100 | |
| | YG20C | 80 | — | | 20 | 82~84 | 2200 | |
| | YG6A | 91 | — | 3 | 6 | 91.5 | 1400 | |
| | YG8A | 91 | — | <1.0 | 8 | 89.5 | 1500 | |
| 钨钴钛类硬质合金 | YT5 | 85 | 5 | — | 10 | 89 | 1400 | 加工弹塑性材料（如钢等） |
| | YT15 | 79 | 15 | — | 6 | 91 | 1150 | |
| | YT30 | 66 | 30 | | | 92.5 | 900 | |
| 通用硬质合金 | YW1 | 84 | 6 | 4 | 4 | 91.5 | 1200 | 切削各种钢材 |
| | YW2 | 82 | 6 | 4 | 86 | 90.5 | 1300 | |

## 实践任务6　辨认分析高速工具钢与硬质合金刀具

**1. 实验目的**

1）能辨别高速工具钢与硬质合金刀具。

2）加深对高速工具钢与硬质合金刀具性能的认识。

**2. 实验材料**

准备相同规格的高速工具钢与硬质合金立铣刀、车刀刀片、端面铣刀各 1 对，共计 6 把，打乱顺序随机编号为 1~6 号。

**3. 辨别区分方法**

1）重量上区别，此方法最简单直接。硬质合金密度大，相同规格的硬质合金刀具比高速工具钢刀具重，用手掂一下即可区分。

2）颜色上区别，若不涂层，硬质合金外观亮而发乌，而高速工具钢外观亮而发白。图 5-24a、b 分别为高速工具钢和硬质合金立铣刀。

3）涂层上区别，若涂层，硬质合金一般是紫色或者金黄色，高速工具钢一般发黑或呈暗淡的黄色。

a) 高速工具钢　　　　b) 硬质合金立铣刀

图 5-24　高速工具钢与硬质合金立铣刀

4）价格上区别，硬质合金价格高，高速工具钢价格低许多，通常是钨钢的 1/3 甚至更低。

5）使用上区别，硬质合金切削速度快，寿命长，高速工具钢容易磨损，使用寿命低。

**4. 实验内容及步骤**

对 1 ~ 6 号刀具进行材质辨认，将其材质、性能特点及主要用途写到表5-16中。

表 5-16　刀具观察分析表

| 组号 | 1 | 2 | 3 | 4 | 5 | 6 |
|---|---|---|---|---|---|---|
| 材质 | | | | | | |
| 性能特点 | | | | | | |
| 主要用途 | | | | | | |

**5. 实验报告**

1）对比说明常见的硬度表征原理和对应硬度计区别。

2）根据辨识结果，分析对应高速工具钢与硬质合金刀具的性能特点及用途。

**6. 实践任务完成评价**（见表5-17）

表 5-17　实践任务完成评价表

| 姓名 | | 专业班级 | | | 学号 | | | 日期 | | |
|---|---|---|---|---|---|---|---|---|---|---|
| 序号 | 评价项目 | 过程性评价观测点 | 配分 | 自评分 | 小组评分 | 教师评分 | 心得体会 | 不足与改进 | | |
| 1 | 实验表现 | 1. 出勤情况<br>2. 遵守纪律情况<br>3. 回答问题、互动等表现情况 | 20分 | | | | | | | |
| 2 | 素养态度 | 1. 团队合作情况<br>2. 热爱劳动，注重加强动手能力<br>3. 实验工位卫生情况<br>4. 节约实验耗材，合理使用材料 | 20分 | | | | | | | |
| 3 | 实践能力 | 1. 善于理论联系实际，积极关注真实生产，注重提高综合实践能力<br>2. 在实验中能积极主动地操作<br>3. 实验设备操作规范，操作熟练<br>4. 实验项目完成情况 | 50分 | | | | | | | |
| 4 | 安全文明生产评价 | 1. 遵守纪律，听从指导教师指挥<br>2. 掌握操作规程和消防、灭火等安全知识<br>3. 严格遵守安全操作规程、设备使用规范及各项规章制度<br>4. 发生重大事故者取消实验资格，总成绩为0 | 10分 | | | | | | | |
| 5 | 合计 | | | | | | | | | |
| 6 | 总评等级（画√） | | | □优　□良　□中　□及格　□不及格 | | | | | | |
| 备忘记录 | | | | | | | | | | |

模块 5

## 课后能力拓展

### 案例释疑

分析：南京长江大桥是全部由我国自行设计和施工的特大铁路、公路两用的双层钢木桁梁桥，大桥由正桥和引桥两部分组成，正桥 9 墩 10 跨，长 1576m，最大跨度为 160m。通航净空宽 120m，桥下通航净空高为设计最高通航水位以上 24m，可通过 5000t 级海轮。大桥建设 8 年，当时物价水平下，耗巨资 2.88 亿元，耗用 38.41 万 $m^3$ 混凝土、6.65 万 t 低合金桥梁钢。

修建成功后，有关单位派了 118 辆 32t 的重型坦克，经 2h 列队从桥上驶过，以此检验质量，结果自然无比满意，整个大桥坚如磐石，纹丝不动。此做法震惊了世界，很快欧洲某国效仿我国，调用 120 辆坦克检验一座 600m 的大桥，结果坦克上桥仅开了 5min，桥身就出现了 12 条大裂缝，技术人员紧急叫停了前进的坦克。南京长江大桥是世界上唯一通过重型坦克考验的桥梁。此后南京长江大桥就一直盘旋在长江之上，"一桥飞架南北，天堑变通途"，它见证了新中国的成长，在建桥过程中发展出的低合金桥梁钢和深水基础工程等技术，开创了我国自力更生建设特大桥梁的新纪元，是自力更生的典范和社会主义建设的伟大成就，当时以"最长的公铁两用桥"被载入《吉尼斯世界纪录大全》，人们自豪地称之为"争气桥"，如图 5-25 所示。

图 5-25 "争气桥"及检验其质量的重型坦克

结论：合金钢是相对于碳钢而言的，是在碳钢的基础上，为了改善钢的一种或几种性能，而有意向钢中加入一种或几种合金元素。根据添加元素的不同，并采取适当的加工工艺，可获得高强度、高韧性、耐磨、耐腐蚀、耐低温、耐高温、无磁性等特殊性能。加入的合金量超过碳钢正常生产方法所具有的一般含量时，称这种钢为合金钢。当合金质量分数低于 5% 时称为低合金钢。合金质量分数在 5% ~ 10% 之间称为中合金钢；大于 10% 的称为高合金钢。

思政小课堂：

新中国成立后，我国通过无数高楼、桥梁和公路等，不断地用行动证明了基建实力，南京长江大桥便是我国 20 世纪最具代表性的建筑之一。先辈们经历苦日子造就了伟大的建设成就，我们在享受美好生活的同时，要尽可能创造更多的价值，让祖国变得越来越好，任何一个中国人，都理应是参与国家建设的成员之一。

### 拓展阅读 ——精湛的古代"宝刀"炼制技术

我国古代很讲究使用钢刀和长剑，优质锋利的钢刀和长剑称为"宝刀""宝剑"。战国时期，相传越国有人制造出"干将""镆铘"等宝刀宝剑，锋利无比，"削铁如泥"，将头发放在刃上吹口气就会断成两截。当然传说难免有夸张成分，但"宝刀"非常锐利却是事实。

考古工作者曾经在湖南长沙杨家山春秋晚期的墓葬中发掘出一把铜格"铁剑"，通过金相检验，结果证明是钢制的。这是迄今为止所见到的我国最早的钢制实物，这说明炼钢生产在中国至少有 2500 多年的历史。

春秋战国时期，楚国制造的兵器闻名天下。《史记·礼书》和《荀子·议兵》篇中都谈到楚国的宛（今河南省南阳）出产的兵器刀锋像蜂刺一样厉害，推断应该是钢制的，因为铁制的刀剑过于柔软，不可能达到那种锐利程度。当时古罗马士兵使用的刀剑是熟铁的，在战场交锋时一刺便弯，再刺之前要放在地上用脚踩直。公元 1 世纪时欧洲人普利尼曾说："虽然铁的种类多而又多，但是没有一种能和中国的钢媲美。"

生铁（铸铁）、熟铁（工业纯铁）和钢的主要区别在于碳含量上，我国古代最早的炼钢工艺流程是：先采用木炭作为燃料，在炉中将铁矿石冶炼成海绵状的固体块，待炉子冷后取出，叫块炼铁。块炼铁中碳含量低，质地软，杂质多，是人类早期炼得的熟铁。再用块炼铁作为原料，在炭火中加热吸碳，提高碳含量，然后经过锻打，除掉杂质又渗进碳，从而得到钢。这种钢叫块炼铁渗碳钢。河北省易县燕下都出土的钢兵器，都是用块炼铁渗碳钢制造的。

用块炼铁渗碳钢制造的刀，虽然比较锋利，但仍然达不到"斩金断玉，削铁如泥"的程度。因为这种钢的质量还不够好，炼这种钢碳渗进的多少，分布的是否均匀，杂质除掉的程度，都非常难掌握，而且生产率极低。为了提高钢的质量，我国古代工匠从西汉中期起发明了"百炼钢"的新工艺。

所谓"百炼钢"，是将块炼铁反复加热折叠锻打，使钢组织致密，成分均匀，杂质减少，从而提高钢的质量。用百炼钢制成的刀剑质量很高。1974 年，山东省临沂地区苍山汉墓中，出土了一把东汉永初六年（公元 112 年）制造的钢刀，全长 111.5cm，刀背有错金铭文（在器物表面刻出沟槽，以同样宽度的金线、金丝、金片等按纹样镶嵌其中随后磨光表面）："永初六年五月丙午造卅湅大刀吉羊宜子孙"，"湅"即炼。这是迄今发掘出的最早的百炼钢产品，科学检验表明，这把钢刀碳含量比较均匀，刃部经过淬水，所含杂质与现代熟铁相似。百炼钢的品种繁多，见于记载的有："五炼""九炼""卅炼""五十炼""七十二炼"及"百炼"。炼字前面这些具体数字的特定含义，研究者一般认为是指加热的次数，即炼了多少火。北宋著名科学家沈括在《梦溪笔谈》里叙述磁州百炼钢的过程，就是连续烧锻百余次，至斤两不减为止。曹操曾命有司造"百辟刀"五把，在《内诫令》中称它们为"百炼利器"。孙权有三口宝刀，其中一口名"百炼"。蒲元为刘备造的宝刀，上刻"七十二炼"。由此可见，在三国时期，百炼钢已经相当普遍了。百炼钢的需要越来越大，由于原料块炼铁的生产率很低，冶炼出来以后必须经过"冷化"才能得到，所以百炼钢的发展受到限制。为突破这种限制，中国古代工匠又发明了一种新的生铁炼钢技术——炒钢。

炒钢，就是把生铁加热到熔化或基本熔化之后，在熔炉中加以搅拌，借空气中的氧把生铁中所含的碳化掉，从而得到钢。这种炼钢新工艺，可以在东汉末年的史籍中找到间接的描述。《太平经》卷七十二中记载："使工师击冶石，求其铁烧冶之，使成水，乃后使良工万锻之，乃成莫邪（古代的利剑）耶。"这段话虽然没有明确提出炒钢二字，却把炒钢工艺包含进去了。因为把铁矿炼成液体，当然只能是生铁液，而在"乃后万锻"之前一定要炒成钢或熟铁才行（实际上熟铁就是含碳极低的炒钢），否则生铁是不能锻的，更不必说"万锻"了。这是一个从铁矿石炼成生铁液，再炒出钢，最后锻造成优质兵器的全过程。炒钢的发明，是炼钢史上的一次技术革命。在欧洲，炒钢始于 18 世纪的英国，比中国要晚 1600 多年。

## 模块小结

（1）为了提高钢的性能，在铁碳合金中加入合金元素所获得的钢种，称为合金钢。

（2）合金钢按用途可分为合金结构钢、合金工具钢和特殊性能钢。

（3）我国合金钢的牌号，常采用"数字＋化学元素（如Si、Mn、Cr、W等）＋数字＋尾缀符号"的格式。

（4）在合金钢中，经常加入的合金元素有锰（Mn）、硅（Si）、铬（Cr）、镍（Ni）、钼（Mo）、钨（W）、钒（V）、钛（Ti）、铌（Nb）、锆（Zr）及稀土元素（RE）等。

（5）合金元素对钢力学性能、热处理性能和加工工艺性能都有影响。

（6）用于制造各类机械零件以及建筑工程结构的钢称为结构钢，主要包括工程构件用合金钢（低合金结构钢）和机械结构用合金钢（渗碳钢、调质钢、弹簧钢、滚动轴承钢和易切削钢等）。

（7）工具钢用于制造刀具、模具和量具等各种工具。工具钢按化学成分可分为非合金工具钢（碳素工具钢）与合金工具钢，按用途分为刃具钢、模具钢和量具钢。

（8）不锈钢是不锈钢和耐酸钢的总称。不锈钢是指能抵抗大气腐蚀的钢；耐酸钢是指能抵抗化学介质腐蚀的钢。

（9）具有热化学稳定性和热强性的钢称为耐热钢。

（10）耐磨钢主要用于在运转过程中承受严重磨损和强烈冲击的零件，如铁路道岔、坦克履带、挖掘机铲齿等构件，具有表面硬度高、耐磨、心部韧性好、强度高的特点。高锰钢是最重要的耐磨钢。

（11）硬质合金虽不是合金工具钢，却是一种常用的、主要的刃具材料，主要用来制造高速切削刀具和切削硬而韧的材料的刀具。

## 模块考核与评价

1. 碳素钢在性能上主要有哪几方面的不足？

2. 合金钢按用途可分为哪几类？

3. 列举5个低合金高强度结构钢的牌号。

4. 什么是低合金耐候钢？

5. 列举两个常用低合金刃具钢的牌号。

6. 20CrMnTi属于什么类型钢的牌号？含义是什么？

7. 说明热作模具钢的应用特点。

8. 不锈钢是绝对不受腐蚀的钢种吗？为什么？

9. 说明耐磨钢的应用特点。

10. 说明硬质合金的应用领域。

11. 通过网络或书籍资料调研合金钢在现代军事作战兵器领域的应用。

12. 课外小调查：对生活中用到的不锈钢制品材料进行调查，如不锈钢电热水壶、不锈钢盆等，观察不锈钢物品上是否有材质印记，食品级不锈钢是什么材质，"304 不锈钢"又是一种什么材质？观察分析你家中相应的不锈钢制品环保安全等级如何。

表 5-18　模块学习过程评价表

| 姓名 | | 专业班级 | | | | 学号 | | 日期 | |
|---|---|---|---|---|---|---|---|---|---|
| 序号 | 评价项目 | | 过程性评价观测点 | 配分 | 自评分 | 小组评分 | 教师评分 | 心得体会 | 不足与改进 |
| 1 | 综合素质评价 | 平时表现 | 1. 学习期间出勤情况<br>2. 遵守课堂纪律情况<br>3. 回答问题、课堂互动等表现情况<br>4. 课堂作业及实践任务完成情况 | 20分 | | | | | |
| | | 素养态度 | 1. 团队合作情况<br>2. 热爱劳动，注重加强动手能力<br>3. 实验工位及学习工位卫生情况<br>4. 节约实验耗材，合理使用材料 | 10分 | | | | | |
| 2 | 综合专业水平评价 | 基本知识 | 1. 认识合金钢<br>2. 合金钢的分类和牌号<br>3. 探究合金元素在钢中的作用<br>4. 选用合金结构钢、合金工具钢、特殊性能合金钢、硬质合金 | 35分 | | | | | |
| | | 实践能力 | 1. 善于理论联系实际，积极关注真实生产，注重提高综合实践能力<br>2. 在实验中能积极主动地操作<br>3. 熟悉实验设备操作规范，操作熟练 | 25分 | | | | | |
| 3 | 安全文明生产评价 | | 1. 遵守纪律，听从指导教师指挥<br>2. 掌握操作规程和消防、灭火等安全知识<br>3. 严格遵守安全操作规程、设备使用规范、实验中心规章制度<br>4. 发生重大事故者，本项成绩为0 | 10分 | | | | | |
| 4 | 合计 | | | | | | | | |
| 5 | 总评等级（画√） | | | | □优　□良　□中　□及格　□不及格 | | | | |
| 备忘记录 | | | | | | | | | |

**小贴士**

凡事都要脚踏实地去做，不驰于空想，不骛于虚声，而唯以求真的态度做踏实的工夫。以此态度求学，则真理可明，以此态度做事，则功业可就。

——李大钊

模块5

# 模块6 选用各类铸铁材料

## 能力目标

◇ 理解铸铁的成分及性能特点。
◇ 能区分常用的铸铁类型。
◇ 掌握灰铸铁、球墨铸铁、可锻铸铁的典型牌号及应用。
◇ 理解其他铸铁的特性及应用。

## 素质目标

◇ 打铁还需自身硬，无须扬鞭自奋蹄，要具备过硬的自身素质，迎接各类挑战。
◇ 沧州铁狮子被好心人做了错事，要懂得遵循事物的变化规律，具备科学素养。
◇ 中国古代的材料制作技艺精湛，要继承并发扬，培养民族自豪感。
◇ 培养爱岗敬业、扎实工作的价值观和人生观。

## 课前学习引导

### 思维导图

铸铁
- 铸铁概述
  - 铸铁的成分及性能特点
  - 铸铁的分类及应用
- 灰铸铁
  - 灰铸铁的成分、组织与性能特点
  - 灰铸铁的牌号和应用
  - 灰铸铁的孕育处理
  - 灰铸铁的热处理
- 球墨铸铁
  - 球墨铸铁的组织与性能
  - 球墨铸铁的牌号及用途
  - 球墨铸铁的热处理
- 可锻铸铁
  - 可锻铸铁的生产过程及成分
  - 可锻铸铁的组织与性能
  - 可锻铸铁的牌号及用途
- 蠕墨铸铁及特殊性能铸铁
  - 蠕墨铸铁
  - 特殊性能铸铁

## 🔍 引导案例——我国最大铸铁文物沧州铁狮子背后的材料秘密

　　河北省的沧州铁狮子是我国最大的铸铁文物，1961 年，被国务院列为第一批全国重点保护文物。铁狮子又名"镇海吼"，相传，在距今 1000 多年的五代后周广顺三年（公元 953 年），为了震慑海啸，当地百姓请山东匠人李云用铸铁铸造了身高 3.8m、头部高 1.5m、通高 5.3m、通长 6.1m、身躯宽 3.17m 的铁狮子。史书记载："铁狮子矫健异常，势若飞奔，雄姿壮观"。

　　1987 年我国开始举办中国吴桥（沧州）国际杂技艺术节，其金狮、银狮、铜狮奖杯和以雄狮作图形的节徽，其创意来源和图案范本就取自沧州铁狮子。如今，沧州铁狮子已是声名远播，在国内外有很高的知名度，它作为中国的象征和友谊的使者，为国家争得了荣誉。

　　1000 多年来，历经了历代的风吹雨淋，虽然狮体内外斑痕累累，但铁狮子一直巍然屹立。近几十年来，威武雄壮的沧州铁狮子身上、腿上出现了开裂现象，并且裂纹越来越大，如果不是用铁架子充当"拐杖"，铁狮子可能无法站立，如图 6-1a 所示，图 6-1b 为河北省石家庄市水上公园的仿制的沧州铁狮子。铁狮子雄姿消减，雄风渐逝，令人心痛不已。

a) 如今的沧州铁狮子　　　　　　　b) 仿制的沧州铁狮子

**图 6-1　我国最大的铸铁文物沧州铁狮子**

模块
6

　　面对这样一件具有较高历史和艺术价值的国宝，人们本应爱护备至，是什么原因让铁狮子在短短的几十年间落到如此地步呢？

## 💡 课前思考与预习

　　1. 根据引导案例，进行思考与预习。

　　2. 什么是铸铁？列举几种铸铁制作的产品。

　　3. 根据思维导图，梳理知识点，扫描二维码资源预习。

## 📋 学习备忘

------------------------------------------------

------------------------------------------------

------------------------------------------------

------------------------------------------------

------------------------------------------------

## 单元6.1 认识铸铁

认识铸铁

铸铁是碳质量分数大于 2.11%，并比碳素钢含有较多的硅、锰、硫、磷等元素的铁碳合金。铸铁件生产工艺简单，成本低廉，并且具有优良的铸造性、切削加工性、耐磨性和减振性等。因此，铸铁件广泛应用于机械制造、冶金、矿山及交通运输等部门。据统计，在各类机械中，铸铁件占 40% ~ 70%，在机床和重型机械中，则达到 60% ~ 90%。

### 6.1.1 铸铁的成分及性能特点

与碳素钢相比，铸铁的化学成分中除含有较高的 C、Si 等元素外，还含有较多的 S、P 等杂质，在特殊性能铸铁中，还含有一些合金元素。各元素含量的不同，将直接影响铸铁的组织和性能。

**1. 成分与组织特点**

工业上常用铸铁的成分（质量分数）一般为：含 C 2.5% ~ 4.0%、含 Si 1.0% ~ 3.0%、含 Mn 0.5% ~ 1.4%、含 P 0.01% ~ 0.5%、含 S 0.02% ~ 0.2%。为提高铸铁的力学性能或某些物理、化学性能，还可添加一定量的 Cr、Ni、Cu、Mo 等合金元素，以得到合金铸铁。

常用的灰口铸铁中，碳主要是以石墨形式存在，其他类型铸铁中的碳则以化合态的渗碳体和游离态的石墨共存。铸铁的基体有珠光体、铁素体、珠光体加铁素体三种，它们都是钢的基体组织。因此，铸铁的组织特点，可以看作是在钢的基体上分布着不同形态的石墨。

**2. 性能特点**

铸铁的力学性能主要取决于铸铁的基体组织及石墨的数量、形状、大小和分布。石墨的硬度仅为 3 ~ 5HBW，抗拉强度约为 20MPa，断后伸长率接近于零，故分布于基体上的石墨可视为空洞或裂纹。由于石墨的存在，减少了铸件的有效承载面积，且受力时石墨尖端处产生应力集中，大大降低了基体强度的利用率。

因此，铸铁的抗拉强度、塑性和韧性比碳素钢低。另外，由于石墨的存在，使铸铁具有了一些碳素钢所没有的性能，如良好的耐磨性、消振性、低的缺口敏感性以及优良的切削加工性能。此外，铸铁的成分接近共晶成分，因此铸铁的熔点低，约为 1200℃，液态铸铁流动性好。由于石墨结晶时体积膨胀，所以铸造收缩率低，其铸造性能优于钢。

### 6.1.2 铸铁的分类及应用

因为碳存在的形式不同，造成铸铁的断口颜色不同，根据断口颜色可分为如下三种：

**1. 白口铸铁**

铸铁中的碳除少数溶于铁素体外，几乎全部以 $Fe_3C$ 形式存在，断口呈银白色，组织中存在大量莱氏体，硬而脆，切削加工较困难。除少数用来制造不需加工的硬度高、耐磨件（如犁铧）外，主要用作炼钢原料。

**2. 灰口铸铁**

铸铁中的碳以片状石墨形式存在，力学性能较差，但生产工艺简单，价格低廉，工业上应用最广。根据铸铁中碳（石墨）存在的形态不同，灰口铸铁分为以下几种：

（1）灰铸铁　碳以片状石墨分布在各种基体组织上，具有一系列优良性能，得到广泛应用。

（2）球墨铸铁　碳以球状石墨形式存在，生产工艺比可锻铸铁简单，且力学性能较好，故得到广泛应用。

（3）可锻铸铁　碳以团絮状石墨形式存在，力学性能好于灰铸铁，但生产工艺较复杂，成本高，用来制造一些重要的小型铸件。

（4）蠕墨铸铁　碳以短小的蠕虫状石墨形式存在，强度和塑性介于灰铸铁和球墨铸铁之间。此外，其铸造性、耐热疲劳性比球墨铸铁好，因此可用来制造大型复杂的铸件，以及在较大温度梯度下工作的铸件。

**3. 麻口铸铁**

铸铁中的一部分碳以石墨形式存在，另一部分碳以渗碳体的形式存在，断口呈灰白相间的麻点。由于麻口铸铁性能不好，极少应用。

## 单元 6.2　分析选用灰铸铁

### 案例导读

某机床在设计过程中，工程师讨论后一致认为，其主体机床床身、底座和导轨都选用灰铸铁，如图 6-2 所示，你知道这是为何吗？我们从接下来的学习中找答案。

图 6-2　某机床床身、底座和导轨

### 6.2.1　灰铸铁的成分、组织与性能特点

**1. 灰铸铁的成分**

灰铸铁中的碳、硅、锰是调节组织的元素，磷是控制使用的元素，硫是应限制的元素。目前生产中，灰铸铁的化学成分范围一般为：$w_C = 2.7\% \sim 3.6\%$，$w_{Si} = 1.0\% \sim 2.5\%$，$w_{Mn} = 0.5\% \sim 1.3\%$，$w_P \leq 0.3\%$，$w_S \leq 0.15\%$。

**2. 灰铸铁的组织**

灰铸铁的显微组织特征是片状石墨分布在各种基体组织上，片状石墨实际上是一个立体的多枝石墨团。由于石墨各分枝都长成翘曲的薄片，在金相磨片上所看到的仅是这种多枝石墨团的某一截面，因此呈孤立的长短不等的片状（或细条状）石墨，其立体形态如图 6-3 所示。

由于第三阶段石墨化程度（具体细节可参阅相关参考书）的不同，可以获得三种不同基体组织的灰铸铁。

（1）铁素体灰铸铁　获得的组织是铁素体基体上分布着片状石墨，如图 6-4a 所示。

（2）珠光体灰铸铁　获得的组织是珠光体基体上分布着片状石墨，如图 6-4b 所示 。

（3）铁素体+珠光体灰铸铁　获得的组织是铁素体和珠光体基体上分布着片状石墨，如

图 6-3　片状石墨立体形态

分析选用灰铸铁

图 6-4c 所示。

| a) 铁素体灰铸铁 | b) 珠光体灰铸铁 | c) 铁素体+珠光体灰铸铁 |

图 6-4  灰铸铁的显微组织

### 3. 灰铸铁的性能特点

石墨的存在会降低铸铁的抗拉强度、塑性和韧性，但也正是由于石墨的存在，使铸铁具有一系列其他的优良性能。

（1）铸造性能良好  由于灰铸铁的碳含量接近共晶成分，故与钢相比，不仅熔点低，流动性好，而且铸铁在凝固过程中要析出比体积较大的石墨，部分补偿了基体的收缩，从而减小了灰铸铁的收缩率，所以灰铸铁能浇注形状复杂的薄壁铸件（见图 6-5）。

（2）减摩性好  减摩性是指减少对偶件被磨损的性能。灰铸铁中石墨本身具有润滑作用，而且当它从铸铁表面掉落后，所遗留下的孔隙具有吸附和储存润滑油的能力，使摩擦面上的油膜易于保持而具有良好的减摩性。所以承受摩擦的机床导轨、气缸体等零件可用灰铸铁制造。

图 6-5  形状复杂的薄壁铸件

（3）减振性强  铸铁在受振动时，石墨能阻止振动的传播，起缓冲作用，并将振动能量转变为热能，灰铸铁减振能力约比钢大 10 倍，故常用作承受压力和振动的机床底座、机架、机床床身和箱体等零件。

（4）切削加工性良好  由于石墨割裂了基体的连续性，使铸铁切削时容易断屑和排屑，且石墨对刀具具有一定润滑作用，可使刀具磨损减少。

（5）缺口敏感性小  钢常因表面有缺口（如油孔、键槽和刀痕等）造成应力集中，使力学性能显著降低，故钢的缺口敏感性大。灰铸铁中石墨本身已使金属基体形成了大量缺口，致使外加缺口的作用相对减弱，所以缺口敏感性小。

## 6.2.2  灰铸铁的牌号和应用

### 1. 灰铸铁的牌号

灰铸铁的牌号以其力学性能来表示。灰铸铁的牌号以"HT"起首，其后以 3 位数字来表示，其中"HT"表示灰铸铁，数字为其最低抗拉强度值。例如，HT200 表示以 $\phi$30mm 单铸试棒加工的标准拉伸试样测得的抗拉强度值大于 200MPa（但小于 250MPa）。灰铸铁分为HT100、HT150、HT200、HT225、HT250、HT275、HT300、HT350 等 8 个牌号。

### 2. 灰铸铁的应用

由于灰铸铁具有一系列的优良性能，而且价廉、易于获得，所以在目前工业生产中，灰铸铁仍然是应用最广泛的金属材料之一。灰铸铁的牌号、力学性能及用途见表 6-1。

表 6-1 灰铸铁的牌号、力学性能及用途

| 铸铁类别 | 牌号 | $R_m$/MPa ≥ | 硬度 HBW | 用途 |
|---|---|---|---|---|
| 铁素体灰铸铁 | HT100 | 100 | ≤170 | 低载荷、对摩擦和磨损无特殊要求的和不重要的零件，如盖、外罩、油底壳、手轮、下水管及重锤等 |
| 铁素体+珠光体灰铸铁 | HT150 | 150 | 125～205 | 承受中等载荷的零件，如基座、支柱、底座、齿轮箱、工作台、刀架、床身、法兰、泵体、阀体、管路附件（压力不大）及一般无工作条件要求的零件 |
| 珠光体灰铸铁 | HT200 | 200 | 150～230 | 承受较大载荷且有一定气密性或耐蚀性要求的较重要零件，如气缸体、齿轮、机座、飞轮、床身、气缸套、活塞、制动轮、联轴器、齿轮箱、轴承座及中等压力（80MPa 以下）的阀体、泵体、液压缸、阀门等 |
| | HT250 | 250 | 180～250 | |
| 孕育铸铁 | HT300 | 300 | 200～275 | 承受高载荷且有一定气密性或耐蚀性要求的较重要零件，如重型机床、齿轮、凸轮、车床卡盘，剪床和压力机的机身、床身、高压液压缸、滑阀壳体等 |
| | HT350 | 350 | 220～290 | |

注：本表所列灰铸铁抗拉强度和硬度是指采用 φ30mm 由单铸试棒加工而成的标准拉伸试样的性能，实际与铸件壁厚有关。

生产经验提示：选择铸铁牌号时必须考虑铸件的壁厚，例如，某铸件的壁厚为 40mm，要求抗拉强度值为 200MPa，此时，应选 HT250，而不是 HT200。

### 6.2.3 灰铸铁的孕育处理

为了提高灰铸铁的力学性能，生产上常进行孕育处理。孕育处理是在浇注前往铁液中加入少量孕育剂，改变铁液的结晶条件，从而获得细珠光体基体加细小均匀分布的片状石墨组织的工艺过程。经孕育处理后的铸铁称为孕育铸铁（也称变质铸铁）。

生产中常先熔炼出含碳（质量分数为 2.7%～3.3%）、硅（质量分数为 1%～2%）均较低的铁液，然后向出炉的铁液中加入孕育剂，经过孕育处理后再浇注成形。常用的孕育剂是硅的质量分数为 75% 的硅铁，加入量为铁液重量的 0.25%～0.6%。

孕育铸铁的石墨也为片状，塑性和韧性很低，其本质仍属灰铸铁。孕育铸铁各个部位截面上的组织与性能都均匀一致，力学性能上的一个显著特点是断面敏感性小。铸铁具有较高的强度和硬度，可用来制造力学性能要求较高、截面尺寸变化较大的大型铸件，如气缸、曲轴、凸轮、机床床身（见图 6-6）等。

图 6-6 灰铸铁机床床身部件

### 6.2.4 灰铸铁的热处理

**1. 去内应力退火**

铸件在铸造冷却过程中容易产生内应力，易导致铸件变形和裂纹，为保证尺寸的稳定，

防止变形开裂，对一些大型复杂的铸件，如机床床身、柴油机气缸体等，往往需要进行消除内应力的退火处理（又称为人工时效）。

退火工艺规范一般为：

保持加热速度 60～120℃/h→加热温度到 500～550℃→经一定时间保温→
炉冷到 150～220℃→出炉空冷

### 2. 改善切削加工性退火

灰铸铁的表层及一些薄截面处，由于冷却速度较快，可能产生白口，并且硬度增加，造成切削加工困难，故需要进行退火处理以降低硬度。其工艺规程依铸件壁厚而定。一般情况下，厚壁铸件加热至 850～950℃，保温 2～3h；薄壁铸件加热至 800～850℃，保温 2～5h。冷却方法根据性能要求而定，如果主要是为了改善切削加工性，可采用炉冷或以30～50℃/h速度缓慢冷却。若需要提高铸件的耐磨性，应采用空冷。

### 3. 表面淬火

表面淬火的目的是提高灰铸铁件的表面硬度和耐磨性。除感应加热表面淬火外，铸铁还可以采用接触电阻加热表面淬火。

## 单元6.3 分析选用球墨铸铁

**分析选用球墨铸铁**

球墨铸铁的石墨呈球状，球状石墨使铸铁具有很高的强度，又有良好的塑性和韧性。球墨铸铁的综合力学性能接近于钢，因其铸造性能好，成本低廉，生产方便，所以在工业中得到了广泛的应用。

### 6.3.1 球墨铸铁的组织与性能

经过球化处理的铸铁液，浇注后石墨结晶成为球状，获得球墨铸铁，从而提高了铸铁的力学性能。

#### 1. 组织

球墨铸铁的显微组织由球状石墨和金属基体两部分组成，按基体组织的不同，球墨铸铁分为铁素体基体球墨铸铁、铁素体＋珠光体基体球墨铸铁和珠光体基体球墨铸铁。常见球墨铸铁的显微组织如图6-7所示。

a) 铁素体基体球墨铸铁　　　b) 铁素体+珠光体基体球墨铸铁　　　c) 珠光体基体球墨铸铁

图6-7　常见球墨铸铁的显微组织

#### 2. 性能

球墨铸铁的强度、塑性与韧性都大大优于灰铸铁，力学性能可与相应组织的铸钢相媲美。缺点是凝固收缩较大，容易出现缩松与缩孔，熔铸工艺要求高，铁液成分要求严格。

### 6.3.2　球墨铸铁的牌号及用途

**1. 牌号表示**

球墨铸铁的牌号由"QT"（"球铁"两字汉语拼音首字母）后附最低抗拉强度值（MPa）和最低断后伸长率的百分数表示。

如牌号 QT700-2，表示最低抗拉强度为 700MPa、最低断后伸长率为 2% 的球墨铸铁。

**2. 应用场合**

球墨铸铁的力学性能优于灰铸铁，与钢相近，可用其代替铸钢和锻钢制造各种载荷较大、受力较复杂和耐磨损的零件。如珠光体球墨铸铁常用于制造汽车、拖拉机或柴油机中的曲轴、连杆、凸轮轴、齿轮，机床中的主轴、蜗杆和蜗轮等。而铁素体球墨铸铁多用于制造受压阀门、机器底座和汽车后桥壳等，如图 6-8 所示。

a) 凸轮轴　　　b) 蜗杆、蜗轮　　　c) 底座　　　d) 汽车后桥壳

图 6-8　球墨铸铁件

**3. 常见球墨铸铁的牌号、力学性能及用途**

常见球墨铸铁的牌号、力学性能及用途见表 6-2。

表 6-2　常见球墨铸铁的牌号、力学性能及用途

| 牌号 | 力学性能 | | | 用途 |
|---|---|---|---|---|
| | $R_m$/MPa | $R_{p0.2}$/MPa | $A(\%)$ | |
| | 不小于 | | | |
| QT400-18 | 400 | 250 | 18 | 承受冲击、振动的零件，如汽车、拖拉机的轮毂、驱动桥壳、差速器壳、拨叉，农机具零件，中低压阀门，上、下水及输气管道，压缩机上高低压气缸，电机机壳，齿轮箱，飞轮壳等 |
| QT400-15 | 400 | 250 | 15 | |
| QT450-10 | 450 | 310 | 10 | |
| QT500-7 | 500 | 320 | 7 | 机器座架、传动轴、飞轮、电动机架，内燃机的机油泵齿轮，铁路机车车辆轴瓦等 |
| QT600-3 | 600 | 370 | 3 | 载荷大、受力复杂的零件，如汽车、拖拉机的曲轴、连杆、凸轮轴、气缸套，部分磨床、铣床、车床的主轴，机床蜗杆、蜗轮，轧钢机轧辊、大齿轮，小型水轮机主轴，气缸体，桥式起重机大小滚轮等 |
| QT700-2 | 700 | 420 | 2 | |
| QT800-2 | 800 | 480 | 2 | |
| QT900-2 | 900 | 600 | 2 | 高强度齿轮，如汽车后桥弧齿锥齿轮、大减速器齿轮、内燃机曲轴、凸轮轴等 |

模块
6

### 6.3.3 球墨铸铁的热处理

球墨铸铁基体组织一般为铁素体与珠光体，采用热处理方法来改变球墨铸铁基体组织，可有效地提高其力学性能。

**1. 退火**

球墨铸铁的退火分为去应力退火、低温退火和高温退火。去应力退火工艺与灰铸铁相同。低温退火和高温退火的目的是使组织中的渗碳体分解，获得铁素体球墨铸铁，提高塑性与韧性，改善切削加工性能。

**2. 正火**

球墨铸铁正火的目的是增加基体中珠光体的数量，或获得全部珠光体的基体，起细化晶粒、提高铸件强度和耐磨性能的作用。

**3. 调质处理**

将铸件加热到 860~920℃，保温 2~4h 后油中淬火，然后在 550~600℃回火 2~4h，得到回火索氏体加球状石墨的组织，经此处理后，铸件可具有良好的综合力学性能，用于受力复杂和综合力学性能要求高的重要铸件，如曲轴与连杆（见图 6-9）等。

**4. 等温淬火**

将铸件加热到 850~900℃，保温后迅速放入 250~350℃的盐浴中等温 60~90min，然后出炉空冷，获得下贝氏体基体加球状石墨（详细可参考相关资料）的组织，其综合力学性能良好，可用于形状复杂，热处理易变形开裂，要求强度高、塑性和韧性好，截面尺寸不大的零件。

图 6-9 球墨铸铁连杆

## 单元 6.4　分析选用可锻铸铁

可锻铸铁是将白口铸铁通过石墨化或氧化脱碳退火处理，改变其金相组织或成分而获得的具有较高韧性的铸铁，其石墨呈团絮状。

### 6.4.1 可锻铸铁的生产过程及成分

可锻铸铁的生产过程是：首先浇注成白口铸铁件，然后再经可锻化（石墨化）退火，使渗碳体分解为团絮状石墨，即可制成可锻铸铁。

为保证在一般的冷却条件下铸件能获得全部白口，可锻铸铁中碳、硅含量较低。可锻铸铁的化学成分要求较严，一般为：$w_C = 2.3\% \sim 2.8\%$，$w_{Si} = 1.0\% \sim 1.6\%$，$w_{Mn} = 0.3\% \sim 0.8\%$，$w_S \leqslant 0.2\%$，$w_P \leqslant 0.1\%$。

### 6.4.2 可锻铸铁的组织与性能

将白口铸铁加热到 900~980℃，使铸铁组织转变为奥氏体加渗碳体，在此温度下长时间保温，渗碳体分解为团絮状石墨，按随后的冷却方式不同，可获得珠光体基体可锻铸铁或铁素体基体可锻铸铁。可锻铸铁的显微组织如图 6-10 所示。

可锻铸铁中的石墨呈团絮状，大大减弱了对基体的割裂作用，与灰铸铁相比，具有较高的力学性能，尤其具有较高的塑性和韧性，因此称为"可锻"铸铁，但实际上可锻铸铁并不能锻造。与球墨铸铁相比，可锻铸铁质量稳定，铁液处理简易，容易组织流水生产，但生产

a) 珠光体基体可锻铸铁          b) 铁素体基体可锻铸铁

图 6-10　可锻铸铁的显微组织

周期长。在缩短可锻铸铁退火周期取得很大进展后，可锻铸铁具有广阔的发展前景，已在汽车及拖拉机制造中得到了应用。

### 6.4.3　可锻铸铁的牌号及用途

**1. 牌号表示方法**

可锻铸铁的牌号用"KTH"（"可铁黑"三字汉语拼音首字母）或"KTZ"（"可铁珠"三字汉语拼音首字母）后附最低抗拉强度值（MPa）和最低断后伸长率的百分数表示。例如牌号KTH350-10 表示最低抗拉强度为350MPa、最低断后伸长率为10%的黑心可锻铸铁，即铁素体可锻铸铁；KTZ650-02 表示最低抗拉强度为650MPa、最低断后伸长率为2%的珠光体可锻铸铁。

可锻铸铁的牌号、力学性能及用途见表 6-3。

表 6-3　可锻铸铁的牌号、力学性能及用途

| 种类 | 牌号 | 试样直径 /mm | 力学性能 | | | | 用途 |
|---|---|---|---|---|---|---|---|
| | | | $R_m$/MPa | $R_{p0.2}$/MPa | $A$(%) | HBW | |
| | | | 不小于 | | | | |
| 黑心可锻铸铁 | KTH300-06 | 12 或 15 | 300 | — | 6 | ≤150 | 弯头、三通管接头、中低压阀门等承受低动载荷及静载荷、要求气密性的零件 |
| | KTH330-08 | | 330 | — | 8 | | 扳手、犁刀、犁柱及车轮壳等承受中等动载荷的零件 |
| | KTH350-10 | | 350 | 200 | 10 | | 汽车、拖拉机前后轮壳、减速器壳、万向节壳、制动器及铁道零件等承受较高冲击、振动的零件 |
| | KTH370-12 | | 370 | — | 12 | | |
| 珠光体可锻铸铁 | KTZ450-06 | 12 或 15 | 450 | 270 | 6 | 150~200 | 载荷较高、耐磨损并有一定韧性要求的重要零件，如曲轴、凸轮轴、连杆、齿轮、活塞环、轴套、耙片、万向接头、棘轮、扳手、传动链条等 |
| | KTZ550-04 | | 550 | 340 | 4 | 180~230 | |
| | KTZ650-02 | | 650 | 430 | 2 | 210~260 | |
| | KTZ700-02 | | 700 | 530 | 2 | 240~290 | |

**2. 应用**

黑心可锻铸铁的强度、硬度低，塑性、韧性好，用于载荷不大、承受较高冲击和振动的零件。珠光体基体可锻铸铁因具有高的强度和硬度，用于载荷较高、耐磨损并有一定韧性要求的重要零件，如石油管道、炼油厂管道和商用及民用建筑的供气和供水系统的管件（见图6-11）。

图 6-11　可锻铸铁供水管件

## 单元 6.5　分析选用蠕墨铸铁及特殊性能铸铁

### 6.5.1　蠕墨铸铁

蠕墨铸铁是近年来发展起来的一种新型材料，是由熔融铁液经变质和孕育处理并冷却凝固后所获得的一种铸铁。常采用的变质元素（蠕化剂）有稀土硅铁镁合金、稀土硅铁合金、稀土硅铁钙合金等。

**1. 蠕墨铸铁的组织**

熔融铁液经蠕化处理后可得到具有蠕虫状石墨的铸铁，方法为浇注前向铁液中加入蠕化剂，促使石墨呈蠕虫状。蠕墨铸铁的显微组织如图 6-12 所示。

**2. 蠕墨铸铁的性能**

蠕虫状石墨的形态介于片状与球状之间，所以蠕墨铸铁的力学性能介于灰铸铁和球墨铸铁之间，在工艺性能方面，与灰铸铁相近，而铸造性能、减振性和导热性都优于球墨铸铁。

图 6-12　蠕墨铸铁的显微组织

**3. 蠕墨铸铁的牌号及应用**

蠕墨铸铁的牌号、力学性能及用途见表 6-4。牌号中"RuT"表示"蠕铁"，"RuT"后面的数字表示最低抗拉强度。

表 6-4　蠕墨铸铁的牌号、力学性能及用途

| 牌号 | 主要基体组织 | 力学性能 | | | | 用途 |
| --- | --- | --- | --- | --- | --- | --- |
| | | $R_m$/MPa | $R_{p0.2}$/MPa | $A$(%) | 硬度 HBW | |
| | | 不小于 | | | | |
| RuT300 | 铁素体 | 300 | 210 | 2.0 | 140~210 | 排气管、增压器壳体、汽车和固定式内燃机缸盖等 |
| RuT350 | 铁素体 + 珠光体 | 350 | 245 | 1.5 | 160~220 | 机床底座、联轴器、钢锭模、变速器体和液压件等 |

（续）

| 牌号 | 主要基体组织 | 力学性能 | | | | 用途 |
|---|---|---|---|---|---|---|
| | | $R_m$/MPa | $R_{p0.2}$/MPa | $A$(%) | 硬度 HBW | |
| | | 不小于 | | | | |
| RuT400 | 铁素体 + 珠光体 | 400 | 280 | 1.0 | 180~240 | 货车制动鼓、泵壳、托架、铝锭模和玻璃模具等 |
| RuT450 | 珠光体 | 450 | 315 | 1.0 | 200~250 | 汽车内燃机缸体、缸盖、气缸套和货车制动盘等 |
| RuT500 | 珠光体 | 500 | 350 | 0.5 | 220~260 | 高负荷内燃机缸体和气缸盖等 |

由于蠕墨铸铁的组织是介于灰铸铁与球墨铸铁之间的中间状态，所以蠕墨铸铁的性能也介于两者之间，即强度和韧性高于灰铸铁，但不如球墨铸铁。蠕墨铸铁的耐磨性较好，它适用于制造重型机床床身（见图 6-13）、机座、活塞环及液压件等。蠕墨铸铁的导热性比球墨铸铁要高得多，几乎接近于灰铸铁，它的高温强度、热疲劳性能大大优于灰铸铁，适用于制造承受交变热负荷的零件，如钢锭模、结晶器、排气管和气缸盖等。蠕墨铸铁的减振能力优于球墨铸铁，铸造性能接近于灰铸铁，铸造工艺简便，成品率高。

图 6-13　重型机床

## 6.5.2　特殊性能铸铁

工业上除要求铸铁有一定的力学性能外，有时还要求它具有较高的耐磨性以及耐热性、耐蚀性。为此，在普通铸铁的基础上加入一定量的合金元素，制成特殊性能铸铁（合金铸铁）。它与特殊性能钢相比，熔炼简便，成本较低。缺点是脆性较大，综合力学性能不如钢。

**1. 耐磨铸铁**

有些零件如机床的导轨、托板，发动机的缸套，球磨机的衬板、磨球等，要求有更高的耐磨性，一般铸铁满足不了其工作条件的要求，应当选用耐磨铸铁。耐磨铸铁根据组织不同可分为下面几类。

（1）耐磨灰铸铁　在灰铸铁中加入少量合金元素（如磷、钒、铬、钼、锑和稀土等）可以增加金属基体中珠光体的数量，并且可使珠光体细化，同时也细化石墨。由于铸铁的强度和硬度升高，显微组织得到改善，使得这种灰铸铁具有良好的润滑性和抗咬合、抗擦伤的能力。耐磨灰铸铁广泛用于制造机床导轨（见图 6-14）、气缸套、活塞环和凸轮轴（见图 6-15）等零件。

（2）中锰抗磨球墨铸铁　在稀土-镁球墨铸铁中加入 5.0%~9.5% 的 Mn，控制 $w_{Si}$ = 3.3%~5.0%，其组织为马氏体 + 奥氏体 + 渗碳体 + 贝氏体 + 球状石墨，具有较高的冲击韧度和强度，适用于同时承受冲击和磨损的工作条件，可代替部分高锰钢。中锰抗磨球墨铸铁常用于农机具耙片、犁铧（见图 6-16）和球磨机磨球等零件。

图 6-14　机床导轨

图 6-15　气缸套、活塞环和凸轮轴

**2. 耐热铸铁**

普通灰铸铁的耐热性较差，只能在小于 400℃ 的温度下工作。耐热铸铁指在高温下具有良好的抗氧化能力的铸铁。通过在铸铁中加入 Si、Al、Cr 等合金元素，可使之在高温下形成一层致密的氧化膜（如 $SiO_2$、$Al_2O_3$、$Cr_2O_3$ 等），从而使其内部不再继续氧化。此外，这些元素还会提高铸铁的临界点，使其在所使用的温度范围内不发生固态相变，以减少由此造成的体积变化，防止显微裂纹的产生。

图 6-16　农机具耙片及犁铧

**3. 耐蚀铸铁**

耐蚀铸铁具有较高的耐蚀性能，耐蚀措施与不锈钢相似，一般加入 Si、Al、Cr、Ni、Cu 等合金元素，在铸件表面形成牢固的、致密而又完整的保护膜，阻止腐蚀继续进行，并提高铸铁基体的电极电位，提高铸铁的耐蚀性。

应用最广泛的是高硅耐蚀铸铁，这种铸铁在含氧酸类和盐类介质中有良好的耐蚀性，但在碱性介质和盐酸、氢氟酸中，因表面 $SiO_2$ 保护膜被破坏，耐蚀性有所下降。耐蚀铸铁广泛用于化工部门，用来制造管道、阀门（见图 6-17）、泵类、反应锅及盛储器等。

图 6-17　大型阀门

## 实践任务 7　观察分析铁碳合金的显微组织

**1. 实验目的**

1）识别和研究铁碳合金（碳素钢和白口铸铁）在平衡状态下的显微组织。

2）分析碳含量对铁碳合金显微组织的影响，理解成分、组织与性能之间的相互关系。

**2. 实验原理**

碳钢合金的显微组织是研究黑色金属性能的基础。碳钢合金平衡状态的组织是指合金在极为缓慢的冷却条件下（如退火状态）所得到的组织，其相变过程均按相图进行，因此可以根据相图来分析碳钢合金的平衡组织。

碳的质量分数小于 2.11% 的铁碳合金为碳素钢，碳的质量分数大于 2.11% 的铁碳合金为白口铸铁。所有碳素钢和白口铸铁在室温下的组织均由铁素体（Fe）和渗碳体（$Fe_3C$）这两个基本相所组成。只是因碳含量不同，铁素体和渗碳体的相对数量及分布形态有所不同，因而呈不同的组织形态。

**3. 实验原理分析**

碳素钢和白口铸铁的基本组织如下：

（1）铁素体（F）　铁素体是碳在铁中的固溶体。铁素体为体心立方晶格，具有磁性及良好的塑性，硬度较低。用 3%～4%（指质量分数）硝酸酒精溶液浸蚀后，在显微镜下呈现明亮色的多边形晶粒。

（2）渗碳体（$Fe_3C$）　渗碳体是铁与碳形成的一种化合物，碳的质量分数为 6.69%。用 3%～4%（指质量分数）硝酸酒精溶液浸蚀后，渗碳体呈亮白色，若用苦味酸钠溶液浸蚀，则渗碳体呈黑色，而铁素体仍为白色。

（3）珠光体（P）　珠光体是铁素体和渗碳体的机械混合物，其组织是共析转变的产物。铁素体与渗碳体的质量分数比为 8:1，铁素体厚，渗碳体薄。

（4）莱氏体（Ld）　莱氏体是奥氏体和渗碳体的共晶混合物，其中奥氏体在继续冷却时析出二次渗碳体，在 727℃ 以下分解为珠光体。

铁碳合金室温下的显微组织如下：

（1）工业纯铁　$w_C < 0.0218\%$，其显微组织为铁素体。

（2）碳素钢　共析钢 $w_C = 0.77\%$，其显微组织由单一的珠光体组成，如图 6-18 所示。亚共析钢是 $w_C$ 在 0.0218%～0.77% 范围内的碳钢合金，其组织由先共析铁素体和珠光体所组成，随着碳含量的增加，铁素体的数量逐渐减少，而珠光体的数量则相应地增多，图 6-19 所示为亚共析钢室温显微组织，其中亮白色为铁素体，暗黑色为珠光体。过共析钢 $w_C$ 在 0.77%～2.11% 范围内。其组织由珠光体和二次渗碳体（即先共析渗碳体）组成。

图 6-18　共析钢室温
显微组织（500×）

钢中碳含量越多，二次渗碳体数量就越多。图 6-20 所示为碳的质量分数为 1.2% 的过共析钢的室温显微组织。组织中存在片状珠光体和网络状二次渗碳体，经浸蚀后珠光体呈暗黑色，而二次渗碳体则呈白色网络状。

（3）白口铸铁　白口铸铁是碳的质量分数大于 2.11% 的铁碳合金。其中的碳以渗碳体的形式存在，断口呈亮白色而得此名。亚共晶白口铸铁碳的质量分数小于 4.3%，在室温下亚共晶白口铸铁的组织为珠光体、二次渗碳体和莱氏体，如图 6-21a 所示。用硝酸酒精溶液浸蚀后，在显微镜下呈现黑色枝晶状的珠光体和斑点状莱氏体，其中二次渗碳体与共晶渗碳体混在一起，不易分辨。共晶白口铸铁碳的质量分数为4.3%，其室温下的组织由单一的共晶莱氏体组成。经浸蚀后，在显微镜下，珠光体呈暗黑色细条状或斑点状，共晶渗碳体呈亮白色，如图6-21b所示。过共晶白口铸铁碳的质量分数大于4.3%，在室温时的组织由一次渗碳体和莱氏体组成。用硝酸酒精溶液浸蚀后，在显微镜下可观察到在暗色斑点状的莱氏体基体上分布着亮白色的粗大条片状的一次渗碳体，其显微组织如图6-21c所示。

a) 20钢　　　　　　　　　　b) 60钢

图6-19　亚共析钢室温显微组织（250×）

图6-20　$w_C = 1.2\%$过共析钢的

室温显微组织（250×）

a) 亚共晶白口铸铁　　　　　　b) 共晶白口铸铁　　　　　　c) 过共晶白口铸铁

图6-21　白口铸铁的室温显微组织（250×）

### 4. 实验步骤

1）准备设备和材料。包括金相显微镜、金相图册以及各种铁碳合金试样。各种铁碳合金试样及所用浸蚀剂见表6-5。

表6-5　各种铁碳合金试样及所用浸蚀剂

| 编号 | 材料 | 显微组织 | 浸蚀剂 |
| --- | --- | --- | --- |
| 1 | 工业纯铁 | 铁素体(F) | 3%~4%硝酸酒精溶液 |
| 2 | 20钢 | 铁素体(F) + 珠光体(P) | 3%~4%硝酸酒精溶液 |
| 3 | 45钢 | 铁素体(F) + 珠光体(P) | 3%~4%硝酸酒精溶液 |
| 4 | T8钢 | 珠光体(P) | 3%~4%硝酸酒精溶液 |
| 5 | T12钢 | 珠光体(P) + 二次渗碳体($Fe_3C_{II}$) | 3%~4%硝酸酒精溶液 |
| 6 | T12钢 | 珠光体(P) + 一次渗碳体($Fe_3C_I$) | 碱性苦味酸钠溶液 |
| 7 | 亚共晶白口铸铁 | 莱氏体(Ld′) + 珠光体(P) + 二次渗碳体($Fe_3C_{II}$) | 3%~4%硝酸酒精溶液 |
| 8 | 共晶白口铸铁 | 莱氏体(Ld′) | 3%~4%硝酸酒精溶液 |
| 9 | 过共晶白口铸铁 | 莱氏体(Ld′) + 一次渗碳体($Fe_3C_I$) | 3%~4%硝酸酒精溶液 |

2）实验前复习相关内容，为实验做好理论方面的准备。

3）在显微镜下观察和分析表 6-5 中铁碳合金的平衡组织，识别钢和铸铁组织形态的特征。

4）绘出所观察的显微组织示意图。

5）根据显微组织近似确定亚共析钢碳的质量分数为

$$w_C = P \times 0.8 + F \times 0.0008$$

式中，$P$ 和 $F$ 分别为珠光体和铁素体所占面积的百分比。

**5. 实验报告**

1）实验目的。

2）在直径为 $\phi 50mm$ 的圆内画出所观察样品的显微组织示意图（用箭头和代表符号表明各组织组成物，并注明样品成分、腐蚀剂、放大倍数）。

3）根据所观察的组织，说明碳含量对铁碳合金的组织和性能的影响规律。

**6. 实践任务完成评价**（见表 6-6）

表 6-6　实践任务完成评价表

| 姓名 | | 专业班级 | | | 学号 | | 日期 | |
|---|---|---|---|---|---|---|---|---|
| 序号 | 评价项目 | 过程性评价观测点 | 配分 | 自评分 | 小组评分 | 教师评分 | 心得体会 | 不足与改进 |
| 1 | 实验表现 | 1. 出勤情况<br>2. 遵守纪律情况<br>3. 回答问题、互动等表现情况 | 20分 | | | | | |
| 2 | 素养态度 | 1. 团队合作情况<br>2. 热爱劳动，注重加强动手能力<br>3. 实验工位卫生情况<br>4. 节约实验耗材，合理使用材料 | 20分 | | | | | |
| 3 | 实践能力 | 1. 善于理论联系实际，积极关注真实生产，注重提高综合实践能力<br>2. 在实验中能积极主动地操作<br>3. 实验设备操作规范，操作熟练<br>4. 实验项目完成情况 | 50分 | | | | | |
| 4 | 安全文明生产评价 | 1. 遵守纪律，听从指导教师指挥<br>2. 掌握操作规程和消防、灭火等安全知识<br>3. 严格遵守安全操作规程、设备使用规范及各项规章制度<br>4. 发生重大事故者取消实验资格，总成绩为0 | 10分 | | | | | |
| 5 | | 合计 | | | | | | |
| 6 | | 总评等级（画√） | | □优　□良　□中　□及格　□不及格 | | | | |
| 备忘记录 | | | | | | | | |

## 课后能力拓展

### 案例释疑

历史上对铁狮子的保护从清朝开始就没停止过，保护措施的主要事件为：

1）史料记载，清朝嘉庆八年，铁狮子被飓风刮倒，在地上躺了 90 年后，光绪十九年，时任沧州知府的宫昱命工匠将铁狮子扶起。由于当时技术条件所限，只能在铁狮子身边挖一个大坑，使铁狮子慢慢滑入坑内将其立起。虽然后来又将其提上地面，但随着时间的推移，还是在铁狮子周围形成了一个深达 2m 的洼地。每当雨季，铁狮子就会被积水没过腿部，周身锈迹斑斑。

2）1956 年，为使铁狮子免遭风吹雨淋，沧州行署为其搭建了一个八角亭，然而低矮的小亭阻止了周围潮气的蒸发，导致铁狮子周身锈迹更为严重。1974 年，有关部门将亭子拆掉。

3）1984 年，沧州市为使铁狮子免受雨水浸泡之苦又便于游人观瞻，将铁狮子向北移位 8m，放置于一个 2m 高的石台上。然而正是此次抬高，为铁狮子埋下了祸根。吊装时，为避免铁狮子腿被钢钩卡坏，施工人员在狮腿内填充了一种硫磺合剂，此液态合剂被灌进去后很快凝固，坚如岩石，起到了支撑作用。但工程结束后，施工单位未将本应取出的硫磺合剂取出。

4）1995 年，铁狮子腿部出现了较大裂纹，正是在 1984 年吊装时在腿里填充的硫磺合剂膨胀所致。为防止裂纹进一步扩大，河北省文物局迅速将合剂取出，考虑到内部支撑问题，技术人员又准备向铁狮子腿中灌进沙、水泥和白灰组成的三合土，并用沥青密封，以免进水。然而，在后来调查时了解到，施工时，工人师傅出于好心，想减轻铁狮子负重，将三合土中的白灰换成了炉灰，这种合成物遇水后膨胀得要比硫磺合剂更严重，导致铁狮子腿部被撑胀，裂纹发展非常迅速，甚至撑断了固定在铁狮子腿上的钢筋。

5）1995 年，为了挽救有倾倒危险的千年铁狮，河北省文物局被迫采取一种抢救性的保护措施，在铁狮子周身支起了外支架，铁狮子就成了今天的样子。

6）2000 年，国家文物局曾请北京科技大学用当时最先进的三维激光扫描仪为铁狮子做了一次全身的"CT 扫描"。扫描后测出了铁狮子全身应力分布数据，经过有限元法分析得出的结论是：铁狮子抬上石台后，四条腿与地面接触由原来泥地的弹性支撑变为水泥台的刚性支撑，全身几十吨的重量全压在了四条腿上，加之石台基础不平，四条腿的重力分布不均，导致铁狮子四条腿局部负重过大，加速了原有裂纹的增大。

**结论**：考虑铸铁的性能，综合以上几次保护措施可以看出，近几十年对铁狮子的保护每次都不是十分科学。

1）铸铁容易与空气及水产生锈蚀。为其搭建一个八角亭阻止了周围潮气的蒸发，导致锈蚀更为严重。

2）铸铁较脆，抗拉强度、塑性和韧性都较低。将铁狮子放置到 2m 的高石台上后，腿部出现了较大的裂纹，原因是在吊高时在腿部填充的硫磺合剂未被取出，膨胀后将腿部撑裂。后来将硫磺合剂取出更换了更为错误的填充物，导致腿部被深度撑胀，裂纹更为严重。四条腿与地面接触由原来泥地的弹性支撑变为水泥台的刚性支撑，导致铁狮子四条腿局部负重过大，加速了原有裂纹的增大。

## 拓展阅读——现代钢铁材料的生产工艺

钢铁生产工艺过程如图6-22所示。

图6-22　钢铁生产工艺过程

### 1. 炼铁

铁矿石的品种分为磁铁矿$Fe_3O_4$、赤铁矿$Fe_2O_3$、褐铁矿$2Fe_2O_3 \cdot 3H_2O$、菱铁矿$FeCO_3$。铁矿石中除铁的化合物外，还含有硅、锰、磷、硫等的化合物（统称为脉石）。铁矿石刚开采出来时无法直接用于冶炼，必须经过粉碎、选矿、洗矿等工序处理，变成铁精矿、粉矿，才能作为冶炼生铁的主要原料。

将铁精矿、粉矿配加焦炭、熔剂，烧结后，放在100m高的高炉中，吹入1200℃的热风。焦炭燃烧释放热量，6h后温度达到1500℃，将铁矿熔化成铁液，不完全燃烧产生的CO将氧从铁液（氧化铁）中分离出来，换句话说，CO作为还原剂将铁从铁液（氧化铁）中还原出来。熔剂包括石灰石$CaCO_3$、氟石$CaF_2$，其作用是与铁矿石中的脉石结合形成低熔点、密度小、流动性好的熔渣，使之与铁液分离，以便获得较纯净的铁液（即生铁液），然后被送往炼钢厂作为炼钢的原料。

### 2. 炼钢

炼钢就是把原料（铁液）里过多的碳及硫、磷等杂质去掉并加入适量的合金成分。

由于生铁冶炼过程中要使用大量的碳来还原出金属铁，生铁中碳含量较高。钢与生铁化学成分上的主要区别在于碳含量，碳的质量分数超过2.11%的就是生铁，而常用钢的碳的质量分数一般在1%以下。炼钢就是将生铁在高温中进行熔化、净化（或称为精炼）和合金化的一个过程。精炼过程主要包括用燃烧的方法去除掉生铁中过量的碳和硅以及锰和磷等杂质。这些杂质要么变成气体冒出去，要么变成残渣被清除掉。精炼时还可以根据需要加入某些其他元素。

炼钢炉有三种：转炉、平炉和电弧炉。转炉和平炉用来炼从高炉出来的铁液加废钢，电弧炉用来将废钢熔化再炼。平炉由于能耗高、生产周期长，已经遭淘汰。

### 3. 铸钢

铸钢的方法分为钢锭铸造和连续铸造两种。目前已实现转炉炼钢全连铸，连续铸造时将钢液经中间罐连续注入用水冷却的结晶器里，凝成坯壳后，从结晶器以稳定的速度拉出，再经喷水冷却，待全部凝固后，切成指定长度的连铸坯。连续铸钢（连铸）是将钢液通过连铸机直接铸成钢坯，从而取代模铸和初轧开坯的一种钢铁生产先进工艺。世界各国都以连铸比

（连铸坯产量占钢总产量比例）的高低来衡量钢铁工业生产结构优化的程度和技术水平的高低。连铸的好处在于节能和提高金属铸件成品率。

4. 轧钢

铸钢出来的钢锭和连铸坯，放入旋转的轧辊中间，从轧辊中间通过，连续碾轧，使其伸展变薄，轧制成各类钢材。轧制方式包括热轧和冷轧。

## 模块小结

（1）铸铁是碳质量分数大于 2.11% 的铁碳合金。铸铁中石墨形态、基体组织对铸铁的性能有很大的影响。

（2）常见的铸铁包括灰铸铁、球墨铸铁、可锻铸铁及蠕墨铸铁等几类。可通过加入合金元素和热处理来改善其性能。

（3）铸铁具有铸造性能良好、减摩性好、减振性强、切削加工性良好、缺口敏感性小等一系列优良性能。

（4）球墨铸铁的力学性能优于灰铸铁，与钢相近，可用其代替铸钢和锻钢制造各种载荷较大、受力较复杂和耐磨损的零件。

（5）可锻铸铁由于石墨呈团絮状，大大减弱了对基体的割裂作用，与灰铸铁相比，具有较高的力学性能，尤其具有较高的塑性和韧性，因此被称为"可锻"铸铁，但实际上可锻铸铁并不能锻造。

（6）常用铸铁牌号有：HT150、HT250、KTH350-10、KTZ450-06、QT420-10、QT800-2 等。

## 模块考核与评价

1. 简述工业上常用铸铁的各成分及其含量。
2. 简述铸铁的性能特点。
3. 铸铁可以分为哪些类别？
4. 为什么说球墨铸铁是"以铁代钢"的好材料？
5. 说明可锻铸铁的应用范围。
6. 列举生活中能见到的铸铁物件。

表 6-7　模块学习过程评价表

| 姓名 | | 专业班级 | | | 学号 | | | 日期 | | |
|---|---|---|---|---|---|---|---|---|---|---|
| 序号 | 评价项目 | | 过程性评价观测点 | 配分 | 自评分 | 小组评分 | 教师评分 | 心得体会 | 不足与改进 | |
| 1 | 综合素质评价 | 平时表现 | 1. 学习期间出勤情况<br>2. 遵守课堂纪律情况<br>3. 回答问题、课堂互动等表现情况<br>4. 课堂作业及实践任务完成情况 | 20分 | | | | | | |
| | | 素养态度 | 1. 团队合作情况<br>2. 热爱劳动，注重加强动手能力<br>3. 实验工位及学习工位卫生情况<br>4. 节约实验耗材，合理使用材料 | 10分 | | | | | | |

（续）

| 姓名 | | | 专业班级 | | | 学号 | | 日期 | |
|---|---|---|---|---|---|---|---|---|---|
| 序号 | 评价项目 | | 过程性评价观测点 | 配分 | 自评分 | 小组评分 | 教师评分 | 心得体会 | 不足与改进 |
| 2 | 综合专业水平评价 | 基本知识 | 1. 认识铸铁<br>2. 选用灰铸铁、球墨铸铁、可锻铸铁、蠕墨铸铁及特种铸铁 | 35 分 | | | | | |
| | | 实践能力 | 1. 善于理论联系实际，积极关注真实生产，注重提高综合实践能力<br>2. 在实验中能积极主动地操作<br>3. 熟悉实验设备操作规范，操作熟练 | 25 分 | | | | | |
| 3 | 安全文明生产评价 | | 1. 遵守纪律，听从指导教师指挥<br>2. 掌握操作规程和消防、灭火等安全知识<br>3. 严格遵守安全操作规程、设备使用规范及实验中心规章制度<br>4. 发生重大事故者，本项成绩为 0 | 10 分 | | | | | |
| 4 | 合计 | | | | | | | | |
| 5 | 总评等级（画√） | | | | □优　□良　□中　□及格　□不及格 | | | | |
| 备忘记录 | | | | | | | | | |

**小贴士**

　如果你希望成功，当以恒心为良友，以经验为参谋，以当心为兄弟，以希望为哨兵。

——爱迪生

# 模块7 选用有色金属及其合金

## 能力目标

◇ 掌握铜及铜合金的特性、常用牌号与应用。
◇ 掌握铝及铝合金的特性、各类型的应用场合。
◇ 掌握钛及钛合金的特性与应用。

## 素质目标

◇ 各种优良的材料围绕在日常生活周围，我们要热爱生活。
◇ 复合材料、新型材料具有优越的性能，培养创新精神和可持续发展能力。
◇ 材料打上越来越多的"中国制造"，培养自豪感、使命感。

## 课前学习引导

## 思维导图

## 🔍 引导案例 ——中国国家大剧院使用的新合金材料

中国国家大剧院（见图 7-1）位于北京市中心，在天安门广场西、西长安街以南，由主体建筑及南北两侧的水下长廊、地下停车场、人工湖、绿地组成，总占地面积 11.89 万 $m^2$，总建筑面积约 16.5 万 $m^2$。大剧院将高新科学技术和时代美感完美结合在一起，弯顶面积 3 万多 $m^2$，宏伟壮观。为使如此大面积的建筑外壳不致过重而又坚固，设计者选择了某种特殊合金做主材，这种合金密度小、硬度大。尽管经过近 20 年的风霜雨雪、严寒酷夏和污染沙尘的考验，它仍然那么光洁明亮，引人注目。大剧院全部用一种特殊的金属材料制作，此材料与制作宇宙飞船的材料相同，那么这是一种什么材料呢？它又有哪些特性呢？

图 7-1　中国国家大剧院

## 💡 课前思考与预习

1. 根据引导案例，进行思考与预习。
2. 什么是有色金属？列举几种有色金属制作的产品。
3. 根据思维导图，梳理知识点，扫描二维码资源预习。

## 📝 学习备忘

---------------------------------------------------

---------------------------------------------------

---------------------------------------------------

---------------------------------------------------

---------------------------------------------------

模块 7

## 单元 7.1　认识有色金属

金属材料分为黑色金属和有色金属两大类。黑色金属主要是指钢和铸铁，而其余金属如铝、铜、锌、镁、铅、钛、锡等及其合金统称为有色金属。

与黑色金属相比，有色金属具有许多特殊的力学、物理和化学性能。因此，在空间技术、核能和计算机等新型工业领域有色金属材料应用广泛。例如，铝、镁、钛等金属及其合金，具有比密度小、比强度高的特点，在航天航空工业、汽车制造、船舶制造等方面应用十分广泛。银、铜、铝等金属，导电性和导热性优良，是电器工业和仪表工业不可缺少的材料。钨、钼、铌是制造在 1300℃ 以上使用的高温零件及电真空元件的理想材料。

这里只对工业上使用普遍的铜、铝、钛及其合金进行介绍。

## 案例导读

我们在选购冰箱、空调等制冷设备时，常听导购员提到"铜管"和"铝管"，图7-2 所示为冰箱的冷凝器和冷冻仓内的"铜管"。你思考过这几个问题吗：

1）"铜管"和"铝管"指的是什么部件？

2）"铜管"和"铝管"对制冷设备的性能有什么不同影响？

3）为什么"铜管"制冷设备价格高一些？

其实，上述"铜管"和"铝管"是指冰箱、空调等制冷设备的冷凝器、蒸发器等主要冷却部件采用铜或铝制造。因为铜导热性比铝好，所以铜管比铝管能更快地传导热量，制冷效果更好；铜具有耐蚀性、不易氧化、耐高温的优点，因此使用寿命更长久稳定。铜成本高、性能好、寿命长，所以使用"铜管"的制冷设备价格会更贵。让我们从接下来的学习中找到更详细的答案吧。

图7-2 冰箱的冷凝器和冷冻仓内的"铜管"

## 单元7.2 选用铜及铜合金

### 7.2.1 工业纯铜

选用铜合金材料

#### 1. 性能

铜质量分数为100%的纯铜呈玫瑰红色，纯铜有如下特性：

密度为 $8.9 \times 10^3 kg/m^3$ ，比钢密度大15%；熔点为1083℃；导电性和导热性仅次于银，是最常用的导电、导热材料；强度不高，塑性相当好，$A = 45\% \sim 50\%$，易于冷、热压力加工，并兼有耐蚀性和焊接性。

工业上使用的纯铜，铜质量分数为99.5%~99.95%，呈紫红色，故又称为紫铜。工业纯铜中常有0.1%~0.5%的杂质（铝、铋、氧、硫、磷等），使得铜的导电能力降低。另外，铅、铋杂质能与铜形成熔点很低的共晶体，当铜进行热加工时（温度为820~860℃），共晶体熔化，破坏晶界的结合，使铜造成脆性破裂，称为热脆。硫、氧也能与铜形成共晶体，均为脆性化合物，冷加工时易产生破裂，称为冷脆。

#### 2. 代号

根据工业纯铜杂质含量不同，分为 T1、T2 和 T3 三个代号。代号中的"T"为"铜"的汉语拼音首字母，其后的数字表示序号，序号越大，纯度越低。

纯铜除工业纯铜外，还有一类无氧铜，其氧含量极低，质量分数不大于0.003%。无氧铜材的牌号用 TU 加序号表示，如 TU1、TU2，主要用来制作电真空器件及高导电性铜线。这种导线能抵抗氢的作用，不发生氢脆现象。

**3. 应用**

纯铜不宜制造受力构件，主要用于制造电线、电缆、电子元器件散热器（见图7-3）和配制合金。纯铜和铜合金的低温力学性能很好，所以是制造冷冻设备的主要材料。

图7-3  计算机内部的铜散热器

## 7.2.2  铜合金

纯铜的强度低，不宜做结构材料，为改善力学性能，可在纯铜中加入合金元素制成铜合金。铜合金一般仍具有较好的导电、导热、耐蚀、抗磁等特殊性能及足够高的力学性能。铜合金分为黄铜、青铜和白铜。在普通机器制造业中，应用较为广泛的是黄铜和青铜。

**1. 黄铜**

黄铜是以锌为主要合金元素的铜合金，因呈金黄色，故称为黄铜。黄铜具有良好的力学性能，工艺性能和耐蚀性都较好，易于加工成形。按化学成分的不同，黄铜分为普通黄铜、特殊黄铜和铸造黄铜。

（1）普通黄铜  以铜和锌组成的二元铜合金称为普通黄铜。普通黄铜的牌号用"H+数字"表示。其中 H 为"黄"字汉语拼音的首字母，数字表示铜的平均质量分数，如 H90，表示黄铜中铜的平均质量分数为90%。

当锌质量分数低于 30% ~ 32% 时，随着锌含量的增加，合金的强度和塑性都升高；当锌质量分数超过32%后，塑性开始下降，但强度继续升高；当锌质量分数高于 45% 时，黄铜的强度和塑性随锌含量的增加急剧下降，在实际生产中无实用价值。图 7-4 所示为 H62 黄铜管与 H65 黄铜带。

图 7-4   H62 黄铜管与 H65 黄铜带

（2）特殊黄铜  在普通黄铜的基础上加入其他合金元素的铜合金，称为特殊黄铜。特殊黄铜的牌号以"H+添加元素符号+数字+数字"，数字依次表示铜和加入元素的质量分数。例如，典型牌号HPb59-1，表示加入铅的特殊黄铜，其中铜的质量分数为59%，铅的质量分数为1%，主要用于制造各种结构零件（见图 7-5a），如管接头、销钉、

a) 管接头    b) 重型船巨型螺旋桨

图 7-5  特殊黄铜造的零件

螺钉、螺母和衬套等。锰黄铜、铝黄铜、锰铁黄铜等常用来制造螺旋桨（图7-5b所示为重型船巨型螺旋桨）、压紧螺母等许多重要的船用零件及其他耐磨零件，在造船、电机及化学工业中得到广泛应用。

（3）铸造黄铜 在牌号前加"Z"，如ZCuZn38。

常用黄铜的牌号、化学成分、力学性能及用途见表7-1。

表7-1 常用黄铜的牌号、化学成分、力学性能及用途

| 类别 | 牌号 | 化学成分 $w(\%)$ | | | 状态 | 力学性能 | | | 用途 |
|---|---|---|---|---|---|---|---|---|---|
| | | Cu | 其他 | Zn | | $R_m$/MPa | $A(\%)$ | HBW | |
| | | | | | | 不小于 | | | |
| 普通黄铜 | H68 | 67.0~70.0 | | 余量 | 软 | 320 | 55 | | 复杂的冷冲件和深冲件、散热器外壳、导管及波纹管等 |
| | | | | | 硬 | 660 | 3 | 150 | |
| | H62 | 60.5~63.5 | | 余量 | 软 | 330 | 49 | 56 | 销钉、铆钉、螺母、垫圈、导管、夹线板、环形件及散热器等 |
| | | | | | 硬 | 600 | 3 | 164 | |
| 特殊黄铜 | HPb59-1 | 57.0~60.0 | Pb：0.8~1.9 | 余量 | 硬 | 650 | 16 | 140HRB | 销子、螺钉等冲压件或加工件 |
| | HMn58-2 | 57.0~60.0 | Mn：1.0~2.0 | 余量 | 硬 | 700 | 10 | 175 | 船舶零件及轴承等耐磨零件 |
| 铸造黄铜 | ZCuZn16Si4 | 79.0~81.0 | Si：2.5~4.5 | 余量 | S、R | 345 | 15 | 90 | 接触海水工作的配件以及水泵、叶轮和在空气、淡水、油、燃料以及工作压力在4.5MPa和250℃以下蒸汽中工作的零件 |
| | | | | | J | 390 | 20 | 100 | |
| | ZCuZn40Pb2 | 58.0~63.0 | Pb：0.5~2.5 Al：0.2~0.8 | 余量 | S、R | 220 | 15 | 80 | 一般用途的耐磨、耐蚀零件，如轴套、齿轮等 |
| | | | | | J | 280 | 20 | 90 | |

注：软—600℃退火；硬—变形度50%；R—熔模铸造；S—砂型铸造；J—金属型铸造。

**2. 青铜**

青铜原指铜锡合金，工业上习惯将铜合金中不含锡而含有铝、镍、锰、硅、铍及铅等特殊元素组成的合金也称为青铜。所以青铜实际上包含锡青铜、铝青铜、铍青铜和硅青铜等。青铜也可分为压力加工青铜（以青铜加工产品供应）和铸造青铜两类。青铜的编号规则是："Q+主加元素符号+主加元素含量（+其他元素含量）"，"Q"表示"青"的汉语拼音首字母。例如，QSn4-3表示成分为4%Sn、3%Zn（均指质量分数）、其余为铜的锡青铜。铸造青铜的编号前加"Z"。

（1）锡青铜 以锡为主加元素的铜合金称为锡青铜。锡青铜是我国历史上使用得最早的有色合金，也是最常用的有色合金之一。按生产方法不同，锡青铜可分为压力加工锡青铜和铸造锡青铜两类。

压力加工锡青铜中锡的质量分数一般小于10%，适宜于冷热压力加工。经加工硬化后，强度、硬度提高，但塑性有所下降。典型牌号为CuSn5Pb5Zn5，主要用于仪表中的耐磨、耐蚀零件，以及弹性零件及滑动轴承、轴套等。

铸造锡青铜中锡的质量分数一般为10%~14%，适宜用来生产强度和密封性要求不高但形状复杂的铸件。典型牌号有ZCuSn10Zn2，主要用于制造阀、泵壳、齿轮和蜗轮等零件。锡

青铜在造船、化工机械及仪表等工业中有广泛的应用。图 7-6 所示为锡青铜轴套、精密铸造齿轮和翻砂铸造零件。

图 7-6　锡青铜轴套、精密铸造齿轮和翻砂铸造零件

（2）无锡青铜　无锡青铜是指不含锡的青铜，常用的有铝青铜、铅青铜、锰青铜及硅青铜等。

铝青铜是无锡青铜中用途最为广泛的一种，它是以铝为主要合金元素的铜合金。铝青铜的力学性能比黄铜和锡青铜都高，当铝的质量分数小于 5% 时，强度很低；铝的质量分数在 5%~7% 时的塑性最好，适用于冷加工；铝的质量分数在 10% 左右时，强度最高，常以铸态使用；当铝的质量分数大于 12% 时，塑性很差，加工困难。因此实际应用的铝青铜中铝的质量分数为 5%~12%。

铝青铜的耐蚀性优良，在大气、海水、碳酸及大多数有机酸中具有比黄铜和锡青铜更高的耐蚀性。铝青铜的耐磨性也比黄铜和锡青铜好。铝青铜还有耐寒冷、冲击时不产生火花等特性。

铝青铜可用于制造齿轮、轴套和蜗轮（见图 7-7）等在复杂条件下工作的高强度耐磨零件以及弹簧和其他高耐蚀性的弹性零件。

**3. 白铜**

以镍为主要元素的铜合金称为白铜。白铜分为结构白铜和电工白铜两类。其牌号表示举例如下：B30 表示含 30%（指质量分数，下同）Ni 的简单白铜；BMn40-1.5 表示含 40% Ni 和 1.5% Mn 的复杂白铜，又可称为锰白铜，俗称为"康铜"。

白铜较其他铜合金的力学性能和物理性能都异常良好，延展性好，硬度高，色泽美观，耐腐蚀，富有深冲性能，广泛应用于造船、石油化工、电器、仪表、医疗器械、日用品及工艺品（见图 7-8）等领域，其缺点是主要添加元素镍很稀缺，价格较昂贵。

模块
7

图 7-7　铝青铜轴套和蜗轮

图 7-8　白铜工艺品

177

**知识链接——如何区分白铜和纯银、白金和白色 K 金**

由于白铜饰品从颜色、做工等方面和纯银饰品差不多。有的不法商家利用消费者对银饰不了解的心理，把白铜饰品当成纯银饰品来卖，从中获取暴利。那么，怎样来辨别是纯银饰品还是白铜饰品呢？据了解，一般纯银饰品都会标有 S925、S990、XX 足银等字样，而白铜饰品没有这样的标记或标记很不清楚；用针可在银的表面划出痕迹；而白铜质地坚韧，不容易划出伤痕；银的色泽呈略黄的银白色，这是银容易氧化的缘故，氧化后呈现暗黄色，而白铜的色泽是纯白色，过一段时间后会出现绿斑。另外，如果在银首饰的内侧滴上一滴浓盐酸，会立即生成白色苔藓状的氯化银沉淀，而白铜则不会出现这种情况。

铂（Platinum，Pt）是一种密度高、延展性高、反应性低的白色贵重金属，也称为铂金，属于过渡金属，是天然形成的，在饰品领域俗称为白金（见图 7-9），根据国际规定，只有铂金才能被称作白金。白金源于 20 亿年前，一颗巨大的陨石撞击地球，带来这珍贵的金属。铂金早在公元前 700 年就在人类文明史上闪出耀眼的光芒，在人类使用铂金的 2000 多年中，一直被认为是最高贵的金属，受到贵族王室追捧。市面上常将白金与白色 K 金混淆，但白色 K 金主要成分是黄金，由于加入其他金属后呈现白色，容易褪色；白金则色泽天然，永不褪色。

图 7-9 白金钻戒和项链吊坠

## 单元 7.3　选用铝及铝合金

铝及铝合金是我国优先发展的重要有色金属，铝是地壳中储量最多的一种元素，约占地表总重量的 8.2%。

**知识链接**：1854 年，法国化学家德维尔通过实验得到了金属铝，这时的铝十分珍贵。据说在一次宴会上，法国皇帝拿破仑独自用铝制刀叉，其他人用银制餐具。当时泰国国王曾用过铝制表链。1855 年巴黎国际博览会上，展出了一小块铝，标签为："来自黏土的白银"，并将其放在最珍贵的珠宝旁。1889 年，俄国沙皇赐给门捷列夫铝制奖杯，以表彰其编制化学元素周期表的贡献。1886 年，人们发明了熔盐电解法炼制铝，奠定了当今大规模生产铝的基础，铝才变得便宜。

### 7.3.1　工业纯铝

**1. 性能特点**

工业纯铝一般是指纯度为 99%～99.99%（指质量分数）并含有少量杂质的纯铝，主要杂质为铁和硅，此外还有铜、锌、镁、锰和钛等。工业纯铝具有下述性能特点：

1) 密度小（约 $2.7 \times 10^3 \text{kg/m}^3$）；熔点为 660℃；热处理原理和钢不同。

2) 导电性、导热性很高，仅次于银、铜、金。

3) 是无磁性、无火花的材料，而且反射性能好，既可反射可见光，也可反射紫外线。

4）强度很低，但塑性很高，通过加工硬化，可使纯铝的硬度提高，但塑性下降。

5）表面可生成致密、隔绝空气的氧化膜，具有良好的大气耐蚀性，但不耐酸、碱、盐的腐蚀。

**2. 主要用途**

工业纯铝的强度很低，抗拉强度仅为 50MPa，虽可通过冷作硬化方式强化，但也不能直接用于制作结构材料。工业纯铝经常代替贵重的铜合金制作导线，另外，可配制各种铝合金以及制作要求质轻、导热或耐大气腐蚀但强度要求不高的器具。

**3. 分类**

工业纯铝的分类如下：

$$工业纯铝\begin{cases}纯铝(99\%<w_{Al}<99.85\%)\begin{cases}未压力加工产品:铸造纯铝\\压力加工产品:变形纯铝\end{cases}\\高纯铝(w_{Al}>99.85\%)\end{cases}$$

（1）铸造纯铝　国标规定，牌号由"Z"和铝的化学元素符号及表明铝质量分数的数字组成，如 ZAl99.5 表示 $w_{Al}=99.5\%$ 的铸造纯铝。

（2）变形纯铝　国标规定，其牌号用四位字符体系的方法命名，即用 1×××表示，牌号的最后两位数字表示铝的最低质量分数中小数点后面的两位数字，牌号第二位的字母表示原始纯铝的改型情况，如果字母为 A，则表示为原始纯铝。国标规定，我国变形纯铝的牌号有 1A50、1A30 等。例如，牌号 1A30 的变形纯铝表示 $w_{Al}=99.30\%$ 的原始纯铝，若为其他字母，则表示为原始纯铝的改型。

（3）高纯铝　牌号有 1A99、1A97、1A93、1A90、1A85 等，命名含义与变形纯铝相同。

> ◁ **生产经验提示**：工业纯铝新牌号 1070、1060、1050、1035、1200 分别对应旧牌号 L1、L2、L3、L4、L5，L 后的数字越大，杂质含量越高。旧牌号在个别情况下仍有使用，应有所了解。

### 7.3.2 铝合金

纯铝的强度低，不适宜用作结构材料，在纯铝中加入硅、铜、镁、锰、锌等合金元素，形成铝合金，可以显著提高其强度。铝合金具有密度小、耐腐蚀、导热和塑性好等性能，很多铝合金还可通过冷变形和热处理，使强度显著提高。

铝合金可用于汽车、装甲车、坦克、飞机及舰艇的部件，如汽车发动机壳体、活塞、轮毂、飞机机身、机翼的蒙皮；以及门窗构架、日常生活用品及家具等。典型的铝合金制品如图 7-10 所示。

根据铝合金的成分及生产工艺特点，可将铝合金分为变形铝合金和铸造铝合金两大类。

**1. 变形铝合金**

常用铝合金大都具有图 7-11 所示的相图，合金元素含量小于 $D$ 点的合金，平衡组织以固溶体为主，加热时可得到均匀单相固溶体，塑性变形能力很好，适用于锻造、轧制和挤压，称为变形铝合金。

变形铝合金具有良好的塑性变形能力，将合金熔融铸成锭子后，再通过压力加工（轧制、挤压、模锻等）制成半成品或模锻件。根据特点和用途可分为防锈铝合金、硬铝合金、超硬铝合金和锻铝合金。

（1）防锈铝合金　工艺特点是塑性及焊接性好，常用拉延法制造各种高耐蚀性的薄板容器

图 7-10　典型的铝合金制品

（如油箱等）、防锈蒙皮以及受力小、质轻、耐蚀的制品与结构件（如管道、窗框和灯具等）。

（2）硬铝合金　具有优良的加工工艺性能，可以加工成板、棒、管、型材等，广泛应用在航空、汽车和机械中。

（3）超硬铝合金　铝-锌-铜系合金是目前室温下强度最高的一类铝合金，其强度达 $500 \sim 700 MPa$，超过高强度的硬铝合金 2A12 合金（$400 \sim 430 MPa$），航空飞机大梁、起落架等承受重载的零部件就是用它制造的（见图 7-12）。另外，在光学仪器中，常用于制造要求重量轻而受力较大的结构零件。

图 7-11　铝合金相图及铝合金分类

图 7-12　飞机

（4）锻铝合金　铝-镁-硅-铜系合金具有优良的锻造工艺性能，主要用来制作外形复杂的锻件。

变形铝合金的主要牌号、成分、力学性能及用途见表 7-2。

**2. 铸造铝合金**

如图 7-11 所示，合金元素含量在 $D$ 点右侧的合金，有共晶组织存在，塑性、韧性差，但是流动性好，且高温强度也比较高，可防止热裂现象，适用于铸造，但不适用于压力加工，称为铸造铝合金。

铸造铝合金经熔融后可直接铸成质轻、耐蚀、复杂的甚至薄壁的成形件，如图 7-13 所示。

表 7-2　变形铝合金的主要牌号、成分、力学性能及用途

| 类别 | 牌号（旧牌号） | 质量分数 w（%） | | | | | | 热处理状态 | 力学性能 | | 用途 |
|---|---|---|---|---|---|---|---|---|---|---|---|
| | | Cu | Mg | Mn | Zn | 其他 | Al | | $R_m$/MPa | A（%） | |
| 防锈铝合金 | 5A05（LF5） | 0.1 | 4.8~5.5 | 0.3~0.6 | 0.2 | Si：0.5，Fe：0.5 | 余量 | 热加工成形 | 265 | 15 | 中载零件、铆钉、焊接油箱、油管 |
| | 3A21（LF21） | 0.2 | 0.05 | 1.0~1.6 | 0.1 | Si：0.6，Fe：0.7，Ti：0.15 | 余量 | | 90 | 20 | 管道、容器、铆钉及轻载零件及制品 |
| 硬铝合金 | 2A11（LY11） | 3.8~4.8 | 0.4~0.8 | 0.4~0.8 | 0.3 | Si：0.7，Fe：0.7，Ti：0.15 | 余量 | | 370 | 12 | 中等强度构件和零件，如骨架、螺旋桨叶片、铆钉 |
| | 2A12（LY12） | 3.8~4.9 | 1.2~1.8 | 0.3~0.9 | 0.3 | Si：0.5，Fe：0.5，Ti：0.15 | 余量 | 固溶处理+自然时效 | 390 | 12 | 高强度的构件及 150℃以下工作的零件，如骨架、梁、铆钉 |
| 超硬铝合金 | 7A09（LC9） | 1.2~2.0 | 2.0~3.0 | 0.15 | 5.1~6.1 | Si：0.5，Fe：0.5，Cr：0.16~0.30，Ti：0.1 | 余量 | 固溶处理+人工时效 | 490 | 7 | 主要受力构件及高载荷零件，如飞机大梁、加强框、起落架 |
| 锻铝合金 | 2A50（LD5） | 1.8~2.6 | 0.4~0.8 | 0.4~0.8 | 0.3 | Si：0.7~1.2，Fe：0.7，Ti：0.15 | 余量 | | 355 | 12 | 形状复杂的模锻件及模锻件和锻件 |
| | 2A70（LD7） | 1.9~2.5 | 1.4~1.8 | 0.2 | 0.3 | Ti：0.02~0.1，Ni：0.9~1.5，Fe：0.9~1.5，Si：0.35 | 余量 | 固溶处理+人工时效 | 355 | 8 | 高温下工作的复杂锻件和结构件、内燃机活塞 |
| | 2A14（LD10） | 3.9~4.8 | 0.4~0.8 | 0.4~1.0 | 0.3 | Si：0.6~1.2，Fe：0.7，Ni：0.1，Ti：0.15 | 余量 | | 440 | 10 | 高载荷锻件和模锻件 |

图 7-13　铸造铝合金零件

铸造铝合金种类很多，其中铝硅合金具有良好的铸造性能，足够的强度，而且密度小，用得最广，约占铸造铝合金总产量的 50% 以上，Si 质量分数为 10% ~ 13% 的 Al-Si 合金是最典型的铝硅合金，属于共晶成分，通常称为"硅铝合金"。

铸造铝合金的牌号由"铸"字的汉语拼音字首"Z"+ Al + 其他主要元素符号及质量分数来表示，如 ZAlSi12 表示 Si 质量分数为 12% 的铸造 Al-Si 合金。而合金的代号用"铸铝"的汉语拼音字首"ZL"加 3 位数字表示。第 1 位数字表示合金类别，第 2、3 位则表示合金的顺序号。例如，ZL102 表示 2 号 Al-Si 系铸造铝合金。

---

📖 **知识链接：钢轮毂与铝合金轮毂哪个好**

汽车轮毂按材质不同一般分为钢轮毂和铝合金轮毂（见图 7-14），钢轮毂制造工艺简单、成本低、抗金属疲劳能力强，但造型单一、重量重、导热差，属于经济实用型，但美观度不足。如今，新车型几乎都采用了铝合金轮毂，并且很多车主将原车的钢轮毂换成铝合金轮毂。铝合金轮毂主要优势有美观、散热好、坚固耐用，重量轻

a) 钢轮毂　　　b) 铝合金轮毂

图 7-14　汽车轮毂比较

可节省油耗，减轻发动机负载可延长其寿命，轮毂圆度好可消除车身振动和方向盘抖动。

---

### 7.3.3　铝合金的热处理

对于可热处理强化的变形铝合金，其热处理方法为固溶处理加时效。将成分位于相图中 $D \sim F$ 之间的合金加热到 α 相区，经保温获得单相 α 固溶体后迅速水冷，可在室温下得到过饱和的 α 固溶体，这种处理方式称为固溶处理。

（1）固溶强化　纯铝中加入合金元素，形成铝基固体，造成了晶格畸变，阻碍位错的运动，可起到固溶强化的作用，使其强度提高。Al-Cu、Al-Mg、Al-Si、Al-Zn、Al-Mn 等二元合金一般都能形成有限固溶体，具有较好的固溶强化效果。

（2）时效强化　通过热处理可实现合金元素对铝的另一种强化作用。由于铝没有同素异构转变，所以其热处理相变与钢不同。铝合金的热处理强化主要原理在于合金元素在铝合金中有较大的固溶度，且随温度的降低而急剧减小，所以铝合金加热到某一温度淬火后，可得到过饱和的铝基固溶体。这种过饱和的铝基固溶体在室温下或加热到某一温度时，其强度和硬度随时间的延长而增高，塑性、韧性则降低，此过程称为时效。在室温下进行的时效称为自然时效，在加热条件下进行的时效称为人工时效。时效过程中使铝合金的强度、硬度增高的现象称为时效强化。强化效果是依靠时效过程中产生的时效硬化现象来实现的。

（3）铝合金的回归处理　将已经时效强化的铝合金，重新加热到 200 ~ 270℃，经短时间

保温，然后在水中急冷，使铝合金恢复到淬火状态的处理称为回归处理。经回归处理后的铝合金与新淬火的铝合金一样，仍能进行正常的自然时效。但每次回归处理后，再时效后其强度逐次下降。

（4）过剩相强化　当铝中加入合金元素的数量超过了极限溶解度，则在固溶处理加热时，就会有一部分不能溶入固溶体的第二相出现，称为过剩相。在铝合金中，这些过剩相通常是硬而脆的金属间化合物。它们在铝合金中阻碍位错运动，使铝合金强化，称为过剩相强化。生产中常采用这种方式来强化耐热铝合金和铸造铝合金。过剩相数量越多，分布越弥散，强化效果越大。但过剩相太多，就会使强度和塑性都降低。过剩相成分结构越复杂，熔点越高，高温热稳定性越好。

（5）细化组织强化　很多铝合金组织都是由 α 固溶体和过剩相组成的，如果能细化铝合金的组织，包括细化 α 固溶体或细化过剩相，则可使铝合金得到强化。在实际生产中，常常利用变质处理的方法来细化铝合金组织。

> **知识链接："懒惰"实验员发明硬铝**
>
> 　　1906 年，阿尔弗莱德·维尔姆（Alfred Wilm）在柏林的达勒姆国家材料检验所，曾通过一种铝合金研究过铝合金是否也能通过淬火改善性能的问题，这种铝合金后来被称为硬铝并闻名世界。维尔姆向铝中加入 4.5% 的铜、0.5% ~1% 的镁和 0.5%（均指质量分数）的锰炼取了铝合金，然后将类似合金加热到快要熔化时使其激冷，发现强度并未增大多少，维尔姆让一个实验员继续检验此试样硬度。当天是周六，天气很好，实验员并未加班，而是早早回家了。可到了周一，维尔姆发现试样合金的强度高得异乎寻常。铝合金的这种处理就是现在所说的时效硬化。后来人们还研制出了一些其他合金，也是通过时效硬化而具有更高强度的。

## 单元 7.4　选用钛及钛合金

钛及钛合金具有优良的综合性能，具有密度小、比强度高、$R_m$ 最高可达 1400MPa、耐高温、耐腐蚀以及良好低温韧性等优点，在 300 ~550℃ 下有一定的高温持久强度，并有很好的低温冲击韧度，在 −253℃（液氢温度）时仍保持良好的塑性和韧性，是一种理想的轻质结构材料，特别适用于航天、航空、造船和化工工业等要求比强度高的器件。

钛资源丰富，有着广泛的应用前景。但钛及钛合金的加工条件复杂，成本较昂贵，在一定程度上又限制了应用。

### 7.4.1　工业纯钛

**1. 纯钛性能**

钛是银白色的金属，密度小（$4.5 \times 10^3 kg/m^3$），熔点高（1725℃），热膨胀系数小，导热性差。纯钛塑性好、强度低，经冷塑性变形可显著提高工业纯钛的强度，容易加工成形，可制成细丝和薄片。钛在大气和海水中有优良的耐蚀性，在硫酸、盐酸、硝酸、氢氧化钠等介质中都很稳定。钛的抗氧化能力优于大多数奥氏体不锈钢。

**2. 晶体结构**

钛在固态有两种结构：882.5℃ 以上直到熔点为体心立方晶格，称为 β-Ti；882.5℃ 以下转变为密排六方晶格，称为 α-Ti。

**3. 牌号及用途**

工业纯钛按纯度分为 4 个等级：TA0、TA1、TA2 和 TA3。其中"T"为"钛"的汉语拼音首字母，后面的数字增加，则纯度降低、强度增大、塑性降低。

工业纯钛是航空、航天、船舶常用的材料，为 α-Ti，其板材、棒材常用于制造 350℃以下工作的低载荷件，如飞机骨架、蒙皮、隔热板、热交换器、发动机部件、海水净化装置及柴油机活塞、连杆和电子产品（如便携式计算机外壳）等。

### 7.4.2 钛合金

为了提高钛的力学性能，满足现代工业的需求，一般通过钛合金化的方法获取所需性能。钛合金按退火组织不同分为 α 型钛合金、β 型钛合金和 α-β 型钛合金三类，根据 GB/T 3620.1—2016《钛及钛合金牌号和化学成分》分别以 TA、TB 和 TC 表示。

钛合金除具有比钛更优良的力学性能外，还具有优良的耐蚀性，在硫酸、盐酸、硝酸、氢氧化钠及海水中均有优良的稳定性，在 85% 醋酸条件下，耐蚀性优于不锈钢。钛合金具有超塑性的功能特点，采用超塑成形-扩散连接技术，可以用很少的能量及材料消耗制成形状复杂和尺寸精密的合金制品。

**1. α 型钛合金**

α 型钛合金是 α 相固溶体组成的单相合金，不论是在一般温度下还是在较高的实际应用温度下，均是 α 相，组织稳定，耐磨性高于纯钛，抗氧化能力强。在 500~600℃的温度下，仍保持其强度和抗蠕变性能，但不能进行热处理强化，室温强度不高。

典型牌号是 TA7，成分为 Ti-5Al-2.5Sn，其使用温度不超过 500℃，主要用于制造导弹的燃料罐、超音速飞机的涡轮机匣等。

**2. β 型钛合金**

β 型钛合金是 β 相固溶体组成的单相合金，未经热处理就可以具有较高的强度，淬火、时效后合金得到进一步强化，室温强度可达 1372~1666MPa；但热稳定性较差，不宜在高温下使用。

β 型钛合金的典型牌号是 TB1，成分为 Ti-10V-2Fe-3Al，具有高强度、良好的加工性和焊接性，适用于航空航天、船舶等领域的结构件。

**3. α-β 型钛合金**

α-β 型钛合金是双相合金，具有良好的综合性能，组织稳定性好，有良好的韧性、塑性和高温变形性能，能较好地进行热压力加工，能进行淬火、时效使合金强化。热处理后强度约比退火状态提高 50%~100%；高温强度高，可在 400~500℃的温度下长期工作，其热稳定性稍次于 α 型钛合金。

典型牌号是 TC4，成分为 Ti-6Al-4V，经淬火及时效处理后，显微组织为块状 α+β+针状 α。其中针状 α 是时效过程中从 β 相析出的。TC4 强度高，塑性好，在 400℃时组织稳定，蠕变强度较高，低温时有良好的韧性，并有良好的抗海水应力腐蚀及抗热盐应力腐蚀的能力，适用于制造在 400℃以下长期工作的零件，或要求具有一定高温强度的发动机零件，以及在低温下使用的火箭、导弹的液氢燃料箱部件等。

> 🔊 **生产经验提示**：三种钛合金中最常用的是 α 型钛合金和 α-β 型钛合金；α 型钛合金的切削加工性最好，α-β 型钛合金次之，β 型钛合金最差。

### 7.4.3 钛合金的性能

（1）压力加工性能　钛及钛合金可以采用锻造、轧制、挤压及冲压等多种形式的压力加工成形，但其压力加工性能一般不如低合金钢。

（2）超塑性　大多数钛合金具有一定的超塑性。超塑性是指具有合适的组成相比例、较细晶粒及较细亚结构的合金，在一定温度及较慢的应变速率下，能表现出极高塑性的现象。

（3）焊接性　钛合金焊接一般在惰性气体保护下或在真空中进行，以防止因氢、氧、氮等气体元素进入焊缝，造成污染及脆化，或者形成气孔。

（4）铸造性能　由于钛合金难熔且化学活性高，在熔融状态下能与几乎所有的耐火材料和气体起反应，因此钛合金在铸造过程中，其熔化和浇注都必须在惰性气体保护下或在真空中进行。

（5）切削性能　钛合金导热性差，摩擦系数大，切削时温升很高，易粘刀，使刀具磨损加快，故切削加工比较困难。

### 7.4.4　钛合金的主要应用

钛合金主要用于制作飞机发动机压气机部件，其次为火箭、导弹、高速飞机及宇宙飞船的结构件。20 世纪 60 年代中期，钛及钛合金已在一般工业中应用，用于制作电解工业的电极，发电站的冷凝器，石油精炼和海水淡化的加热器以及环境污染控制装置等。钛及钛合金已成为一种耐蚀结构材料。此外还用于生产贮氢材料和形状记忆合金等。钛合金具有超塑性的功能特点，采用超塑成形-扩散连接技术，可以用很少的能量及材料消耗制成形状复杂和尺寸精密的合金制品。钛及钛合金的不同表现形式如图 7-15 所示。

图 7-15　钛及钛合金的不同表现形式

## 单元 7.5　选用镁及镁合金

### 7.5.1　纯镁的性能特点

镁是在 1828 年被发现的银白色轻金属，无磁性，在地壳中的储藏量非常丰富，仅次于铝和铁而占第三位。由于镁的化学性质很活泼，难于冶炼，所以镁及镁合金在工业上的应用比较晚。

镁的密度小，只有 $1.74g/cm^3$，是铝的 2/3，钢铁的 1/4，是最轻的工程金属。镁耐蚀性很差，在潮湿的大气、淡水、海水及绝大多数酸、盐溶液中易受腐蚀。镁的化学活性很强，在空气中容易氧化，尤其在高温条件下，如氧化反应放出的热量不能及时散失，则很容易燃烧。

选用镁合金材料

### 7.5.2　镁合金的性能特点

镁合金是目前工业应用中最轻的工程材料，可满足航空、航天、汽车及电子产品轻量化和环保的要求，被誉为"21 世纪的绿色工程结构材料"。镁合金的性能特点如下：

（1）比强度、比刚度高　镁合金的比强度明显高于铝合金和钢，比刚度与铝合金和钢相当，而远远高于工程塑料，为一般塑料的 10 倍。

（2）重量轻　镁合金密度在所有结构用合金中最小，除了用于做3C产品（指计算机类、通信类和消费电子产品三者的统称）的外壳、内部结构件外，还是制造汽车、飞机等零件的优质材料。

（3）减振性好　由于镁合金弹性模量小，当受外力作用时，弹性变形功较大，即吸收能量较多，所以能承受较大的冲击或振动载荷，飞机起落架轮毂多采用镁合金制造。

（4）耐蚀性差　镁合金使用时要采取防护措施，如发蓝处理、涂漆保护等。镁合金零件与其他高电位零件（如钢铁零件、铜质零件）组装时，在接触面上应采取绝缘措施（如垫以浸油纸），以防彼此因电极电位相差悬殊而产生严重的电化学腐蚀。

（5）切削加工性能好　镁合金具有优良的切削加工性能，可采用高速切削，也易于研磨和抛光。

（6）电磁屏蔽性佳　3C产品的外壳要能够提供优越的抗电磁保护作用，而镁合金外壳能够完全吸收频率超过100dB的电磁干扰。

此外，镁合金还有散热性好、可回收性好、压铸成形性能好等优点。

### 7.5.3　镁合金的分类及应用

镁合金根据加工工艺不同可分为铸造镁合金（ZM）与变形镁合金（MB）。常用镁合金的力学性能及用途见表7-3。

表7-3　常用镁合金的力学性能及用途

| 类别 | 合金代号 | 材料产品及状态 | 厚度或直径/mm | 力学性能 | | | 用途 |
|---|---|---|---|---|---|---|---|
| | | | | $R_m$/MPa | $R_{p0.2}$/MPa | $A(\%)$ | |
| 铸造镁合金 | ZM1 | T1 | — | 235 | 140 | 5 | 要求强度高、抗冲击的零件，如飞机轮毂、支架、隔框 |
| | ZM2 | T1 | — | 200 | 135 | 2.5 | 在200℃以下工作的发动机零件及要求较高屈服强度的零件 |
| | ZM3 | F | — | 120 | 85 | 1.5 | 在高温下工作及要求气密性好的零件，如飞机进气管、增压机匣等 |
| | | T2 | — | 120 | 85 | 1.5 | |
| 变形镁合金 | MB1 | 冷轧板材退火 | 0.1~0.8 | 190 | 100 | 5 | 焊接件和模锻件，形状简单和受力不大的零件 |
| | MB2 | 冷轧板材退火 | 0.1~0.8 | 240 | 130 | 5 | 形状复杂的锻件和模锻件 |
| | MB8 | 冷轧板材退火 | 0.1~0.8 | 230 | 130 | — | 可制造飞机蒙皮、壁板及内部零件 |
| | MB15 | 热轧型材人工时效 | ≤100 | 320 | 250 | 6 | 室温下承受大载荷的零件，如飞机机翼、桁架等 |

注：T1为人工时效；T2为退火；F为铸态。

#### 1. 铸造镁合金

铸造镁合金主要用于制造汽车零件、机件壳罩和电气构件等。

ZM1流动性较好，但热裂倾向大，不易焊接；抗拉强度和屈服强度高，力学性能、耐蚀性较好，一般应用于要求抗拉强度高、屈服强度高、抗冲击的零件，如飞机轮毂、轮缘、隔框及支架等。

ZM2流动性好，不易产生热裂纹，焊接性好，耐高温性能好，耐蚀性好，但力学性能比ZM1

低，用于200℃以下工作的发动机零件及要求屈服强度较高的零件，如发动机机座（见图7-16a）、蒸馏舱、电机机壳等。

a) 发动机机座      b) 发动机增压机匣      c) 机舱连接隔框

图 7-16 铸造镁合金零件

ZM3 流动性稍差，复杂形状零件的热裂倾向较大，焊接性较好，其高温性能、耐蚀性也较好，一般用于要求高温工作和高气密性的零件，如发动机增压机匣（见图7-16b）、扩散器壳体等。

ZM5 流动性差，热裂倾向小，焊接性良好，力学性能较高，但耐蚀性较差，一般用于飞机、发动机、仪表及其他高载荷的零件，如机舱连接隔框（见图7-16c）、舱内隔框等。

**2. 变形镁合金**

变形镁合金主要用于制造薄板、挤压件和锻件等，见表7-3，图7-17所示为各类变形镁合金型材、飞机蒙皮和 LED 灯散热器。

图 7-17 各类变形镁合金型材、飞机蒙皮和 LED 灯散热器

MB1 和 MB8 均属于 Mg-Mn 系镁合金，这类合金虽然强度较低，但具有良好的耐蚀性，焊接性良好，并且高温塑性较好，可进行轧制、挤压和锻造。MB1 主要用于制造承受外力不大，但要求焊接性和耐蚀性好的零件。MB8 由于强度较高，其板材可制造飞机蒙皮、壁板及内部零件，型材和管材可制造汽油和润滑系统的耐蚀零件。

MB2、MB3 及 MB5 ~ MB7 合金属于 Mg-Al-Zr 系合金，这类合金强度高、铸造及加工性能好，但耐蚀性较差。MB2、MB3 合金的焊接性较好，MB5、MB7 合金的焊接性稍差。MB2 镁合金主要用于制造形状复杂的锻件、模锻件及中等载荷的机械零件；MB3 主要用于制造飞机内部组件、壁板等。

MB15 合金具有很高的抗拉强度和屈服强度，常用来制造在室温下承受较大负荷的零件。如机翼、翼肋等，如作为高温下使用的零件，使用温度不能超过 150℃。

### 7.5.4 镁合金应用的发展

汽车车重每轻100kg，消耗的燃料可减少5%，对于处在能源危机的今天是极具吸引力的，欧美各国早已将注意力集中在用镁合金制造汽车零部件的领域上。1993 年，美国福特、通用、

克莱斯勒三大汽车集团制定了促进使用镁合金制造轿车零部件的规划，为将 6 客座、中等尺寸轿车油耗从 8.6L/100km 下降到 3L/100km，须把车子重量减少 38%，镁合金的需求大大提高。其中福特公司已稳定在将 80 多个零部件使用镁合金制造，每部汽车的镁合金使用量在 100kg 以上的水平。近年，德国轿车工业的镁合金使用量也急剧上升，大众帕萨特轿车的用镁量从 14kg（占车重 1%）增加到 30～50kg，奥迪 A6 轿车用镁量从 14.2kg 增加到 50～80kg。

我国的歼击机、轰炸机、直升机、运输机、民用机、机载雷达、地空导弹、运载火箭、人造卫星及飞船上均选用了镁合金构件，如某型号的飞机选用了 300～400 项镁合金构件，零件质量最大近 300kg，最大尺寸达 2m 多。

另外，日本、韩国等着重利用镁合金轻质、易回收、导热、抗电磁干扰等特性，以及较好的薄壁件压铸技术，生产了便携式计算机壳体、手机与照相机壳体和体育生活用品（射箭的弓、自行车、摩托车零件等）。目前，全世界便携式计算机壳体的 1/3 是用镁合金压铸而成的。

> 🔊 **生产经验提示**：我国具有丰富的镁矿资源，世界排名第二，仅次于美国，这为我国镁合金提供了可靠的原料来源，过去镁及镁合金在价格上比铝及铝合金贵很多，目前镁、铝价格已接近，近年来，进行镁合金零件的生产优势已大于铝合金，在原材料成本上存在极大优势。

## 单元 7.6　选用滑动轴承合金

### 7.6.1　轴承及轴承合金的类别

**1. 轴承及其类别**

轴承可定义为一种在其中有另外一种元件（诸如轴颈或杆）旋转或滑动的机械零件。依据轴承工作时摩擦的形式，它们又分为滚动轴承与滑动轴承。滑动轴承是指支撑轴颈和其他转动或摆动零件的支撑件，由轴承体和轴瓦两部分构成。滑动轴承中自身具有自润滑性的轴承称为含油轴承或自润滑轴承。

**2. 轴瓦及轴承合金**

滑动轴承的轴瓦可以直接由耐磨合金制成，也可通过在钢背上浇注（或轧制）一层耐磨合金内衬制成。用来制造轴瓦及其内衬的合金，称为轴承合金。滑动轴承及其轴瓦实物如图 7-18 所示。

图 7-18　滑动轴承及其轴瓦

常用轴承合金，按其主要化学成分可分为铅基、锡基、铝基和铜基等几种。

**3. 轴承的工作条件**

当机器不运转时，轴停放在轴承上，对轴承施以压力。当轴高速旋转时，轴对轴承施以周期性交变载荷，有时还伴有冲击。滑动轴承的基本作用就是将轴准确定位，并在载荷作用下支撑轴颈而不破坏。

当滑动轴承工作时，轴和轴承不可避免地会产生摩擦。为此，在轴承上常注入润滑油，以便在轴颈和轴承之间有一层润滑油膜相隔，进行理想的液体摩擦。实际上，在低速和重载荷的情况下，润滑并不良好，这时处于边界润滑状态。

边界润滑意味着金属和金属直接接触的可能性存在，它会使磨损增加。当机器在起动、停车、空转和载荷变动时，也常出现边界润滑或半干摩擦甚至干摩擦状态。只有当轴转动速度逐渐增加，润滑油膜建立后，摩擦系数才逐渐下降，最后达到最小值。若轴转动速度进一步增加，则摩擦系数又会重新增大。

**4. 滑动轴承合金的性能要求**

根据轴承的工作条件不同，轴承合金应具备如下一些性能：

1）良好的减摩性。良好的减摩性应综合体现为：①摩擦系数低；②磨合性好，就是开始工作后，轴承与轴能很快地自动吻合，使载荷均匀作用在工作面上，避免局部磨损；③抗咬合性好，是指摩擦条件不良时，轴承材料不致与轴黏着或焊合。

2）足够的力学性能。滑动轴承合金要有较高的抗压强度和疲劳强度，并能抵抗冲击和振动。

3）良好的导热性、小的热膨胀系数、良好的耐蚀性和铸造性能。

## 7.6.2　铅基轴承合金

铅基轴承合金是在铅锑合金的基础上加入锡、铜等元素形成的合金，又称为铅基巴氏合金。我国铅基轴承合金的牌号、化学成分和力学性能见表 7-4。

表 7-4　铅基轴承合金的牌号、化学成分和力学性能

| 牌号 | 化学成分（%） | | | | 力学性能 | 用途 |
|---|---|---|---|---|---|---|
| | $w_{Sb}$ | $w_{Cu}$ | $w_{Pb}$ | $w_{Sn}$ | 硬度 HBW ≥ | |
| ZPbSb16Sn16Cu2 | 15.0 ~ 17.0 | 1.5 ~ 2.0 | 余量 | 15.0 ~ 17.0 | 30 | 110 ~ 880kW 蒸汽涡轮机，150 ~ 750kW 电动机和小于 1500kW 起重机及重载荷推力轴承 |
| ZPbSb15Sn5Cu3Cd2 | 14.0 ~ 16.0 | 2.5 ~ 3.0 | $w_{Cd}$：1.75 ~ 2.25　$w_{As}$：0.6 ~ 1.0　$w_{Pb}$：余量 | 5.0 ~ 6.0 | 32 | 船舶机械、小于 250kW 的电动机、抽水机轴承 |
| ZPbSb15Sn10 | 14.0 ~ 16.0 | 0.7 | 余量 | 9.0 ~ 11.0 | 24 | 中等压力机械，也适用于高温轴承 |
| ZPbSb15Sn5 | 14.0 ~ 15.5 | 0.5 ~ 1.0 | 余量 | 4.0 ~ 5.5 | 20 | 低速、轻压力的机械轴承 |
| ZPbSb10Sn6 | 9.0 ~ 11.0 | 0.7 | 余量 | 5.0 ~ 7.0 | 18 | 重载荷、耐蚀、耐磨轴承 |

模块 7

铅基轴承合金的突出优点是成本低、高温强度好、亲油性好、有自润滑性，适用于润滑较差的场合。但耐蚀性和导热性不如锡基轴承合金，对钢背的附着力也较差。

### 7.6.3 锡基轴承合金

锡基轴承合金是以锡为主，并加入少量锑和铜的合金。锡基轴承合金的牌号、化学成分和力学性能见表7-5。

表7-5 锡基轴承合金的牌号、化学成分和力学性能

| 牌号 | 化学成分（%） | | | | 力学性能 | 用途 |
|---|---|---|---|---|---|---|
| | $w_{Sb}$ | $w_{Cu}$ | $w_{Pb}$ | $w_{Sn}$ | 硬度 HBW ≥ | |
| ZSnSb12Pb10Cu4 | 11.0 ~ 13.0 | 2.5 ~ 5.0 | 9.0 ~ 11.0 | 余量 | 29 | 一般发动机的主轴承，但不适于高温工作 |
| ZSnSb11Cu6 | 10.0 ~ 12.0 | 5.5 ~ 6.5 | 0.35 | 余量 | 27 | 1500kW 以上蒸汽机、370kW 涡轮压缩机，涡轮泵及高速内燃机轴 |
| ZSnSb8Cu4 | 7.0 ~ 8.0 | 3.0 ~ 4.0 | 0.35 | 余量 | 24 | 一般大机器轴承及高载荷汽车发动机的双金属轴承 |
| ZSnSb4Cu4 | 4.0 ~ 5.0 | 4.0 ~ 5.0 | 0.35 | 余量 | 20 | 涡轮内燃机的高速轴承及轴承衬 |

锡基轴承合金的主要特点是摩擦系数小，对轴颈的磨损小，基体是塑性好的锑在锡中的固溶体，硬度低，顺应性和镶嵌性好，耐蚀性高，对钢背的黏着性好。它的主要缺点是抗疲劳强度较差，且随着温度升高，机械强度急剧下降，最高运转温度一般应小于110℃。

### 7.6.4 铝基轴承合金

铝基轴承合金密度小、导热性好、抗疲劳强度高、价格低廉，用于高速、高负荷下工作的轴承。

铝基轴承合金按成分不同可分为铝锡系、铝锑系和铝石墨系三类。

**1. 铝锡系铝基轴承合金**

该合金是以铝（60%~95%）和锡（5%~40%）为主要成分的合金，其中以Al-20Sn-1Cu合金最为常用。这种合金的组织是在硬基体（Al）上分布着软质点（Sn）。硬的铝基体可承受较大的负荷，且表面易形成稳定的氧化膜，既有利于防止腐蚀，又可起到减摩耐磨作用。低熔点锡在摩擦过程中易熔化并覆盖在摩擦表面，起到减小摩擦与磨损的作用。铝锡系铝基轴承合金具有抗疲劳强度高，耐热性、耐磨性和耐蚀性均良好等优点，因此被各国广泛采用，尤其适用于高速、重载条件下工作的轴承。

**2. 铝锑系铝基轴承合金**

该合金的化学成分为：$w_{Sb}=4\%$，$w_{Mg}=0.3\%~0.7\%$，其余为 Al。组织为软基体（Al）上分布着硬质点（AlSb），加入镁可提高合金的抗疲劳强度和韧性，并可使针状 AlSb 变为片状。这种合金适用于载荷不超过20MPa、滑动线速度不大于10m/s 的工作条件，可与 08 钢板热轧成双金属轴承使用。

**3. 铝石墨系铝基轴承合金**

铝石墨减摩材料是近年发展起来的一种新型材料。为了提高基体的力学性能，基体可选用铝硅合金（硅的质量分数为6%~8%）。由于石墨在铝中的溶解度很小，且在铸造时易产

生偏析，故需采用特殊铸造办法制造或以镍包石墨粉或铜包石墨粉的形式加入到合金中，合金中适宜的石墨质量分数为 3% ~ 6%。

铝石墨减摩材料的摩擦系数与铝锡系轴承合金相近，由于石墨具有优良的自润滑作用、减振作用及耐高温性能，故该种减摩材料在干摩擦时，具有自润滑的性能，特别是在高温恶劣条件下（工作温度达 250℃），仍具有良好的性能。因此，铝石墨系减摩材料可用来制造活塞和机床主轴的轴瓦。

### 7.6.5　铜基轴承合金

铜基轴承合金的牌号、化学成分及力学性能见表 7-6。

表 7-6　铜基轴承合金的牌号、化学成分及力学性能

| 牌号 | 化学成分（%） | | | | 力学性能 | | | 用途 |
|---|---|---|---|---|---|---|---|---|
| | $w_{Pb}$ | $w_{Sn}$ | $w_{其他}$ | $w_{Cu}$ | $R_m$/MPa | $A$（%） | HBW | |
| ZCuPb30 | 27.0 ~ 33.0 | — | — | 余量 | — | — | 25 | 高速高压下工作的航空发动机、高压柴油机轴承 |
| ZCuPb20Sn5 | 18.0 ~ 23.0 | 4.0 ~ 6.0 | — | 余量 | 150 | 5 ~ 6 | 44 ~ 54 | 高压力轴承，轧钢机轴承，机床、抽水机轴承 |
| ZCuPb15Sn8 | 13.0 ~ 17.0 | 7.0 ~ 9.0 | — | 余量 | 170 ~ 220 | 5 ~ 8 | 60 ~ 65 | 冷轧机轴承 |
| ZCuSn10P1 | — | 9.0 ~ 11.5 | $w_P$: 0.8 ~ 1.1 | 余量 | 220 ~ 330 | 3 ~ 4 | 80 ~ 90 | 高速、高载荷柴油机轴承 |
| ZCuSn5Pb5Zn5 | 4.0 ~ 6.0 | 4.0 ~ 6.0 | $w_{Zn}$: 4.0 ~ 6.0 | 余量 | 200 ~ 250 | 13 | 60 ~ 65 | 中速、中载轴承 |

铅青铜是硬基体软质点类型的轴承合金。同巴氏合金相比，它具有较高的抗疲劳强度和承载能力，优良的耐磨性、导热性和低摩擦系数，能在较高温度（250℃）下正常工作。铅青铜适于制造大载荷、高速度的重要轴承，例如航空发动机、高速柴油机的轴承等。

锡基、铅基轴承合金及不含锡的铅青铜的强度比较低，承受不了太大的压力，所以使用时必须将其镶铸在钢的轴瓦上，形成一层薄而均匀的内衬，做成双金属轴承。含锡的铅青铜由于锡溶于铜中使合金强化，获得高的强度，不必做成双金属，可直接做成轴承或轴套（见图 7-19）使用。由于具有较高的强度，锡青铜也适于制造高速度、高载荷的柴油机轴承。

图 7-19　锡青铜自润滑轴承、轴套

课后能力拓展

案例释疑

**分析：** 国家大剧院中心建筑为半椭球形钢结构壳体，东西长轴 212.2m，南北短轴

模块 7

143.64m，高46.68m，地下最深32.50m，周长超600m。整个壳体表面由18398块钛合金板和1226块超白透明钢化玻璃共同组成，两种材质经巧妙拼接呈现出唯美的曲线，营造出舞台帷幕徐徐拉开的视觉效果。钛的强度大，密度小，硬度大，熔点高，抗腐蚀性很强；高纯度钛具有良好的可塑性，但当有杂质存在时变得脆而硬，钛的比重仅是铁的1/2，却像铜一样经得起锤击和拉延。钛在海中浸5年不锈蚀，钢铁在海水中则会腐蚀变质，用钛合金为船只制造外壳，海水难以腐蚀它。

随着航空工业的发展，飞机的飞行速度越来越快。速度越快，飞机跟空气摩擦产生的飞机表面温度就越高，当速度达到2.2倍声速时，铝合金外壳将不能胜任，而用钢又太重。火箭、人造卫星和宇宙飞船在宇宙航行中，飞行速度要比飞机快得多，并且工作环境变化更大，所以对材料的要求也更高、更严格。神舟六号宇宙飞船从地面到太空，再从太空返回地面的过程中，飞行速度要经历从超低进入超高、从超高到超低的过程，表面温度变化剧烈，飞船进入大气层的时候，外壳表面温度迅速上升到540~650℃。

航天工业中很重视钛这种材料。纯净的钛是银白色的金属，约在1725℃熔化，其主要特点是密度小而强度大，兼有铝和钢的特点。由于钛有很多优点，所以自20世纪50年代以来，一跃成为突出的稀有金属。钛的硬度与钢铁差不多，而它的重量几乎只有同体积钢铁的一半；钛虽然比铝重一点，它的硬度却比铝大两倍。现在，在宇宙火箭和导弹中，大量用钛代替钢铁，极细的钛粉还是火箭的良好燃料。由此，钛被誉为"宇宙金属""空间金属"。人们还用钛制造了超过声速3倍的高速飞机，这种飞机有95%的结构材料是用钛做的。钛合金在550℃以上仍保持良好的力学性能。目前，有人将钛称为"时髦金属"，也有人根据钛在工业上发挥的重要作用及其未来发展趋势，将钛称为第三金属或未来的钢铁。

制造宇宙飞船的材料，必须适应温度的剧烈变化，钛合金能满足这些要求。从1957开始，钛材料大量在宇宙航行中使用，主要用来制造火箭的发动机壳体，以及人造卫星外壳、紧固件、燃料储箱、压力容器等，还有飞船的船舱、骨架、内外蒙皮等。在宇宙航行中，钛的使用可大大减轻飞行器的重量。从经济效果来看，由于结构重量的减轻，能够大量节省燃料，同时可大大降低火箭和导弹的建造和发射费用。

钛在强酸、强碱溶液中可以安然无恙，甚至王水也奈何不得。有人曾把一块钛沉入海底，5年以后取上来发现，上面粘了许多小动物和海底植物，却一点也没有生锈。用钛制造的潜艇，不仅不怕海水，而且能够承受高压，钛潜艇可在深达4500m的深海中航行，而普通潜艇无法承受深海海水的高压。钛在医疗上也有良好应用，在人体骨头损坏的地方，填进钛片和钛螺钉，几个月后，骨头就会重新生长在钛片的小孔和螺钉中，新的肌肉纤维就包在钛片上面，这种"钛骨"可替代真的骨头。

### 📖 拓展阅读 ——"大国工匠"郑志明：把最基础的事情做到极致就是大师

2023年2月28日，党的二十大代表、全国劳动模范、广西汽车集团首席技能专家郑志明，入选2022"大国工匠年度人物"。上台领奖时，郑志明表示，他将牢记习近平总书记参加党的二十大广西代表团讨论时的重要讲话，坚定不移走自主创新发展之路，把创新发展的主动权牢牢掌握在自己手中，按照总书记指明的方向奋勇前进，攻克更多"卡脖子"技术，实现科技自立自强，自主生产出更多更好更有竞争力的产品。

四十多岁的郑志明，年纪并不老，却被同事们称为"老师傅"，主要是因为他的技术水平超过了很多老资历师傅。勤学好问、勇挑重担、技术水平高的"老师傅"，是大家对他的一致评价。

1997年，郑志明进入广西汽车集团，他从钳工学徒干起，每天最早到车间，最后一个下班。由于虚心好学、刻苦钻研，他的技能在日积月累中变得炉火纯青，成为集车、刨、焊、铣等技能于一身的全能型专家、国家级技能大师工作室带头人，并练就了一身绝活，手工锉削平面可将零件尺寸控制在0.003mm以内，手工画线钻孔位置误差能控制在0.05mm以内，达到同工种全国一流水平。

2007年，广西汽车集团生产的大批汽车后桥总成在装车时出现噪声大等问题。郑志明临危受命，接下这块"硬骨头"后，凭着丰富的现场经验和精湛的技术，通过反复模拟试验，找到了问题所在，设计制造出减速器噪声检测设备，成功将减速器噪声由3%降低至0.007%以下。看到这，德国专家也情不自禁地对郑志明竖起了大拇指。2014年，以郑志明名字命名的国家级技能大师工作室正式成立。

时代在快速变革，新技术更是日新月异。在对工艺及设备改造中，郑志明发现公司花大价钱买的不少进口设备虽然"高大上"，但实用性上差了一截。"我们能不能自己来设计制造这些'洋设备'？"郑志明瞄准新技术前沿，从机器人编程、控制技术学起，再到机器人设计制造，经过苦学探索，他硬是啃下了《机器人编程》等十几本书，成为自动化技术方面的"土专家"。在郑志明的带动下，这支近80人的国家级技能大师工作室团队，分工合作、埋头苦干，终于将设备成功研制出来。该设备投入使用后，性能达到了进口设备的同等水平。"郑师傅造的设备就是比公司采购的好使，还省时省力。"一线员工在操作这些设备后赞不绝口。

20多年以来，郑志明带领团队自主研制完成工艺装备933项，交付使用工艺、工程装备1812台套，参与设计制造的涂装、焊接、装配等各类先进的自动化生产线10多条，为企业直接创造经济效益8150.45万元，减少生产一线的操作岗位314个，每年节约人工成本1570万元。

郑志明不仅自己本领强，还把培养人才作为自己的一项重要使命。他悉心教授徒弟，毫无保留地把"独门秘籍"传给他们，每年还免费授课200多课时，先后带出高级技工、高级技师、公司特聘专家等9人。他的徒弟及工作室成员在市级以上技能大赛中屡屡获奖，有90人获得技能大赛名次，其中32人次获得省部级技能大赛名次，11人次获得国家级技能大赛名次。

## 模块小结

（1）金属材料分为黑色金属和有色金属两大类。黑色金属主要指钢和铸铁，而其余金属，如铝、铜、锌、镁、铅、钛、锡等及其合金统称为有色金属。

（2）根据杂质含量的不同，工业纯铜可分为T1、T2和T3三个代号。代号中的"T"为"铜"的汉语拼音首字母，其后的数字表示序号，序号越大，纯度越低。

（3）铜合金分为黄铜、青铜和白铜。在普通机器制造业中，应用较为广泛的是黄铜和青铜。

（4）工业纯铝经常代替贵重的铜合金制作导线，还可配制各种铝合金以及制作要求质轻、导热或耐大气腐蚀但强度要求不高的器具。

（5）纯铝的强度低，不适宜用作结构材料，在纯铝中加入硅、铜、镁、锰、锌等合金元素，形成铝合金，可以显著提高其强度。

（6）钛及钛合金具有优良的综合性能，具有密度小、质量轻、比强度高、耐高温、耐腐蚀以及良好低温韧性等优点，并有很好的低温冲击韧度，是一种理想的轻质结构材料，特别适用于制造航天、航空、造船和化工工业中要求比强度高的器件。

（7）用来制造轴瓦及其内衬的合金，称为轴承合金。常用轴承合金按其主要化学成分可分为铅基、锡基、铝基和铜基等几种。

## 模块考核与评价

1. 什么是有色金属？
2. 简述工业纯铜的应用领域。
3. 说明黄铜和青铜在成分上的区别。
4. 简述工业纯铝的应用领域。
5. 说明钛合金的性能特点及应用。
6. 说明镁合金的性能特点及应用。
7. 课外小调查：对白金、纯银、白铜等不同材质的戒指或首饰进行材质分析。

表 7-7　模块学习过程评价表

| 姓名 | | 专业班级 | | | 学号 | | | 日期 | |
|---|---|---|---|---|---|---|---|---|---|
| 序号 | 评价项目 | 过程性评价观测点 | | 配分 | 自评分 | 小组评分 | 教师评分 | 心得体会 | 不足与改进 |
| 1 | 综合素质评价 | 平时表现 | 1. 学习期间出勤情况<br>2. 遵守课堂纪律情况<br>3. 回答问题、课堂互动等表现情况<br>4. 课堂作业及实践任务完成情况 | 20分 | | | | | |
| | | 素养态度 | 1. 团队合作情况<br>2. 热爱劳动，注重加强动手能力<br>3. 实验工位及学习工位卫生情况<br>4. 节约实验耗材，合理使用材料 | 10分 | | | | | |
| 2 | 综合专业水平评价 | 基本知识 | 1. 认识有色金属<br>2. 选用铜及铜合金、铝及铝合金、钛及钛合金、镁及镁合金<br>3. 选用滑动轴承合金 | 35分 | | | | | |
| | | 实践能力 | 1. 善于理论联系实际，积极关注真实生产，注重提高综合实践能力<br>2. 在实验中能积极主动操作<br>3. 熟悉实验设备操作规范，操作熟练 | 25分 | | | | | |
| 3 | 安全文明生产评价 | | 1. 遵守纪律，听从指导教师指挥<br>2. 掌握操作规程和消防、灭火等安全知识<br>3. 严格遵守安全操作规程、设备使用规范、实验中心规章制度<br>4. 发生重大事故者，本项成绩为0 | 10分 | | | | | |
| 4 | | 合计 | | | | | | | |
| 5 | | 总评等级（画√） | | | □优 □良 □中 □及格 □不及格 | | | | |
| 备忘记录 | | | | | | | | | |

**小贴士**

　　昨天是一张作废的支票，明天是一张期票，而今天则是你惟一拥有的现金——所以应当聪明地把握。

——李昂斯

# 模块8 选用非金属材料及新型材料

## 能力目标

◇ 掌握各类非金属材料的种类、性能特点及应用。
◇ 掌握新型材料的种类、性能特点及应用。

## 素质目标

◇ 各种优良的材料围绕在日常生活周围，我们要热爱生活。
◇ 复合材料、新型材料具有优越的性能，培养创新精神和可持续发展能力。
◇ 材料打上越来越多的"中国制造"，培养自豪感、使命感。

## 课前学习引导

### 思维导图

```
                              ┌── 非金属材料概述
                              │
                              │                ┌── 塑料
                              │                ├── 橡胶
                              ├── 高分子材料 ──┼── 纤维
                              │                ├── 胶粘剂
                              │                └── 涂料
                              │
                              │                    ┌── 陶瓷的分类
 非金属材料及新型材料 ────────┼── 陶瓷材料 ──────┼── 陶瓷的性能特点
                              │                    └── 常用陶瓷的种类及应用
                              │
                              │                ┌── 复合材料的概念
                              │                ├── 复合材料的分类
                              ├── 复合材料 ────┼── 复合材料的性能特点
                              │                └── 常用复合材料
                              │
                              │                ┌── 高温材料
                              │                ├── 形状记忆材料
                              │                ├── 超导材料
                              └── 新型材料 ────┼── 非晶态合金
                                               ├── 功能复合材料
                                               └── 纳米技术材料
```

### 引导案例——记忆功能材料制作的"魔力水车"

中国科技馆有件展品，名叫"魔力水车"（见图 8-1），一个大大的轮子下部浸在温水中，它没有任何动力驱动，却在自动地、永不停息地旋转着。它不烧油、不烧天然气也不用电，而是单靠温水就能工作。你一定会感到很奇怪，为什么它们会无动力自动旋转呢？是永动机吗？如不是，那动力来自何方？它们都是由某神秘合金制作而成的。近几十年来，全世界有几十个实验室默默地，有时甚至是秘密地，对此神秘合金进行研究。

早在19世纪70年代，科学家发现了一种具有"记忆"形状功能的合金。这种"记忆"合金是一种颇为特别的金属条，它极易被弯曲。一根螺旋状高温合金，经过高温退火后，它的形状处于螺旋状态。室温下，即使用很大力气把它强行拉直，但只要把它加热到一定的"变态温度"，这根合金仿佛记起了什么似的，立即恢复到它原来的螺旋形态。

假如用"记忆"合金制作眼镜架，是不是不小心被碰弯曲了后，只要将其放在热水中加热，就可以恢复原状？假如汽车外壳也用"记忆"合金制作，是不是不小心碰瘪了后，只要用电吹风加温就可恢复原状？

以上这些是怎么回事？难道合金也具有类似人类的记忆力？

图 8-1　神奇材料制作的魔力水车

## 课前思考与预习

1. 根据引导案例，进行思考与预习。
2. 你知道哪些非金属材料？列举几种非金属材料制作的产品。
3. 根据思维导图，梳理知识点，扫描二维码资源预习。

## 学习备忘

----------------------------------------
----------------------------------------
----------------------------------------
----------------------------------------
----------------------------------------

## 单元 8.1　认识非金属材料

长期以来，在机械工程中主要使用的金属材料，主要是钢铁材料。但是随着生产的发展和科学技术的进步，金属材料已不能完全满足各种零件的要求，非金属材料正越来越多地应用于各类工程结构中，并且取得了巨大的技术及经济效益。

非金属材料是指除金属材料以外的其他一切材料的总称，主要包括高分子材料、陶瓷、复合材料及新型材料等。

非金属材料具有金属材料所不及的一些特异性能，如塑料的质轻、绝缘、耐磨、隔热、美观、耐腐蚀、易成形；橡胶的高弹性、吸振、耐磨、绝缘等；陶瓷的高硬度、耐高温、耐腐蚀等。非金属材料来源广泛，自然资源丰富，成形工艺简便，故在生产中得到广泛应用，在某些生产领域中已成为不可取代的材料。由几种不同材料复合而成的复合材料，不仅保留了各自优点，而且能得到单一材料无法比拟的、优越的综合性能，成为一类很有发展前途的新型工程材料。

## 单元8.2　选用分析高分子材料

由相对分子质量很大（一般 1000 以上）的有机化合物为主要组成部分组成的材料，称为高分子材料。高分子材料主要有塑料、橡胶、纤维、胶粘剂和涂料等。

### 8.2.1　塑料

塑料是以合成树脂为主要成分，加入各种添加剂，在加工过程中能塑制成型的有机高分子材料。其具有质轻、绝缘、减摩、耐蚀、消声、吸振、价廉和美观等优点，已成为人们日常生活中不可缺少的材料之一，并且越来越多地应用于各工业部门及各类工程结构中。

**1. 塑料的分类**

（1）按使用范围分类　分为通用塑料和工程塑料。

通用塑料产量大，用途广，价格低廉，主要指通用性强的聚乙烯、聚氯乙烯、聚苯乙烯、聚丙烯、酚醛塑料和氨基塑料 6 大品种，占塑料总产量的 3/4 以上。

工程塑料力学性能比较好，可以代替金属在工程结构和机械设备中应用，通常具有较高的强度、刚度和韧性，而且耐热、耐辐射、耐蚀性以及尺寸稳定性能好。常用的工程塑料有聚酰胺（尼龙）、聚甲醛、酚醛塑料、有机玻璃和 ABS 等。典型的工程塑料产品如图 8-2 所示。

图 8-2　典型的工程塑料产品

（2）按受热性能分类　分为热塑性塑料和热固性塑料，热塑性塑料和热固性塑料的热性能及常用品种见表 8-1。

197

表 8-1　热塑性塑料和热固性塑料的热性能及常用品种

| 类别 | 热性能 | 常用塑料及代号 |
|---|---|---|
| 热塑性塑料 | 能溶于有机溶剂，加热可软化，易于加工成型，并能反复塑化成型，一般耐热性较差 | 聚氯乙烯（PVC）、聚乙烯（PE）、聚酰胺（PA）、聚甲醛（POM）、聚碳酸酯（PC）、聚丙烯（PP）、聚苯乙烯（PS）、聚四氟乙烯（PTFE，F-4）、聚砜（PSF）、聚甲基丙烯酸甲酯（PMMA）、苯乙烯-丁二烯-丙烯腈共聚体（ABS） |
| 热固性塑料 | 固化后重新加热不再软化和熔融，也不溶于有机溶剂，不能再成型使用，耐热性较好 | 酚醛塑料（PF）、氨基塑料（UF）、有机硅塑料（SI）、环氧树脂（EP）、聚氨酯塑料（PUR） |

**2. 塑料的性能**

（1）密度小、比强度高　塑料的相对密度一般为 0.83～2.2，仅为钢铁材料的 1/8～1/4，铝的 1/2，对于需要全面减轻结构自重的车辆、船舶、飞机及宇航器等都具有重要的意义。

（2）化学稳定性高　塑料对酸、碱和有机溶剂均有良好的耐蚀性。特别是号称"塑料王"的聚四氟乙烯，除能与熔融的碱金属作用外，对各种酸、碱均有良好的耐蚀性，甚至使黄金都能溶解的"王水"也不能将其腐蚀。因此，塑料在腐蚀条件下和化工设备中被广泛应用。

（3）绝缘性能好　在高分子塑料的分子链中，因其化学键是共价键，不能电离，故没有自由电子和可移动的离子，所以塑料是不良导体。由于分子链细长、卷曲，在受声、热之后振动困难，故对声、热也有良好的绝缘性能。广泛用于电机、电器和电子工业作为绝缘材料。

（4）减摩性好　大部分塑料的摩擦系数都较小，具有良好的减摩性。用塑料制成的轴承、齿轮、凸轮、活塞环等摩擦零件，可以在各种液体、半干摩擦和干摩擦条件下有效地工作。

（5）减振、消声、耐磨性好　用塑料制作传动件、摩擦零件，可以吸收振动，降低噪声，而且耐磨性好。

（6）生产率高、成本低　塑料制品可以一次成型，生产周期短，比较容易实现自动化或半自动化生产，加上其原料来源广泛，故价格低廉。

（7）塑料的缺点　强度比一般金属要低，耐热性差（一般仅能在 100℃ 以下长期工作，少数能在 200℃ 左右温度下工作），热膨胀系数很大（约为金属的 10 倍），导热性很差，易老化，易燃烧等。

**3. 常用塑料简介**

在塑料的通用品种中，聚乙烯、聚苯乙烯、聚氯乙烯、聚丙烯四大品种的总产量在亿吨左右。其他还有：透光性好的有机玻璃，称为"塑料王"的耐腐蚀塑料聚四氟乙烯，作为工程塑料的聚砜、聚碳酸酯、聚甲醛、聚酰亚胺和常用作泡沫塑料的聚氨酯等。常用塑料的特性及应用见表 8-2。

表 8-2　常用塑料的特性及应用

| 塑料名称 | 特性 | 应用举例 |
|---|---|---|
| 聚氯乙烯（PVC） | 硬聚氯乙烯强度高，绝缘性、耐蚀性好，但耐热性差，使用温度为 -10～55℃ | 可部分代替不锈钢、铜、铝等金属材料制作耐腐蚀设备及零件，可用来制作灯头、插座、开关、阀门管件等 |
| | 软质聚氯乙烯强度低，断后伸长率大，易老化，绝缘性、耐蚀性好；泡沫聚氯乙烯密度低、隔热、隔声、防振 | 可用于制作工农业用包装薄膜、电线绝缘层、人造革、密封件衬套垫。因为有毒，不能用于食品和药品包装；泡沫聚氯乙烯可用来制作衬垫 |

（续）

| 塑料名称 | 特性 | 应用举例 |
|---|---|---|
| 聚乙烯（PE） | 低压聚乙烯强度、硬度较高，耐蚀性、绝缘性好 | 减摩自润滑零件，轻载齿轮、轴承等；耐腐蚀设备的零件；电气绝缘材料，如高频、水底和一般电缆的包皮等；茶杯、奶瓶等 |
| | 高压聚乙烯柔软性好（在 −70℃时仍柔软），断后伸长率、韧性、透明性好，摩擦系数低（为 0.21） | 可用于制作薄膜、软管、塑料瓶，包覆电缆，食品和药品的包装 |
| 聚丙烯（PP） | 是最轻的塑料之一，刚性好，耐热性好，可在100℃以上的高温使用，化学稳定性好，几乎不吸水，高频电性能好，易成型，低温呈脆性，耐磨性不高 | 耐腐蚀的化工设备及零件、受热的电气绝缘零件，电视机、收音机等家用电器外壳，一般用途的齿轮、管道及接头等 |
| 聚苯乙烯（PS） | 有较好的韧性，优良的透明度（和有机玻璃相似），化学稳定性较好，易成型 | 透明结构零件，如汽车用各种灯罩、电气零件、仪表零件、浸油式多点切换开关、电池外壳等 |
| 苯乙烯-丁二烯-丙烯腈共聚体(ABS) | 具有良好的综合性能，即高的冲击韧度和良好的强度；优良的耐热性、耐油性能；尺寸稳定，易成型，表面可镀金属；电性能良好 | 一般结构或耐磨受力零件，如齿轮、轴承等；耐腐蚀设备和零件；ABS 制成的泡沫夹层板可用来制作轿车车身；文教体育用品、乐器、家具、包装容器及装饰件 |
| 聚酰胺（尼龙，PA） | 尼龙 6：疲劳极限、刚性和耐热性不及尼龙 66，但弹性好，有较好的消振和消声性，其余同尼龙 66 | 轻载荷、中等温度（80~100℃）、无润滑或少润滑、要求低噪声条件下工作的耐磨受力零件 |
| | 尼龙 66：疲劳强度和刚性较高，耐热性较好，耐磨性好，摩擦系数低，但吸湿大，尺寸不够稳定 | 适于中等载荷、使用温度为 100~120℃、无润滑或少润滑条件下工作的耐磨受力传动件 |
| | 尼龙 610：强度、刚性、耐热性略低于尼龙 66，但吸湿性小，耐磨性好 | 作用同尼龙 6，如制作要求比较精密的齿轮，并适合于湿度波动较大条件下工作的零件 |
| 聚碳酸酯（PC） | 力学性能优异，尤其具有优良的抗冲击性，尺寸稳定性好，耐热性高于尼龙、聚甲醛，长期工作温度可达 130℃，疲劳极限低，易产生应力开裂，耐磨性欠佳，透光率达 89%，接近有机玻璃 | 支架、壳体、垫片等一般结构零件；也可用来制作耐热透明结构零件，如防爆灯、防护玻璃等；各种仪器、仪表的精密零件；高压蒸煮消毒医疗器械 |
| 聚甲醛（POM） | 耐疲劳极限和刚度高于尼龙，尤其弹性模量高，硬度高，这是其他塑料所不能比的，自润滑性好，耐磨性好，吸水和蠕变较小，尺寸稳定性好，长期使用温度为 −40~100℃ | 用于制作对强度有一定要求的一般结构零件；轻载荷、无润滑或少润滑的各种耐磨、受力传动零件；减摩和自润滑零件，如轴承、滚轮、齿轮、化工容器、仪表外壳、表盘等 |
| 聚四氟乙烯（F-4，塑料王）（PTFE） | 具有高的化学稳定性，只有对熔融状态下的碱金属及高温下的氟元素才不耐腐蚀；有异常好的润滑性，摩擦系数极低，对金属的摩擦系数只有 0.07~0.14；可在 260℃长期使用，也可在 −250℃的低温下使用；电绝缘性优良，耐老化；但强度低，刚性差，制造工艺较麻烦 | 耐腐蚀化工设备及其衬里与零件，如反应器、管道；减摩自润滑零件，如轴承、活塞销、密封圈等；电绝缘材料及零件，如高频电缆、电容线圈架等 |
| 聚砜（PSF） | 耐高温和耐低温，可在 −100~150℃下长期使用，化学稳定性好，电绝缘和热绝缘性能好，用 F-4 填充后可制作摩擦零件 | 适宜于高温下工作的耐磨受力零件（如汽车分速器盖、齿轮、真空泵叶片、仪表壳体、汽车护板等）及电绝缘零件 |

（续）

| 塑料名称 | 特性 | 应用举例 |
|---|---|---|
| 聚甲基丙烯酸甲酯（有机玻璃,PMMA） | 有极好的透光性（可透过92%的太阳光，紫外线光达73.5%）；综合性能超过聚苯乙烯等一般塑料，机械强度较高，有一定的耐热性、耐寒性；耐蚀性和耐绝缘性良好；尺寸稳定，易于成型；较脆，表面硬度不高 | 可用于制作要求有一定强度的透明零件、透明模型、装饰品、广告牌、飞机窗、灯罩、油标及油杯等 |
| 聚氨酯塑料（PUR） | 柔韧、耐油、耐磨，耐氧、耐臭氧、耐辐射及许多化学药品的腐蚀，泡沫聚氨酯塑料弹性及隔热性优良 | 用于制作密封件、传动带；泡沫聚氨酯塑料用于隔热、隔声及吸振材料，实心轮胎、汽车零件 |
| 酚醛塑料（电木，PF） | 高强度、硬度，耐热性好（在140℃以下使用），绝缘、化学稳定性好，耐冲击、耐酸、耐水、耐霉菌，加工性能差 | 一般机械零件，水润滑轴承，电绝缘件，耐化学腐蚀的结构材料和衬里材料，电器绝缘板，绝缘齿轮，耐酸泵，制动片，整流罩 |
| 环氧树脂（EP） | 强度高，电绝缘性好，化学稳定性好，耐有机溶剂，防潮、防霉，耐热、耐寒，对许多材料黏着力强，成型方便 | 塑料模具、精密量具、电气和电子元件的灌封与固定及修复机件 |
| 氨基塑料（电玉，UF） | 力学性能、耐热性、绝缘性能接近酚醛塑料。半透明如玉，颜色鲜艳，耐水性差，在80℃下长期使用 | 机械零件、电绝缘材料、装饰件，如开关、插座、把手、旋钮、仪表外壳等 |
| 有机硅塑料（SI） | 电绝缘性好、高电阻、高频绝缘性好、耐热（可在180~200℃长期使用）、防潮、耐辐射、耐臭氧、耐低温 | 浇注料用于电气和电子元器件的灌封与固定；塑料粉可压制耐热件、绝缘件 |

**知识链接**：目前市面上的不粘锅（见图8-3）的涂层材料主要有两种：一类是含氟聚合物，如"特氟龙"；另一类是硅氧聚合物，比如陶瓷涂层材料，但不粘效果较差。

商家宣称不粘性特别好的锅，不论以什么形式出现，不论哪个国家生产，不论如何命名涂层材料，都是营销噱头，其涂层主要材料都是聚四氟乙烯（PTFE），一般称"不粘涂层"或"易清洁物料"。根据国家强制性标准规定，以聚四氟乙烯为主要原料，配以一定抗氧化剂和稳定剂用以提高耐高温性，构成含氟聚合物，涂覆于铝材、铁板等金属表面，经高温烧结，作为接触非酸性食品容器的防粘涂料。

图8-3　常见的不粘锅

涂层本身无毒性，符合国家标准的不粘锅可在260℃以下长时间使用，超过此温度会分解出有毒物质，日常烹饪时，即使爆炒温度也不过190~240℃，使用不粘锅是安全的，传言不粘锅有毒不可信。但涂料脱落大量误食，胃肠道较敏感的人可能会出现胃肠道不适症状，有症状时需尽快就医。

## 8.2.2　橡胶

橡胶是具有高弹性的高分子材料，在较小的载荷下就能产生很大的变形，当载荷去除后又能很快恢复原状，是常用的弹塑性材料、密封材料、传动材料、防振和减振材料。

**1. 橡胶的分类**

（1）按来源不同分类　可分为天然橡胶与合成橡胶。天然橡胶是橡胶树的液状乳汁经采集和适当加工而成的，天然橡胶的主要化学成分是聚异戊二烯；合成橡胶主要成分是合成高分子物质，其品种较多，丁苯橡胶和顺丁橡胶是较常用的合成橡胶。

（2）按用途分类　可分为通用橡胶和特种橡胶。通用橡胶的用量一般较大，主要用于制作轮胎、输送带、胶管和胶板等，主要品种有丁苯橡胶、氯丁橡胶、乙丙橡胶等；特种橡胶主要用于高温、低温、酸、碱、油和辐射介质条件下的橡胶制品，主要有丁腈橡胶、硅橡胶和氟橡胶等。

**2. 橡胶的组成**

橡胶制品是以生胶为基础，并加入适量的配合剂和增强材料制成的。

（1）生胶　是未加配合剂的天然或合成橡胶，是橡胶制品的主要成分，生胶不仅决定了橡胶的性能，还能把各种配合剂和增强材料粘成一体。不同的生胶可制成不同性能的橡胶制品。

（2）配合剂　作用是提高橡胶制品的使用性能和工艺性能。配合剂的种类很多，一般有硫化剂、硫化促进剂、增塑剂、防老化剂和填充剂等。

1）硫化剂的作用是使橡胶变得富有弹性，目前生产中多采用硫磺作为硫化剂。

2）硫化促进剂的主要作用是促进硫化，缩短硫化时间并降低硫化温度。常用的硫化促进剂有 $MgO$、$ZnO$ 和 $CaO$ 等。

3）增塑剂的主要作用是提高橡胶的塑性，使之易于加工和与各种配料混合，并降低橡胶的硬度、提高耐寒性等，常用的增塑剂主要有硬脂酸、精制蜡和凡士林等。

4）防老化剂可防止橡胶制品在受光、热等介质的作用时变硬、变脆，延长使用寿命，主要靠加入石蜡、蜜蜡或其他比橡胶更易氧化的物质，在橡胶表面形成稳定的氧化膜，抵抗氧的侵蚀。

5）填充剂的作用是提高橡胶的强度和降低成本，常用的有炭黑、$MgO$、$ZnO$ 和 $CaO$ 等。

（3）增强材料　其作用是提高橡胶的力学性能，如强度、硬度、耐磨性和刚性等。常用的增强材料是各种纤维织物、金属丝及编织物。如在传送带、胶管中加入帆布、细布，在轮胎中加入帘布，在胶管中加入钢线等。

**3. 橡胶的性能**

1）极好的弹性。橡胶的主要成分是具有高弹性的高分子物质，受到较小的外力作用就能产生很大的变形（变形量在 100% ~1000%），取消外力后又能恢复原状。

2）具有可挠性高、断后伸长率大、耐磨性好、电绝缘性好、耐蚀性好、隔声、吸振以及与其他物质易于粘结等优点。

**4. 常用橡胶及其应用**

在机械工业中，橡胶主要用于以下产品的制造：

1）轮胎、动静密封元件，如旋转轴密封及管道接口密封。

2）各种胶管，如用于输送水、油、气、酸及碱等的管路。

3）减振、防振件，如机座减振垫片、汽车底盘橡胶弹簧。

4）传动件，如 V 带及传动滚子。

5）运输胶带。

6）电线、电缆和电工绝缘材料。

7）制动件等。

通用橡胶价格较低，用量较大，其中丁苯橡胶是产量和用量最大的品种，占橡胶总产量的 60%~70%，顺丁橡胶的发展最快；特种橡胶的价格较高，主要用于要求耐寒、耐热、耐腐蚀等场合。常用橡胶的特性及应用见表 8-3。

表 8-3　常用橡胶的特性及应用

| 类别 | 品种 | 抗拉强度 $R_m/(10^5 Pa)$ | 使用温度 $T/℃$ | 性能特点 | 应用 |
|---|---|---|---|---|---|
| 通用橡胶 | 天然橡胶（NR） | 25~30 | -50~120 | 高弹性、耐低温、耐磨、绝缘、防振、易加工。不耐氧、不耐油、不耐高温 | 通用制品，轮胎、胶带及胶管等 |
| | 丁苯橡胶（SBR） | 15~20 | -50~140 | 耐磨性突出，耐油、耐老化。但不耐寒、加工性较差、自粘性差、不耐屈挠 | 通用制品，轮胎、胶板、胶布及各种硬质橡胶制品 |
| | 顺丁橡胶（BR） | 18~25 | -73~120 | 弹性和耐磨性突出，耐寒性较好，易与金属粘合。但加工性差、自粘性和抗撕裂性差 | 轮胎、耐寒胶带、橡胶弹簧、减振器及电绝缘制品 |
| | 氯丁橡胶（CR） | 25~27 | -35~130 | 耐油、耐氧、耐臭氧性，良好的阻燃性和耐热性。但电绝缘性、加工性较差 | 耐油、耐蚀胶管，运输带，各种垫圈，油封衬里，胶粘剂，汽车门窗嵌件 |
| 特种橡胶 | 丁腈橡胶（NBR） | 15~30 | -35~175 | 耐油性突出，耐溶剂、耐热、耐老化、耐磨性均超过一般通用橡胶，气密性、耐水性良好，但耐寒性、耐臭氧性、加工性均较差 | 输油管、耐油密封垫圈、耐热及减振零件、汽车配件 |
| | 聚氨酯橡胶（UR） | 20~35 | 80 | 耐磨性高于其他橡胶，耐油性良好，强度高。但耐碱、耐水、耐热性均较差 | 胶辊、实心轮胎、同步带及耐磨制品 |
| | 硅橡胶 | 4~10 | -70~275 | 耐高温、耐低温性突出，耐臭氧、耐老化、电绝缘、耐水性优良，无味无毒，强度低、不耐油 | 各种管接头，高温使用的垫圈、衬垫、密封件，耐高温的电线及电缆包皮 |
| | 氟橡胶（FPM） | 20~22 | -50~300 | 耐蚀性突出，耐酸、碱、强氧化剂能力高于其他橡胶。但价格贵，耐寒性及加工性较差 | 化工容器衬里，发动机耐油、耐热制品，高级密封圈，高真空橡胶件 |

**5. 橡胶的维护保养**

为保持橡胶的高弹性，延长其使用寿命，在橡胶的储存、使用和保管过程中要注意以下问题：

1）光、氧、热及重复的屈挠作用，都会损害橡胶的弹性，应注意防护。

2）橡胶中如含有少量变价金属（铜、铁、锰）的盐类，都会加速其老化，应根据需要选用合适的橡胶配方。

3）不使用时，尽可能使橡胶件处于松弛状态。

4）运输和储存过程中，应避免日晒雨淋，保持干燥清洁，不要与酸、碱、汽油及有机溶剂等物质接触，远离热源。

5）橡胶件如断裂，可用室温硫化胶浆胶结。

### 8.2.3　纤维

纤维是指长度比其直径大 100 倍、均匀条状或丝状的高分子材料。

**1. 纤维的分类**

纤维包括天然纤维和化学纤维。其中，化学纤维又分为人造纤维和合成纤维。人造纤维是用自然界的纤维加工制成的，如称为"人造丝"、"人造棉"的粘胶纤维、硝化纤维和醋酸纤维等。合成纤维以石油、煤、天然气为原料制成，发展很快。

**2. 常用合成纤维**

合成纤维主要分为 6 大类，主要合成纤维的性能与用途见表 8-4、合成纤维典型应用如图 8-4 所示。

表 8-4　主要合成纤维的性能与用途

| 化学名称 | | 聚酯纤维 | 聚酰胺纤维 | 聚丙烯腈 | 聚乙烯醇缩醛 | 聚丙烯 | 聚氯乙烯 |
|---|---|---|---|---|---|---|---|
| 商品名称 | | 涤纶（的确良） | 锦纶（尼龙） | 腈纶（人造毛） | 维纶 | 丙纶 | 氯纶 |
| 强度 | 干态 | 优 | 优 | 中 | 优 | 优 | 中 |
| | 湿态 | 优 | 中 | 中 | 中 | 优 | 中 |
| 密度/(g/cm³) | | 1.38 | 1.14 | 1.14~1.17 | 1.26~1.3 | 0.91 | 1.39 |
| 商品名称 | | 涤纶（的确良） | 锦纶（尼龙） | 腈纶（人造毛） | 维纶 | 丙纶 | 氯纶 |
| 吸湿率 | | 0.4~0.5 | 3.5~5 | 1.2~2.0 | 4.5~5 | 0 | 0 |
| 软化温度/℃ | | 238~240 | 180 | 190~230 | 220~230 | 140~150 | 60~90 |
| 耐磨性 | | 优 | 最优 | 差 | 优 | 优 | 中 |
| 耐光性 | | 优 | 差 | 最优 | 优 | 差 | 中 |
| 耐酸性 | | 优 | 中 | 优 | 中 | 中 | 优 |
| 耐碱性 | | 中 | 优 | 优 | 优 | 优 | 优 |
| 特点 | | 挺括不皱，耐冲击，耐疲劳 | 结实耐磨 | 蓬松耐晒 | 成本低 | 轻，坚固 | 耐磨，不易燃 |
| 主要用途 | | 渔网、高级帘子布、缆绳及帆布 | 渔网、工业帘子、降落伞及运输带 | 制作碳纤维及石墨纤维原料 | 工业帆布、过滤网、渔具及缆绳等 | 军用绳索、渔网、水龙带及合成纸等 | 导火索皮、劳保用品及帐篷等 |

涤纶衣服　　涤纶背包　　尼龙绳　　尼龙丝袜　　尼龙网

腈纶面料　　腈纶毛衣　　维纶拖布　　丙纶防水布　　氯纶面料

图 8-4　合成纤维典型应用

（1）涤纶　俗称的确良，高强度、耐磨、耐蚀、易洗快干，是很好的衣料。

（2）尼龙　在我国称为锦纶，强度大、耐磨性好、弹性好，主要缺点是耐光性差。

（3）腈纶　在国外称为奥纶、开司米纶，其质地柔软、轻盈，保暖好，有人造毛之称。

（4）维纶　原料易得，成本低，性能与棉花相似且强度高，但弹性较差，织物易起皱。

（5）丙纶　发展很快，纤维以轻、牢、耐磨著称，缺点是可染性差，日晒易老化。

（6）氯纶　难燃、保暖、耐晒、耐磨，弹性也好，由于染色性差、热收缩大，限制了应用。

## 8.2.4　胶粘剂

胶粘剂统称为胶，以黏性物质为基础，并加入各种添加剂组成。

**1. 胶粘剂的特性**

胶粘剂可将各种零件、构件牢固地胶接在一起，有时可部分代替铆接或焊接等工艺。由于胶粘工艺操作简便，接头处应力分布均匀，接头的密封性、绝缘性和耐蚀性较好，且可连接各种材料，所以在工程中应用日益广泛。

**2. 胶粘剂的分类**

胶粘剂分为天然胶粘剂和合成胶粘剂两种，糨糊、虫胶和骨胶等属于天然胶粘剂，而环氧树脂、氯丁橡胶等属于合成胶粘剂。通常，人工合成树脂型胶粘剂由粘剂（如酚醛树脂、聚苯乙烯等）、固化剂、填料及各种附加剂（增韧剂、抗氧剂等）组成。

**3. 胶粘剂的使用**

胶粘剂不同，形成胶接接头的方法不同。有的接头在一定温度和时间条件下由固化形成；有的加热胶接，冷凝后形成接头；有的需先溶入易挥发溶液中，胶接后溶剂挥发形成接头。

不同材料也要选用不同的胶粘剂，两种不同材料胶接时，可选用两种材料共同适用的胶粘剂。此外，正确设计胶接接头，是获得高质量接头的关键。接头的形状和尺寸是否合理，以能否获得合理的应力分布为判断原则。胶接的操作工艺（表面处理、涂胶、固化等）必须严格按有关规程实施，这也是获得高质量接头的重要条件。

## 8.2.5　涂料

涂料就是通常所说的油漆，是有机高分子胶体混合溶液，涂在物体表面上能干结成膜。

**1. 涂料的功能**

涂料主要有三大基本功能：

（1）保护功能　起着避免外力碰伤、摩擦，防止腐蚀的作用。

（2）装饰功能　起着使制品表面光亮美观的作用。

（3）特殊功能　可作为标志使用，如管道、气瓶和交通标志牌等。

**2. 涂料的组成**

涂料由黏结剂、颜料、溶剂和其他辅助材料组成。其中，黏结剂是主要的膜物质，一般采用合成树脂作为黏结剂，其决定了膜与基体层粘接的牢固程度；颜料也是涂膜的组成部分，它不仅使涂料着色，而且能提高涂膜的强度、耐磨性、耐久性和防锈能力；溶剂是涂料的稀释剂，其作用是稀释涂料，以便于施工，涂料干结后溶剂挥发掉；辅助材料通常有催干剂、增塑剂、固化剂和稳定剂等。

**3. 常用涂料**

酚醛树脂涂料是应用最早的合成涂料，有清漆、绝缘漆、耐酸漆和地板漆等。

氨基树脂涂料的涂膜光亮、坚硬，广泛用于电风扇、缝纫机、化工仪表、医疗器械和玩具等各种金属制品。

醇酸树脂涂料涂膜光亮，保光性强，耐久性好，广泛用于金属和木材的表面涂饰。

环氧树脂涂料的附着力强，耐久性好，适于用作金属底漆，也是良好的绝缘涂料。

聚氨酯涂料的综合性能好，特别是耐磨性和耐蚀性好，适用于列车、地板、舰船甲板、纺织用的纱管以及飞机外壳（见图 8-5）等。

有机硅涂料耐高温性能好，耐大气腐蚀、耐老化，适于在高温环境下使用。

图 8-5　我国自主研发的 C919 大飞机

## 单元 8.3　选用分析陶瓷材料

陶瓷具有高熔点、高硬度、高耐磨性及耐氧化等优点，可用作结构材料、刀具材料，由于陶瓷还具有某些特殊性能，故还可作为功能材料。

### 8.3.1　陶瓷的分类

#### 1. 普通陶瓷

普通陶瓷采用天然的硅酸盐矿物原料（如长石、黏土和石英等）烧结而成，主要组成元素是硅、铝、氧，普通陶瓷来源丰富、成本低、工艺成熟。此类陶瓷按性能特征和用途又可分为日用陶瓷、建筑陶瓷、电绝缘陶瓷和化工陶瓷等。

选用陶瓷材料

#### 2. 特种陶瓷

特种陶瓷采用高纯度人工合成的原料，利用精密控制工艺成形烧结制成，一般具有某些特殊性能，以适应各种需要。根据其主要成分不同，分为氧化物陶瓷、氮化物陶瓷、碳化物陶瓷和金属陶瓷等。特种陶瓷具有特殊的力学、热、电、化学、光学、磁、声等性能。

### 8.3.2　陶瓷的性能特点

#### 1. 力学性能

与金属比较，陶瓷刚度大，硬度非常高，抗压强度较高，但抗拉强度较低，塑性和韧性很差。

#### 2. 热性能

陶瓷材料熔点高（大多在 2000℃ 以上），在高温下具有极好的化学稳定性；陶瓷的导热性低于金属材料，是良好的隔热材料。温度变化时，陶瓷具有良好的尺寸稳定性。

#### 3. 电性能

大多数陶瓷具有良好的电绝缘性，大量用于制作各种电压（1～110kV）的绝缘器件。铁电陶瓷（钛酸钡 $BaTiO_3$）具有较高的介电常数，可用于制作电容器，铁电陶瓷在外电场作用下，还能改变形状，将电能转换为机械能（具有压电材料的特性），可用于扩音机、电唱机、超声波仪、声呐和医疗用声谱仪等。少数陶瓷还具有半导体的特性，可制作整流器。

#### 4. 化学性能

陶瓷在高温下不易氧化，并对酸、碱、盐具有良好的耐蚀性。

**5. 光学性能**

陶瓷还可用作固体激光器材料、光导纤维材料和光储存器等，透明陶瓷可用于高压钠灯管。磁性陶瓷（铁氧体，如 $MgFe_2O_4$、$CuFe_2O_4$、$Fe_3O_4$）在录音磁带、唱片、变压器铁心及大型计算机记忆元件方面有着广泛的应用。

### 8.3.3 常用陶瓷的种类及应用

**1. 普通陶瓷**

质地坚硬，绝缘性、耐蚀性、工艺性都好，可耐 1200℃ 高温，成本低廉。使用温度一般为 $-15 \sim 100℃$，冷热骤变温差不大于 50℃，抗拉强度低，脆性大。除用作日用陶瓷外，工业上主要用作绝缘的电瓷和对酸碱有耐蚀性的化学瓷，有时也可用作承载较低的结构零件用瓷。

**2. 氧化铝陶瓷**

氧化铝陶瓷的主要组成物为 $Al_2O_3$，一般质量分数大于 45%。氧化铝陶瓷具有各种优良的性能，耐高温，可在 1600℃ 长期使用，耐腐蚀，高强度，强度为普通陶瓷的 $2 \sim 3$ 倍，高者可达 $5 \sim 6$ 倍。

氧化铝陶瓷的缺点是脆性大，不能承受环境温度的突然变化。可用来制作坩埚、发动机火花塞、高温耐火材料、热电偶套管和密封环等，也可用来制作刀具和模具。

**3. 氮化硅陶瓷**

氮化硅陶瓷的主要组成物是 $Si_3N_4$，这是一种高温强度高、高硬度、耐磨、耐腐蚀并能自润滑的高温陶瓷，线膨胀系数在各种陶瓷中最小，使用温度高达 1400℃，具有极好的耐蚀性，除氢氟酸外，能耐其他各种酸的腐蚀，并能耐碱和各种金属的腐蚀，还具有优良的电绝缘性和耐辐射性。可用来制作高温轴承、在腐蚀介质中使用的密封环、热电偶套管，也可用来制作金属切削刀具。

**4. 碳化硅陶瓷**

碳化硅陶瓷主要组成物是 SiC，这是一种高强度、高硬度的耐高温陶瓷，在 $1200 \sim 1400℃$ 使用仍能保持高的抗弯强度，是目前高温强度最高的陶瓷。碳化硅陶瓷还具有良好的导热性、抗氧化性、导电性和高的冲击韧度，是良好的高温结构材料，可用于制作火箭尾喷管喷嘴、热电偶套管、炉管等高温下工作的部件；可利用其导热性可制作高温下的热交换器材料；可利用其高硬度和耐磨性制作砂轮、磨料等。

**5. 立方氮化硼（CBN）陶瓷**

立方氮化硼陶瓷是一种切削工具陶瓷，硬度高，仅次于金刚石，热稳定性和化学稳定性比金刚石好。可制成刀具（见图 8-6）、磨具和拉丝模等，用于淬火钢、耐磨铸铁、热喷涂材料和镍等难加工材料的切削加工。

a) 碳化硅陶瓷砂轮　　　　　　b) 立方氮化硼刀片

**图 8-6　陶瓷典型应用**

**6. 功能陶瓷**

功能陶瓷通常具有特殊的物理性能，常用功能陶瓷的组成、特性及应用见表 8-5。

表 8-5　常用功能陶瓷的组成、特性及用途

| 种类 | 性能特征 | 主要组成 | 用途 |
|---|---|---|---|
| 介电陶瓷 | 绝缘性 | $Al_2O_3$、$Mg_2SiO_4$ | 集成电路基板 |
| | 热电性 | $PbTiO_3$、$BaTiO_3$ | 热敏电阻 |
| | 压电性 | $PbTiO_3$、$LiNbO_3$ | 振荡器 |
| | 强介电性 | $BaTiO_3$ | 电容器 |
| 光学陶瓷 | 荧光、发光性 | $Al_2O_3CrNd$ 玻璃 | 激光 |
| | 红外透过性 | $CaAs$、$CdTe$ | 红外线窗口 |
| | 高透明度 | $SiO_2$ | 光导纤维 |
| | 电发色效应 | $WO_3$ | 显示器 |
| 磁性陶瓷 | 软磁性 | $ZnFe_2O_4$、$\gamma\text{-}Fe_2O_3$ | 磁带、各种高频磁心 |
| | 硬磁性 | $SrO$、$Fe_2O_3$ | 电声器件、仪表及控制器件的磁心 |
| 半导体陶瓷 | 光电效应 | $CdS$、$Ca_2Si$ | 太阳电池 |
| | 阻抗温度变化效应 | $VO_2$、$NiO$ | 温度传感器 |
| | 热电子放射效应 | $LaB_6$、$BaO$ | 热阴极 |

## 单元 8.4　选用分析复合材料

### 8.4.1　复合材料的概念

复合材料是由两种或两种以上不同化学性质或不同组织结构的材料经人工组合而成的合成材料。复合材料通常具有多相结构，其中一类组成物（或相）为基体，起粘结作用，另一类组成物为增强相，起提高强度和韧性的作用。

自然界中，许多物质都可称为复合材料，如树木由纤维素和木质素复合而成，纤维素抗拉强度大，比较柔软，木质素则将众多纤维素粘结成刚性体；动物的骨骼是由硬而脆的无机磷酸盐和软而韧的蛋白质骨胶组成的复合材料。人们早就利用复合原理，在生产中创造了许多人工复合材料，如混凝土是由水泥、砂子和石头组成的复合材料，轮胎是纤维和橡胶的复合体等。

复合材料既保持了各组分材料的性能特点，同时通过叠加效应，使各组分之间取长补短，相互协同，形成优于原材料的特性，取得多种优异性能，这是任何单一材料所无法比拟的。例如，玻璃和树脂的强度和韧性都很低，可是由它们组成的复合材料（玻璃钢）却具有很高的强度和韧性，而且质量小。

### 8.4.2　复合材料的分类

**1. 按基体类型分类**

（1）金属基复合材料　如纤维增强金属和铝聚乙烯复合薄膜等。

（2）高分子基复合材料　如纤维增强塑料、碳碳复合材料和合成皮革等。

（3）陶瓷基复合材料　如金属陶瓷、纤维增强陶瓷和钢筋混凝土等。

**2. 按增强材料类型分类**

（1）纤维增强复合材料　如玻璃纤维、碳纤维、硼纤维、碳化硅纤维和难熔金属丝等。

（2）粒子增强复合材料　如金属离子与塑料复合、陶瓷颗粒与金属复合等。

（3）层叠复合材料 如双金属和填充泡沫塑料等。

**3. 按复合材料用途分类**

（1）结构复合材料 通过复合，材料的力学性能显著提高，主要用于制作各类结构零件，如利用玻璃纤维优良的抗拉、抗弯、抗压及抗蠕变性能，可用于制作减摩、耐磨的机械零件。

（2）功能复合材料 通过复合使材料具有一些其他特殊的物理、化学性能，从而制成多功能复合材料，如雷达用玻璃钢天线罩就是具有良好透过电磁波性能的磁性复合材料。

## 8.4.3 复合材料的性能特点

复合材料是各向异性的非匀质材料，与传统材料相比，具有以下几种性能特点：

**1. 比强度与比模量高**

比强度与比模量是指材料的强度、弹性模量与其相对密度之比。比强度越大，同样承载能力下零件自重越小；比模量越大，零件刚性越好。复合材料的比强度和比模量比金属要高得多。部分金属材料与复合材料的性能比较见表8-6。

表8-6 部分金属材料与复合材料的性能比较

| 材料名称 | 密度/(g/cm$^3$) | 弹性模量/($10^2$GPa) | 抗拉强度/MPa | 比模量/($10^2$m) | 比强度/(0.1m) |
|---|---|---|---|---|---|
| 钢 | 7.8 | 2100 | 1030 | 0.27 | 0.13 |
| 硬铝 | 2.8 | 750 | 470 | 0.26 | 0.17 |
| 玻璃钢 | 2.0 | 400 | 1060 | 0.21 | 0.53 |
| 碳纤维-环氧树脂 | 1.45 | 1400 | 1500 | 0.21 | 1.03 |
| 硼纤维-环氧树脂 | 2.1 | 2100 | 1380 | 1.00 | 0.66 |

**2. 抗疲劳性能好**

纤维增强复合材料的基体中密布着大量细小纤维，当发生疲劳破坏时，裂纹的扩展要经历非常曲折和复杂的路径，且纤维与基体间的界面处能有效阻止疲劳裂纹的进一步扩展，因此其疲劳强度很高。如碳纤维增强塑料的疲劳强度为其抗拉强度的70%~80%，而金属材料一般只有40%~50%。

**3. 减振性能好**

机构的自振频率与材料比模量的二次方根成正比，由于复合材料的比模量大，自振频率很高，不易产生共振，同时纤维与基体的界面具有吸振能力，故减振性能好。

**4. 优良的耐高温性能**

大多数增强纤维可提高耐高温性能，使材料在高温下仍保持相当的强度。例如，铝合金在400℃时强度已显著下降，若以碳纤维或硼纤维增强铝材，则能显著提高材料的高温性能，400℃时的强度与模量几乎与室温下一样。同样，用钨纤维增强钴、镍及其合金，可将这些材料的使用温度提高到1000℃以上。而石墨纤维复合材料的瞬时耐高温性可达2000℃。

**5. 工作安全性好**

复合材料每平方厘米截面上的独立纤维有几千甚至几万根，当构件过载并有少量纤维断裂后，会迅速进行应力重新分配，由未断裂的纤维来承载，使构件在短时间内不会失去承载能力，提高使用的安全性。

此外复合材料一般都具有良好的化学稳定性，而且制造工艺简单，这些优点使之得到广泛应用。复合材料是近代重要的工程材料，已大量用于飞机结构件、汽车、轮船、压力容器、管道和传动零件等，且应用量呈逐年增加的趋势。

## 8.4.4 常用复合材料

常见的复合材料有颗粒复合材料、纤维增强复合材料和层叠复合材料，复合材料典型应用如图 8-7 所示。

a) 玻璃钢储罐      b) 碳纤维火箭架      c) 碳纤维球拍

图 8-7 复合材料典型应用

**1. 颗粒复合材料**

颗粒复合材料是由一种或多种颗粒均匀地分布在基体中所组成的材料。一般粒子的尺寸越小，增强效果越明显，颗粒的直径处于 $0.01 \sim 0.1 \mu m$ 的称为弥散强化材料。按需要不同，加入金属粉末可增加导电性；加入 $Fe_3O_4$ 磁粉可改善导磁性；加入 $MoS_2$ 可提高减摩性；而陶瓷颗粒增强的金属基复合材料具有高的强度、硬度、耐磨性、耐蚀性和小的膨胀系数，可用于制作刀具、重载轴承及火焰喷嘴等高温工作零件。

**2. 纤维增强复合材料**

（1）玻璃纤维增强复合材料 玻璃纤维增强塑料通常称为玻璃钢。由于其成本低，工艺简单，所以目前是应用最广泛的复合材料。它的基体可以是热塑性塑料，如尼龙、聚碳酸酯和聚丙烯等；也可以是热固性塑料，如环氧树脂、酚醛树脂和有机硅树脂等。波音 747 喷气式客机上，有 1 万多个用玻璃钢制作的部件；越来越多的帆船、游艇、交通艇、救生艇、渔轮及扫雷艇等都改用玻璃钢制造；目前，国内外许多著名汽车公司都广泛采用玻璃钢作为汽车壳体或部件；在化学工业中，采用玻璃钢的反应罐、储罐（见图 8-7a）、搅拌器和管道，节省了大量金属；玻璃钢在建筑业的作用也越来越大，许多新建的体育馆、展览馆、商厦的巨大屋顶都是由玻璃钢制成的，其不仅质轻、强度大，还能透过阳光。

（2）碳纤维增强复合材料 碳纤维是将各种纤维（目前主要使用的是聚丙烯腈系碳纤维）在隔绝空气中经高温碳化制成，一般在 2000℃ 烧成的是碳纤维，若在 2500℃ 以上石墨化后可得到石墨纤维（或称为高模量碳纤维）。碳纤维比玻璃纤维的强度略高，而弹性模量则是玻璃纤维的 $4 \sim 6$ 倍，并且碳纤维具有较好的高温力学性能。碳纤维可以和树脂、碳、金属以及陶瓷等组成复合材料，碳纤维常与环氧树脂、酚醛树脂、聚四氟乙烯等复合，不但保持了玻璃钢的优点，而且许多性能优于玻璃钢。如碳纤维-环氧树脂复合材料的弹性模量接近于高强度钢，而其密度比玻璃钢小，同时还具有优良的耐磨、减摩、耐热和自润滑性。不足之处是碳纤维与树脂的结合力不够大，各向异性明显。碳纤维复合材料多用于齿轮、活塞和轴承密封件，航天器外层、人造卫星和火箭机架（见图 8-7b）、壳体等；也可用于化工设备、运动器材（如羽毛球拍、钓鱼竿等，见图 8-7c）、医学领域；发达国家还大量采用碳纤维增强的复合建筑材料，使建筑物具有良好的抗振性能。

（3）硼纤维增强复合材料 硼纤维是在直径约为 $10 \mu m$ 的钨丝、碳纤维上或其他芯线上沉积硼元素制成直径约为 $100 \mu m$ 的硼纤维增强材料。其强度和弹性模量高，耐辐射，导电，导热。

（4）有机纤维增强复合材料　常用的是以芳香族聚酰胺纤维（芳纶）增强，以合成树脂为基体。这类纤维的密度是所有纤维中最小的，而强度和弹性模量都很高，主要品种有凯芙拉（Kevlar）、诺麦克斯（Nomex）等。凯芙拉材料在军事上有"装甲卫士"的称号，可提高坦克、装甲车的防护性能。有机纤维与环氧树脂结合的复合材料已在航空、航天工业方面得到应用，可用于轮胎帘子线、传动带和电绝缘件等。

**3. 层叠复合材料**

层叠复合材料用几种性能不同的板材经热压胶合而成。根据复合形式不同，分为夹层结构的复合材料、双层金属复合材料、塑料-金属多层复合材料。夹层复合材料已广泛应用于飞机机翼、船舶、火车车厢、运输容器、安全帽和滑雪板等；两种膨胀系数不同的金属板制成的双层金属复合材料可用于制作测量和控制温度的简易恒温器等；SF型三层复合材料（如钢-铜-塑料）可用于制作在高应力、高温及低温、无润滑条件下使用的轴承。

## 单元8.5　选用分析新型材料

### 8.5.1　高温材料

**1. 高温材料的概念**

所谓高温材料，一般是指在600℃以上，甚至在1000℃以上能满足工作要求的材料，这种材料在高温下能承受较高的应力并具有相应的使用寿命。常见的高温材料是高温合金，出现于20世纪30年代，其发展和使用温度的提高与航天航空技术的发展紧密相关。

**2. 应用领域**

高温材料的应用范围日益广泛，从锅炉、蒸汽机、内燃机到石油、化工用的各种高温物理化学反应装置、核反应堆的热交换器、喷气涡轮发动机和航天飞机的多种部件都有广泛的使用。高新技术领域对高温材料的使用性能不断提出要求，促使高温材料的种类不断增多，耐热温度不断提高，性能不断完善。反过来，高温材料的性能提高，又扩大了其应用领域，推动了高新技术的发展。

**3. 分类**

（1）铁基高温合金　铁基高温合金由奥氏体不锈钢发展而来。这种高温合金在成分中加入比较多的Ni，以稳定奥氏体基体。现代铁基高温合金中有些Ni的含量甚至接近50%。另外，加入质量分数为10%~25%的Cr可以保证获得优良的抗氧化及耐热、耐蚀性；W和Mo主要用来强化固溶体的晶界，Al、Ti、Nb起沉淀强化作用。我国研制的Fe-Ni-Cr系铁基高温合金有GH1 140、GH2 130、K214等，用作导向叶片的工作温度最高可达900℃。一般而言，这种高温合金抗氧化性和高温强度都还不足，但其成本较低，可用于制作一些使用温度要求较低的航空发动机和工业燃气轮机部件。

（2）镍基高温合金　这种合金以Ni为基体，Ni的质量分数超过50%，使用温度可达1000℃。镍基高温合金可溶解较多的合金元素，可保持较好的组织稳定性。高温强度、抗氧化性和耐蚀性都较铁基高温合金好，现代喷气发动机中，涡轮叶片几乎全部采用镍基合金制造。镍基高温合金按其生产方式不同可分为变形合金与铸造合金两大类。由于使用温度越高的镍基高温合金，其锻造性能越差，因此，现今耐热温度高的零部件大多选用铸造镍基高温合金制造。

（3）高温陶瓷材料　高温高性能陶瓷正在得到普遍关注。以氮化硅陶瓷为例，其已成为制造新型陶瓷发动机的重要材料。其不仅有良好的高温强度，而且热膨胀系数小，热导率高，抗热振性能好。用高温陶瓷材料制成的发动机可在比高温合金更高的温度下工作，效率得到了很大提高。

### 8.5.2　形状记忆材料

**1. 形状记忆的概念**

形状记忆是指某些材料在一定条件下，虽经变形仍然能够恢复到变形前原始形状的能力。最初具有形状记忆功能的材料是一些合金材料，如 Ni-Ti 合金。目前高分子形状记忆材料因其优异的综合性能，已成为重要的研究与应用对象。

形状记忆效应是热弹性马氏体相变产生的低温相在加热时向高温相进行可逆转变的结果。这种效应分为两种情况：材料在高温下制成某种形状，在低温下将其任意变形，若将其加热到高温时，材料恢复高温下的形状，但重新冷却时材料不能恢复低温时的形状，这是单程记忆效应；若低温下材料仍能恢复低温下的形状，就是双程记忆效应。

**2. 形状记忆合金**

目前，形状记忆合金主要分为 Ni-Ti 系、Cu 系和 Fe 系合金等。Ni-Ti 系形状记忆合金是最具有实用化前景的形状记忆材料，其室温抗压强度可达 1000MPa 以上，密度较小为 $6.45g/cm^3$，疲劳强度高达 480MPa，还具有很好的耐蚀性。近年来又发展了一系列改良的 Ni-Ti 合金，如在 Ni-Ti 合金中加入微量的 Fe、Cr、Cu 等元素，可以进一步扩大 Ni-Ti 材料的应用范围。

**3. 形状记忆高聚物**

高聚物材料的形状记忆机理与金属不同，目前开发的形状记忆高聚物具有两相结构，即固定成品形状的固定相和在某种温度下能可逆地发生软化和固化的可逆相。固化相的作用是记忆初始形态，第二次变形和固定是由可逆相来完成的。凡是有固定相和软化-固化可逆相的聚合物，都可以作为形状记忆高聚物。根据固定相的种类，其可分为热固性和热塑性两类，如聚乙烯类结晶性聚合物、苯乙烯-丁二烯聚合物。

**4. 形状记忆合金的应用**

（1）工业领域　形状记忆材料可用于各种管接头、电路的连接、自动控制的驱动器和热机能量转换材料等。大量使用形状记忆材料的是各种管接头。由于在记忆温度以下马氏体非常软，接头内径很容易扩大，在此状态下，把管子插入接头内，加热后接头内径即可恢复原来的尺寸，完成管道的连接过程。因为形状恢复力很大，故连接很严密，很少有漏油、脱落等事故发生。图 8-8 所示为自动拉紧铆钉的应用实例。

a) 铆钉初始形式　　b) 施力扳直　　c) 插入被铆件　　d) 加热铆钉复原

**图 8-8　自动拉紧铆钉的应用实例**

（2）医疗领域　记忆合金在临床医疗领域内有着广泛的应用，例如人造骨骼、伤骨固定加压器、牙科正畸器、各类腔内支架、栓塞器、心脏修补器、血栓过滤器、介入导丝和手术缝线等。记忆合金在现代医疗中正扮演着不可替代的角色。例如接骨用的骨板，不但能将两段断骨固定，而且在恢复原形状的过程中产生压缩力，迫使断骨接合在一起，如图8-9所示。

a) 锁骨固定　　　　　　　　　　　b) 指骨固定

持板钳与撬棒　　　　　顶面　　　　　撑开钳

底面　　　　　撑开后　　　　　安放到髌骨

c) 髌骨固定

图 8-9　记忆合金接骨板应用

（3）日常生活　记忆合金同我们的日常生活也同样休戚相关。仅以记忆合金制成的弹簧为例，把这种弹簧放在热水中，弹簧的长度立即伸长，再放到冷水中，它会立即恢复原状。利用形状记忆合金弹簧可以控制浴室水管的水温，在热水温度过高时，通过"记忆"功能，调节或关闭供水管道，避免烫伤。也可以制作成消防报警装置及电器设备的保安装置，当发生火灾时，记忆合金制成的弹簧发生形变，起动消防报警装置，达到报警的目的。还可以把用记忆合金制成的弹簧放在暖气的阀门内，用以保持暖房的温度，当温度过低或过高时，自动开启或关闭暖气的阀门。

（4）航空航天领域　记忆合金在航空航天领域内有很多成功的应用。人造卫星上庞大的天线可以用记忆合金制作，发射人造卫星之前，将抛物面天线折叠起来装进卫星体内，火箭升空把人造卫星送到预定轨道后，只需加温，折叠的卫星天线因具有"记忆"功能而自然展开，恢复抛物面形状，如图8-10所示。

图 8-10　记忆合金制作的
卫星天线自动打开

### 8.5.3　超导材料

**1. 超导现象**

超导材料是近年发展最快的功能材料之一。超导体是指在一定温度下材料电阻变为零，物质内部失去磁通成为完全抗磁性的物质。

超导现象是荷兰物理学家昂内斯（Onnes）在1911年首先发现的。他在检测水银（汞）

低温电阻时发现，温度低于 4.2K 时电阻突然消失，这种零电阻现象称为超导现象。出现零电阻的温度称为临界温度 $T_c$。$T_c$ 是物质常数，同一种材料在相同条件下有确定值，$T_c$ 的高低是超导材料能否实际应用的关键。1933 年，迈斯纳（Meissner）发现超导的第二个标志，即完全抗磁。当金属在超导状态时，它能将通过其内部的磁力线排出体外，称为迈斯纳效应。零电阻和完全抗磁性是超导材料的两个最基本的宏观特性。

**2. 超导技术的发展**

人们不仅在超导理论研究上做了大量工作，而且在研究新的超导材料，提高超导零电阻温度上也进行了不懈的努力。$T_c$ 值越高，超导体的使用价值越大。由于大多数超导材料的 $T_c$ 值都太低，必须用液氦才能降到所需温度，这样不仅费用昂贵，而且操作不便，因而许多科学家都致力于提高 $T_c$ 值的研究工作。

1973 年应用溅射法制成 $Nb_3Ge$ 薄膜，$T_c$ 从 4.2K 提高到 23.2K。到 20 世纪 80 年代中期，超导材料研究取得突破性进展，中国、美国和日本等国家都先后获得 $T_c$ 高达 90K 以上的 Y-Ca-Cu-O 高温超导材料，而后又研制出了 $T_c$ 超过 120K 的高温超导材料。

**3. 超导材料的应用**

（1）电力系统方面  超导电力储存是目前效率最高的储存方式。利用超导输电可大大降低目前高达 7% 左右的输电损耗。超导磁体用于发电机，可大大提高发电机中的磁感应强度，提高发电机的输出功率。利用超导磁体实现磁流体发电，可直接将热能转换为电能，使发电效率提高 50%~60%。

（2）运输方面  超导磁悬浮列车在车底部安装许多小型超导磁体，在轨道两旁埋设一系列闭合的铝环。列车运行时，超导磁体产生的磁场相对于铝环运动，铝环内产生的感应电流与超导磁体相互作用，产生的浮力使列车浮起。列车速度越高，浮力越大。磁悬浮列车速度可达 600km/h。

（3）其他方面  超导材料可用于制作各种高灵敏度的器件，利用超导材料的隧道效应可制造运算速度极快的超导计算机等。

新时代伟大成就——磁悬浮列车：我国已建成 4 条磁悬浮列车线路，包括上海磁悬浮列车、北京地铁 S1 线、长沙磁悬浮快线和青成山磁悬浮列车，上海磁悬浮列车是我国第一条磁悬浮列车线路（见图 8-11），也是世界上最快的磁悬浮列车之一，它连接浦东国际机场和龙阳路地铁站，全长 29.863km，最高时速达到 431km/h，单程仅需 8min。广东清远的凤凰磁浮观光快线、沪杭超级磁悬浮列车、上海磁悬浮机场线等正在建设中，还有更多的规划建设项目，未来有望在更多城市和地区开通磁悬浮线路。磁悬浮列车为人们提供了快速、安全、舒适、环保的交通方式，是我国科技创新的代表，充分体现了我国在高速交通技术领域的实力和水平。

模块 8

图 8-11  上海磁悬浮列车

### 8.5.4 非晶态合金

**1. 非晶态合金概念**

非晶态合金俗称"金属玻璃"，当熔融状态的合金以极高速度冷却时，凝固后的合金结构呈玻璃态，但它是与传统玻璃完全不同的材料。非晶态合金与金属相比，成分基本相同，但结构不同，因此引起二者在性能上的差异。在非晶态合金中，组成物质的原子、分子的空间排列不呈现周期性和平移对称性，是无序排列。

**2. 非晶态合金的应用**

（1）机械构件 由于非晶态合金具有高强度、高韧度，以及工艺上可以制成条（带）或薄片的性质，因此可用它制作轮胎、传送带、水泥制品及高压管道的增强纤维，还可用来制成各种切削刀具和保安刀片。非晶态合金具有的高强度和塑性变形能力，可防止裂纹的产生和扩展，正在用于飞机构架和发动机元件的研制。

（2）电子元器件 非晶态合金具有易于磁化和高硬度的特点，适用于制造各种储能、滤波电感器件（见图8-12）。非晶态合金厚度一般可到 $20\sim40\mu m$，电阻率高，非常适合录像磁头的频率范围，可作为良好的磁头材料。

（3）海洋和生物医学方面 含 Cr 的非晶态合金具有耐腐蚀和耐点蚀的特点，可以用于海洋和生物医学方面，如制造海上军用飞机电缆、鱼雷、化学过滤器和反应容器等。

（4）日常生活 非晶态合金已应用于日常生活以及尖端技术各领域。如非晶硅太阳能电池的光转换效率虽不及单晶硅器件，但它具有较高的光吸收系数和光电导率，便于大面积薄膜工艺生产，且成本低廉。

图 8-12 非晶态合金制造的滤波电感器件

### 8.5.5 功能复合材料

复合材料是一种多相复合体系，它可将不同物质、不同相、不同含量及不同方式的材料通过复合制造出来，以满足各用途需要。目前可以在聚合物材料、金属材料、陶瓷材料、玻璃及碳质材料等之间进行复合，相互改性，使材料的生产和应用得到综合发展。

**1. 功能复合材料概念**

功能复合材料是指可提供除机械性能以外的其他物理性能的复合材料，凸显某一功能，如导电、超导、半导、磁性、压电、阻尼、吸波、透波、摩擦、屏蔽、阻燃、防热、吸声、隔热等。功能复合材料主要由功能体、增强体和基体组成。功能体可由一种或多种功能材料组成。多元功能体的复合材料可以具有多种功能，同时还有可能由于复合效应而产生新的功能。多功能复合材料是功能复合材料的发展方向。

**2. 功能复合材料的分类**

（1）树脂基功能复合材料 树脂基功能复合材料由于其质地轻、强度高、耐腐蚀、隔热吸声、设计和成型自由度大而被广泛用于航空航天、船舶与车辆制造、建筑工程、电气设备、化学工程、防爆压力容器以及体育、医学等各领域中，如图8-13所示。

（2）金属基功能复合材料 金属基功能复合材料的发展历史虽然要比树脂基功能复合材料短，但是由于其具有横向机械性能好、层间剪切强度高、导热导电性好、不吸湿、尺寸稳

图 8-13　树脂基功能复合材料应用场景

定性好、使用温度范围宽、耐磨损等优异特性，因此得以迅速发展，特别是功能金属基复合材料的发展更加令人瞩目。

（3）陶瓷基功能复合材料　陶瓷基功能复合材料是复合材料的一个重要领域，它具有耐磨、耐蚀、绝热、电绝缘等优异特性。加入碳化能纤维、氧化铝纤维，可改善陶瓷基功能复合材料的脆性，提高结构性能。

### 8.5.6　纳米技术材料

纳米技术（Nanotechnology），也称毫微技术，是研究结构尺寸在 1～100nm 范围内材料的性质和应用的一种技术。1981 年扫描隧道显微镜发明后，诞生了一个以 0.1～100nm 长度为研究分子的世界，它的最终目标是直接以原子或分子来构造具有特定功能的产品。因此，纳米技术其实就是一种用单个原子、分子生成物质的技术。从迄今为止的研究来看，纳米技术有三种概念：

第一种概念是 1986 年科学家德雷克斯勒博士在《创造的机器》一书中提出的分子纳米技术。根据这一概念，可以使组合分子的机器实用化，从而可以任意组合所有种类的分子，制造出任何种类的分子结构。这种概念的纳米技术还未取得重大进展。

第二种概念把纳米技术定位为微加工技术的极限。也就是通过纳米精度的"加工"来人工形成纳米大小结构的技术。这种纳米级的加工技术，也使半导体微型化即将达到极限。现有技术即使发展下去，从理论上讲终将会达到限度，这是因为，如果把电路的线幅逐渐变小，将使构成电路的绝缘膜变得极薄，这样将破坏绝缘效果。此外，还有发热和晃动等问题。为了解决这些问题，研究人员正在研究新型的纳米技术。

第三种概念是从生物的角度出发而提出的。本来生物在细胞和生物膜内就存在纳米级的结构。DNA 分子计算机、细胞生物计算机的开发，成为纳米生物技术的重要内容。

纳米技术已在许多领域得到广泛应用，以下是其中的一些用途：

（1）医学　用于制造更有效的药物和治疗方法，如用纳米粒子输送药物到病变部位，同时减少药物对健康组织的损害。

（2）环保　用于制造更高效的过滤材料，如纳米纤维用于制造空气和水过滤器。

（3）能源　用于制造更高效的太阳能电池和储能设备，如纳米材料锂电池。

（4）电子产品　用于制造更小、更快、更强的电子产品，如纳米晶体管。

（5）材料　用于制造更轻、更强、更耐用的材料，如汽车和飞机部件。

（6）食品　用于制造更安全健康的食品，如用于制造更有效的食品添加剂和防腐剂。

模块 8

## 课后能力拓展

### 案例释疑

案例中所述"魔力水车"的叶片是由一种有记忆力的智能金属做成的，这种材料的微观结构有两种相对稳定的状态，在高温下这种合金可以被变成任何想要的形状，在较低温度合金可被拉伸变形，但若对它重新加热，它会记起原来形状而变回去，此材料称为记忆合金，主要是镍钛合金材料。

"魔力水车"的叶片能记住自己两个温度时的形状。水槽里的水是热的，60℃左右，形状记忆合金片入水后，它的形状发生很大变化，在变化过程中，叶片对水有一个作用力，水对叶片的反作用力就使轮子旋转起来。当叶片出水冷却后，叶片会恢复到低温时的形状。在这两个温度之间，叶片的循环变化，就使轮子自动、永不停息地旋转着。

镍钛诺（指接近等相对原子质量 NiTi 合金的总称）的奇特性质是 20 世纪 60 年代初发现的，这项发现很偶然。当时的冶金专家威廉·巴克勒（W. J. Buchler）用镍钛合金丝做试验，这些合金丝弯弯曲曲，为了使用方便，他把这些合金丝弄直了。但是，当他无意中把合金丝靠近火的时候，奇迹发生了：已经弄直的合金丝居然完全恢复了它们原来弯弯曲曲的形状。

不久后，在一次科学家会议上，巴克勒展示了镍钛诺的另一种特性：无论你把它弯曲多少次，它不表现出通常金属要呈现的"疲劳"现象。同其他合金一样，镍钛诺被弯曲时，弯曲处的温度升高，恢复原状时，弯曲处的温度也随即降低。一位与会科学家用打火机把一根弯成蛇腹形的镍钛诺丝烘烤一下，它立即弹开变直。"这就是事情的转折点。"巴克勒说。

虽然它具有这些无敌特性，但一直到 1973 年，才由另一位发明家里奇韦·班克斯利用它获得了一个重要但未引人注意的突破：他制造出一台镍钛诺热能发动机的样机。班克斯的新发明是一个平放在中心轴上的轮盘，轮盘的每根辐条上都悬挂着一根 U 形的镍钛诺丝，其末端都连接着一个能沿辐条滑动的套筒。当 U 形丝浸入轮下水槽的热水中时，它就弹开，产生的能量推动轮子旋转。围观的科学工作者敏锐地预感到这项发明的划时代意义。当时，劳伦斯实验室主任、诺贝尔奖获得者埃德温·麦克米伦顺手拿了一只装擦手纸的盒子，挥笔快速计算了一下：这台小机器产生的功率约 0.5W。今天，这个盒子已成为这台镍钛诺热能机非正式档案的一部分。

班克斯使机器连续运转，想对环状镍钛诺丝的疲劳迹象进行观察。奇怪的是在旋转了几十万圈后，机器竟然越转越快。原因是镍钛诺将"记忆力"发展成为双程的，它"学会"了在冷水中恢复原来 U 形的形状。这样，在水槽的热水一侧镍钛诺弹开时产生的能量，就可少消耗一些用于压弯水槽冷水一侧的镍钛诺丝，因而净得能量增多了。

世界有关机构对镍钛资源在全球的分布进行了初步研究，认为两种元素储量丰富，价格也不贵，同时分布均匀。因此有人认为，未来不久将会出现一个镍钛诺工艺学和镍钛工业，也许在世界上一些地方还会有镍钛诺经济学问世。石油、煤等化学燃料时代的爆裂轰鸣声，将被数以百万计的镍钛诺热能机上的无数镍钛丝、杠杆、圆圈、滑轮、弹簧、叶片、鳍片、带轮等连续地在热水和冷水中循环的轻柔的溅水声所代替，通过这种金属晶体的晶格振动产生的某种神秘的力量，使这些金属记忆、忘却，再记忆、再忘却，再记忆……从而取得无限的安全而清洁的再生能源。

## 📰 拓展阅读 ——"大国工匠"潘从明：滴水掘金，为祖国贡献"工业维生素"

2024 年 3 月 1 日，2023 年"大国工匠年度人物"在成都揭晓，他们中有多位出身职业教育，其中有位能"点石成金"的技能大师潘从明。潘从明，中共党员，现任甘肃省总工会兼职副主席，金川集团股份有限公司铜业公司冶金高级技师、贵金属分厂提纯班班长，先后荣获"全国五一劳动奖章""国家级技能大师""大国工匠"等 80 余项荣誉称号。

潘从明 1970 年出生在甘肃民勤，1996 年从金川公司技校铸造专业毕业后，被分配到贵金属车间蒸馏岗位，工作期间又进修了大学学历。20 多年来，凭借勤奋和专注，他在一次次艰苦攻关中砥砺前行，怀揣报国初心，始终扎根贵金属生产一线，在专业领域精耕细研、精益求精，从"小学徒"成长为行业领军的"大国工匠"，练就了"点石成金"的绝技——准确把控万分之一的精准度，从铜镍冶炼"废渣"中同时提取 6 种以上稀贵金属。他所在的金川集团，拥有世界第三大硫化铜镍矿床，是全球知名的采、选、冶配套的大型有色冶金企业，也是我国的镍钴生产基地、铂族金属提炼中心和北方地区最大的铜生产企业。"贵金属生产系统是金川集团工艺最为复杂的生产系统之一。我是个幸运儿，有幸参与其中，将自己的青春献给祖国建设的神圣事业。"潘从明说。

镍矿废渣是提取铂钯铑铱的主要原料之一，里面的铂族贵金属含量极低，提纯 1g 99.99% 高纯度的贵金属，需要用 60 多种化学试剂，对至少 5t 的镍矿废渣反复萃取。"我们提取的铂族贵金属，被称为工业维生素。天宫升空，蛟龙下海，天眼、悟空、墨子、大飞机，这些大国重器，都少不了贵金属。我国的贵金属储量仅占全球储量的 0.39%，资源有限，必须做好每一滴贵金属的回收。"潘从明说。

矿石提取镍金属之后的废渣中有 20 多种金属元素，6 种铂族贵金属就伴生在里面。如没有一套国际领先的提纯工艺和精炼技术，铂族贵金属只能和镍矿废渣一起被当作工业废料遗弃。潘从明一头扎进贵金属领域，上万个日夜反复试验，为弄清贵金属精炼提取中每步的化学反应，他啃下了 120 余册专业书籍，写下了 80 余万字的学习笔记，掌握了精炼提取中涉及的 800 多个化学方程式。

从废渣到贵金属，每种贵金属提取要经过 20 多道工序，有 200 多个技术控制指标。在大量研究中，潘从明发现，每次提纯、每道工序、每个控制指标都会让溶液产生不同的色彩变化。他不断观察、总结颜色变化，寻找不同纯度的贵金属所对应的溶液颜色规律，将各种溶液的颜色一一对比，用彩笔画到纸上，再逐个对照、修正。深红色—紫红色—血红色—黄红色……一只橄榄球大小的锥形试剂瓶在他手中娴熟地转动。在浑浊的液体中，敏锐观察着极其微妙的色彩变化，甄别和捕捉若隐若现的贵金属分子。经过数万次的试验，他根据液体色彩变化规律，制作出色彩准确、对比鲜明的"比色卡"，以此判断贵金属纯度和精炼次数。他创造的"颜色判断法"使贵金属精炼次数大幅缩减，颠覆了沿用 30 多年的传统精炼工艺，达到国内领先水平，也凭独家首创绝活成为铂族贵金属精炼的行家里手。

多年来，他带领团队先后承担国家和省部级重点科研项目 9 项，完成各类科技创新项目 228 项，囊括各类科技奖项 30 余项，荣获国家科技进步二等奖，获得国家授权专利 43 项，攻破了多个关键技术瓶颈，填补了国内外多项空白，支撑金川集团建成了一整套具有完全自主知识产权的贵金属生产系统，为推动我国贵金属冶金技术向高、精、尖发展做出了突出贡献。

## 模块小结

（1）非金属材料是指除金属材料以外的其他一切材料的总称，主要包括高分子材料、陶瓷、复合材料及新型材料等。

（2）由相对分子质量很大的有机化合物为主要组成部分组成的材料，称为高分子材料。高分子材料主要有塑料、橡胶、纤维、胶粘剂和涂料等。

（3）塑料是以合成树脂为主要成分，加入各种添加剂，在加工过程中能塑制成型的有机高分子材料，具有质轻、绝缘、减摩、耐蚀、消声、吸振、价廉和美观等优点。

（4）橡胶是具有高弹性的高分子材料，在较小的载荷下就能产生很大的变形，当载荷去除后又能很快恢复原状，是常用的弹塑性材料、密封材料、传动材料、防振和减振材料。

（5）纤维是指长度比其直径大100倍、均匀条状或丝状的高分子材料。

（6）胶粘剂统称为胶，以黏性物质为基础，并加入各种添加剂组成。

（7）涂料主要有三大基本功能：一是保护功能，起着避免外力碰伤、摩擦，防止腐蚀的作用；二是装饰功能，起着使制品表面光亮美观的作用；三是特殊功能，可作为标志使用，如管道、气瓶和交通标志牌等。

（8）陶瓷具有高熔点、高硬度、高耐磨性、耐氧化等优点，可用作结构材料、刀具材料，由于陶瓷还具有某些特殊性能，故还可作为功能材料。

（9）复合材料是由两种或两种以上不同化学性质或不同组织结构的材料经人工组合而成的合成材料。

（10）新型材料包括高温材料、形状记忆材料、超导材料、非晶态合金及纳米技术材料等。

## 模块考核与评价

1. 非金属材料具有金属材料以外的哪些特性？

2. 通用橡胶有哪些用途？主要品种是什么？

3. 列举常见的涂料，说明各自的用途。

4. 什么是复合材料？

5. 课外小调查：请结合实物并通过网络或者相关资料进行调查分析。

（1）对不粘炒锅的涂层材料，以及现今电压力锅内胆领域常说的"黑晶""彩晶""磁晶"等涂层材料进行调查分析，分析各自材质。

（2）对饮料瓶瓶盖或瓶底以及诸如塑料玩具等的塑料环保标志（见图8-14）的含义进行调研分析，根据标志分析其所采用的塑料材质，是否有毒、是否环保，喝完的饮料瓶是否可以装热水。

图 8-14　典型的塑料环保标志

表 8-7　模块学习过程评价表

| 姓名 | | | 专业班级 | | | 学号 | | | 日期 | | |
|---|---|---|---|---|---|---|---|---|---|---|---|
| 序号 | 评价项目 | | 过程性评价观测点 | 配分 | 自评分 | 小组评分 | 教师评分 | 心得体会 | 不足与改进 |
| 1 | 综合素质评价 | 平时表现 | 1. 学习期间出勤情况<br>2. 遵守课堂纪律情况<br>3. 回答问题、课堂互动等表现情况<br>4. 课堂作业及实践任务完成情况 | 20分 | | | | | |
| | | 素养态度 | 1. 团队合作情况<br>2. 热爱劳动，注重加强动手能力<br>3. 实验工位及学习工位卫生情况<br>4. 节约实验耗材，合理使用材料 | 10分 | | | | | |
| 2 | 综合专业水平评价 | 基本知识 | 1. 认识非金属材料<br>2. 选用分析高分子材料、陶瓷材料、复合材料和新型材料 | 35分 | | | | | |
| | | 实践能力 | 1. 善于理论联系实际，积极关注真实生产，注重提高综合实践能力<br>2. 在实验中能积极主动地操作<br>3. 熟悉实验设备操作规范，操作熟练 | 25分 | | | | | |
| 3 | 安全文明生产评价 | | 1. 遵守纪律，听从指导教师指挥<br>2. 掌握操作规程和消防、灭火等安全知识<br>3. 严格遵守安全操作规程、设备使用规范、实验中心规章制度<br>4. 发生重大事故者，本项成绩为0 | 10分 | | | | | |

模块
8

（续）

| 姓名 | | 专业班级 | | | 学号 | | | 日期 | | |
|---|---|---|---|---|---|---|---|---|---|---|
| 序号 | 评价项目 | 过程性评价观测点 | | 配分 | 自评分 | 小组评分 | 教师评分 | 心得体会 | | 不足与改进 |
| 4 | | 合计 | | | | | | | | |
| 5 | | 总评等级（画√） | | | □优　　□良　　□中　　□及格　　□不及格 | | | | | |
| 备忘记录 | | | | | | | | | | |

**小贴士**

最有希望的成功者，并不是才干出众的人，而是那些最善利用每一时机去发掘开拓的人。

——苏格拉底

# 模块9 对机械零件进行选材

## 能力目标

◇ 掌握机械零件的失效类型及原因。
◇ 掌握机械零件材料选择的原则。
◇ 能对典型零件进行选材。

## 素质目标

◇ 由于材料问题可能会导致重大事故，注重培养一丝不苟的工匠精神。
◇ 材料的选择关系着零件的使用性能，要具有质量意识和成本意识。
◇ 在零件选材中要有环保意识及安全意识。
◇ 零件的选材有一定的原则和步骤，具有严谨、认真、务实的工作态度。

## 课前学习引导

### 思维导图

机械零件材料的选择
- 机械零件的失效形式
  - 失效的概念及特征
  - 失效的类型
  - 失效的原因
- 机械零件材料选择的一般原则
  - 使用性能的考虑
  - 工艺性能的考虑
  - 经济性的考虑
- 典型零件选材实例
  - 轴类零件的选材及热处理
  - 齿轮类零件的选材与工艺分析
  - 箱体类零件的选材

## 引导案例——为 $\phi 1.6mm$ 的细小深孔产品选材

某产品在选择加工材料时，经过各方面分析，决定采用 12Cr18Ni9Ti 钢制造，但按设计要求需钻 $\phi 1.6mm$ 的细小深孔，现场采用高速钢钻头钻孔时（见图9-1），由于该钢材属于奥氏体不锈钢，粘刀严重，使钻头折断，无法加工。

通过分析可知，该产品的原材料选择 12Cr18Ni9Ti 显然不合适，那么该产品该如何选材呢？

图 9-1　细小深孔加工

## 课前思考与预习

1. 根据引导案例，进行思考与预习。
2. 零件选材需要注意哪些方面？哪方面最重要？
3. 根据思维导图，梳理知识点，扫描二维码资源预习。

## 学习备忘

--------------------------------------------------------------------------------
--------------------------------------------------------------------------------
--------------------------------------------------------------------------------
--------------------------------------------------------------------------------
--------------------------------------------------------------------------------
--------------------------------------------------------------------------------

## 单元 9.1　分析机械零件的失效形式

　　一个机械零件无论质量多高，都不可能无限期地使用，总有一天会因各种原因而失效报废。达到或超过正常设计寿命的失效是不可避免的，但也有许多零件，其运行寿命远远低于设计寿命而发生早期失效，给生产造成很大影响，甚至酿成重大安全事故。因此，必须给予足够的重视。在零件选材初始，就必须对零件在使用中可能产生的失效方式、原因进行分析，为选材及后续加工的控制提供参考依据。

### 9.1.1　失效的概念及特征

#### 1. 零件的失效

分析机械零件的失效

　　产品在使用过程中失去原设计所规定的功能称为失效，例如主轴在工作中由于变形而失去设计精度、齿轮出现断齿等。
　　**2. 零件失效的常见特征**
　　1）零件完全破坏，已不能正常工作。
　　2）零件已严重损伤，继续工作不安全。

3）零件工作不能达到设计的功效。

生产经验提示：零件在达到或超过设计的预期寿命后发生的失效，属于正常失效；在低于设计预期寿命时发生的失效，属于非正常失效。另外，有突发性失效，例如化肥厂爆炸。

### 9.1.2　失效的类型

零件工作时的受力情况一般较复杂，往往承受多种应力的复合作用，因而造成零件的不同失效形式。机械零件常见的失效形式可归纳为以下几种类型（见图9-2）。

图 9-2　常见的失效形式

**1. 断裂失效**

断裂失效是零件最严重的失效形式，它是因零件承载过大或因疲劳损伤等发生破断。例如钢丝绳在吊运中的断裂及在交变载荷下工作的轴、齿轮、弹簧等的断裂。断裂方式有延性断裂、疲劳断裂、蠕变断裂和低应力脆性断裂等。

**2. 过量变形失效**

过量变形失效是指零件变形量超过允许范围而造成的失效。它主要有过量弹性变形失效和过量塑性变形失效。例如高温下工作时，螺栓发生松脱，就是过量弹性变形转化为塑性变形而造成的失效。

**3. 表面损伤失效**

表面损伤失效是指零件表面及附近的材料发生尺寸变化和表面破坏的失效现象。它主要有表面磨损失效、表面腐蚀失效和表面疲劳失效。例如，齿轮经长期工作后轮齿表面磨损，而导致精度降低的现象，属于表面损伤失效。

**4. 裂纹失效**

裂纹失效是指零件内外的微裂纹在外力作用下扩展，造成零件断裂的现象。裂纹的产生往往是材料选取不当、工艺制定不合理造成的。例如锻件中的裂纹，往往因为钢中硫含量较高、混入铜等低熔点金属及夹杂物含量过多，造成晶界强度被削弱；或锻后冷却过快，未及时进行退火处理，容易产生表面裂纹。

生产经验提示：同一零件可能有几种失效形式，如轴类零件轴颈处发生磨损失效，应力集中处发生疲劳断裂，两种失效同时起作用。一般情况下是由一种形式主导，很少同时以两种形式使零件失效。另外，各类基本失效形式可互相组合形成更复杂的复合失效形式，如腐蚀疲劳断裂、蠕变疲劳、腐蚀磨损等。但在特点上都接近其中某种失效形式，另一种失效形式是辅助的。

模块9

### 9.1.3 失效的原因

引起零件失效的因素很多且较为复杂，通常可从零件的结构设计、材料的选择、材料的加工、产品的装配及使用保养等方面进行分析。

**1. 设计不合理**

零件的结构形状、尺寸设计不合理易引起失效。例如，结构上存在尖角、尖锐缺口或圆角过渡过小，产生应力集中引起失效；安全系数小，达不到实际要求的承载力等。

**2. 选材不合理**

所选用的材料性能达不到使用要求，或材质较差，这些都容易造成零件的失效。例如，某钢材锻造时出现裂纹，经成分分析，硫含量超标，断口也呈现出热裂特征，由此判断是材料不合格造成的。

**3. 加工工艺不当**

零件或毛坯在加工和成形过程中，由于工艺方法、工艺参数不正确等，常会出现某些缺陷，导致失效。如热加工中产生的过热、过烧和带状组织等；冷加工不良时粗糙度值太大，产生过深的刀痕、磨削裂纹等；热处理中产生的脱碳、变形及开裂等。

**4. 安装使用不正确**

机器在装配和安装过程中，不符合技术要求，如安装时配合过松、过紧，对中不准，固定不稳等，都可能使零件不能正常工作，或工作不安全；使用中不按工艺规程操作和维修，保养不善或过载使用等，均会造成早期失效。

## 单元9.2 掌握机械零件材料选择的一般原则

合理选取机械零件材料

机械零件的选材是一项十分重要的工作。选材是否恰当，特别是一台机器中关键零件的选材是否恰当，将直接影响到产品的使用性能、使用寿命及制造成本。要做到合理选用材料，就必须全面分析零件的工作条件、受力性质和大小，以及失效形式，然后综合各种因素，提出能满足零件工作条件的性能要求，再选择合适的材料并进行相应的热处理，以满足性能要求。

> 📢 生产经验提示：选材的原则首先是要满足使用性能要求，然后再考虑工艺性能和经济性。

### 9.2.1 使用性能的考虑

材料的使用性能是指机械零件在正常工作条件下应具备的力学、物理、化学等性能。它是保证该零件可靠工作的基础。对一般机械零件来说，选材时主要考虑的是其力学性能；而对于非金属材料制成的零件，则还应该考虑其工作环境对零件性能的影响。

零件按力学性能选材时，首先应正确分析零件的服役条件、形状尺寸及应力状态，结合该类零件出现的主要失效形式，找出该零件在实际使用中的主要和次要的失效抗力指标，以此作为选材的依据。根据力学计算，确定零件应具有的主要力学性能指标。能够满足条件的材料一般有多种，再结合其他因素综合比较，选择出合适材料。

## 9.2.2　工艺性能的考虑

材料的工艺性能是指材料适应某种加工的特性。零件的选材除了首先考虑其使用性能外，还必须兼顾该材料的加工工艺性能，尤其是在大批量、自动化生产时，材料的工艺性能更显得重要。良好的加工工艺性能保证在一定生产条件下，高质量、高效率、低成本地加工出所设计的零件。

**1. 铸造性**

铸造性指材料在铸造生产工艺过程中所表现出的工艺性能。其好坏是保证获得合格铸件的主要因素。材料的铸造性能主要包括流动性、收缩性，还有吸气、氧化及偏析等，一般来说，铸铁的铸造性能比铸钢好得多，铜、铝合金的铸造性能较好，介于铸铁和铸钢之间。

**2. 可锻性**

可锻性指锻造该材料的难易程度。若该材料在锻造时塑性变形大，而所需变形抗力小，那么该材料的可锻性就好，否则，可锻性就差。影响材料可锻性的因素主要是材料的化学成分、内部组织结构以及变形条件。一般来说，碳素钢的可锻性好于合金钢，低碳钢好于高碳钢，铜合金可锻性较好，而铝合金较差。

**3. 焊接性**

焊接性指材料对焊接成形的适应性，也就是在一定的焊接工艺条件下材料获得优质焊接接头的难易程度。一般来说有如下特点：

1）低碳钢焊接性良好，强度等级低的低合金结构钢焊接性也较好，但低合金结构钢的焊件热影响区有较大的淬硬性，强度等级低的低合金结构钢淬硬倾向小，随强度等级提高焊接性变差。

2）合金钢和中碳钢焊接性较差。

3）高碳钢及铸铁的焊接性很差，高合金钢焊接性也很差，一般都不用作焊接结构。

**4. 切削加工性**

切削加工性指材料切削加工的难易程度，一般用切削抗力大小、刀具磨损程度、切屑排除的难易及加工出的零件表面质量来综合衡量。一般来说，硬度适中（160～230HBW）的材料切削加工性好。易切削钢、中碳钢、一般有色金属的切削加工性好，而高强度钢、耐热钢、不锈钢的切削加工性较差。

**5. 热处理工艺性**

热处理工艺性指材料对热处理加工的适应性能。它包括淬透性、淬硬性、氧化和脱碳倾向、变形开裂倾向、过热过烧倾向、回火脆性倾向等。一般来说，合金钢的淬透性好于碳素钢，高碳钢的淬硬性好于低碳钢。淬火冷却速度越慢，变形开裂倾向越小，所以合金钢油中淬火的变形开裂比碳素钢水中淬火要小。此外，合金钢比碳素钢不易产生过热过烧现象，大多数合金钢会产生第二类回火脆性。

**6. 粘结固化性**

高分子材料、陶瓷材料、复合材料及粉末冶金材料，大多数靠粘结剂在一定条件下将各组分粘结固化而成。因此，这些材料应注意在成形过程中，各组分之间的粘结固化倾向，以保证顺利成形。

## 9.2.3　经济性的考虑

从选材经济性原则考虑，应尽可能选用货源充足、价格低廉、加工容易的材料，而且应尽量减少所选材料的品种、规格，以简化供应、保管等工作。但是，仅仅考虑材料的费用及零件的制造成本并不是最合理的，还应尽量提高该产品的性价比。

某大型内燃机的曲轴，用珠光体球墨铸铁生产，成本较低，使用寿命 3 ~ 4 年，如改为40Cr 调质再表面淬火后使用，成本为前者的 2 倍左右，但使用寿命近 10 年，可见，虽然采用球墨铸铁生产曲轴成本低，但就性价比来说，用 40Cr 来生产曲轴更为合理，而且曲轴是内燃机的重要零件，质量好坏直接影响整台机器的运行安全及使用寿命，因此为提高此类关键零件的使用寿命，即使材料价格和制造成本较高，全面来看其经济性仍然是合理的。

## 单元9.3　对典型零件合理选材

金属材料、高分子材料、陶瓷材料及复合材料是目前最主要的工程材料，各有自己的特性和最合适的用途。但金属材料能满足绝大多数机械零件的工作要求，因此金属材料广泛用于制造各种重要的机械零件和工程结构。

### 9.3.1　轴类零件的选材及热处理

轴是机器中的重要零件之一，用来支持旋转的机械零件，如齿轮、带轮等。根据承受载荷的不同，轴可分为转轴、传动轴和心轴三种。此处就以受力较复杂的机床主轴为例讨论选材和热处理工艺。

**1. 主轴的工作条件**

机床主轴工作时高速旋转，并承受弯曲、扭转及冲击等多种载荷的作用；机床主轴的某些部位承受着不同程度的摩擦，特别是轴颈部分与其他零件相配合处承受摩擦与磨损。

**2. 主轴的主要失效形式**

当弯曲载荷较大、转速很高时，机床主轴承受着很高的交变应力。当轴表面硬度较低、表面质量不良时常因疲劳强度不足而产生疲劳断裂，这是轴类工件最主要的失效形式。

当载荷大、转速高且轴瓦材质较硬而轴颈硬度不足时，会增加轴颈与轴瓦的摩擦，加剧轴颈的磨损而失效。

**3. 对主轴的材料性能要求**

（1）较高的综合力学性能　当主轴运转工作时，要承受一定的变动载荷与冲击载荷，常产生过量变形与疲劳断裂失效。如果主轴材料通过正火或调质处理后具有较好的综合力学性能，即较高的硬度、强度、塑性与韧性，则能有效地防止主轴产生变形与疲劳失效。

（2）较高的硬度和耐磨性　主轴轴颈等部位淬火后应具有高的硬度和耐磨性，以提高主轴运转精度及使用寿命。

**4. 主轴选材原则**

主轴的材料及热处理工艺的选择应根据其工作条件、失效形式及技术要求来确定。主要原则如下：

1）主轴的材料常采用碳素钢与合金钢，碳素钢中的 35、45、50 等优质中碳钢具有较高的综合力学性能，应用较多，其中以 45 钢用得最为广泛。为了改善材料力学性能，应进行正火或调质处理。

2）合金钢具有较高的力学性能，但价格较贵，多用于有特殊要求的轴。合金钢对应力集中的敏感性较高，因此设计合金钢轴时，更应从结构上避免或减少应力集中现象，并减小轴的表面粗糙度值。

3）当主轴尺寸较大、承载较大时，可采用合金调质钢，如将 40Cr、40CrMn、35CrMo 等进行调质处理后再使用。

4）对于表面要求耐磨的部位，应调质后再进行表面淬火，当主轴承受重载荷、高转速且冲击与变动载荷很大时，应选用合金渗碳钢，如将 20Cr、20CrMnTi 等进行渗碳淬火后再使用。

5）对于在高温、高速和重载条件下工作的主轴，必须具有良好的高温力学性能，常采用 25Cr2Mo1VA、38CrMoAl 等合金结构钢。

### 9.3.2　齿轮类零件的选材与工艺分析

在各种机械装置中，齿轮主要用于速度调节和功率传递。齿轮用量较大，直径从几毫米到几米，工作环境也不尽相同，但其服役条件和性能要求还是具有很多共性。

**1. 齿轮的服役条件**

1）因传递动力，齿轮根部受交变弯曲应力。

2）在换挡、起动或啮合不均匀时，齿轮常受到冲击。

3）齿面承受滚动、滑动造成的强烈摩擦磨损和交变的接触应力。

**2. 齿轮的失效形式**

通常情况下，根据齿轮的受力状况，齿轮的主要失效形式为齿面磨损和齿根疲劳断裂。

**3. 齿轮的力学性能要求**

1）高的接触疲劳强度和弯曲疲劳强度。

2）高的硬度和耐磨性。

3）足够的强度和冲击韧度。

4）高的抗齿面疲劳剥落性能。

**4. 常用齿轮材料**

齿轮根据工作条件不同，选材比较广泛。重要用途的齿轮大都采用锻钢制作，如中碳钢或中碳合金钢用来制作中、低速和承载不大的中、小型传动齿轮，低碳钢和低碳合金钢适合于高速、能耐猛烈冲击的重载齿轮；直径较大（大于 $\phi600\mathrm{mm}$）、形状复杂的齿轮毛坯，采用铸钢制作；一些轻载、低速、不受冲击、精度要求不高的齿轮，用铸铁制造，大多用于开式传动的齿轮；在仪器、仪表工业中及某些接触腐蚀介质中工作的轻载荷齿轮，常用耐腐蚀、耐磨的有色金属材料来制造；受力不大、在无润滑条件下工作的小型齿轮，常采用塑料制造。

汽车、拖拉机中齿轮的作用是将发动机的动力传到主动轮上，然后推动汽车、拖拉机运动。变速器的齿轮因经常换挡，齿端常受到冲击；润滑油中有时夹有硬质颗粒，在齿面间造成磨损。因齿轮工作条件恶劣，对主要性能指标如耐磨性、疲劳强度、心部强韧性等要求较高，一般选用合金渗碳钢，我国常用的钢号是 20Cr 或 20CrMnTi。

### 9.3.3　箱体类零件的选材

**1. 箱体的工作条件**

箱体形状一般比较复杂，目的是保证其内部各零件的正确位置，使各零件运动协调平稳。箱体主要承受各零件的重量以及零件运动时的相互作用力，以支撑零件为主；箱体对内部各零件运动产生的振动有缓冲作用。

**2. 箱体的性能要求**

箱体的性能要求如下：

1）足够的抗压性能。

2）较高的刚度，防止变形。

3）良好的吸振性。

4）良好的成形工艺性。

5）其他特殊性能，如密度小等。

**3. 箱体零件材料的选用**

由于箱体形状比较复杂、壁厚较薄、体积较大，一般选用铸造毛坯成形，根据力学性能要求，常用灰铸铁、球墨铸铁、铸钢等。工作平稳的箱体可用 HT150、HT200 和 HT250 等；受力较小、要求导热良好、重量轻的箱体，可用铸造铝合金；受力较大的箱体可考虑铸钢；单件生产时可用低碳钢焊接而成。箱体加工前一般要进行时效处理，目的是消除毛坯的内应力。

## 实践任务8　典型主轴零件选材与热处理工艺分析

**1. 实验目的**

1）掌握主轴零件选材的分析方法。

2）掌握主轴零件的热处理工艺。

**2. 实验内容**

图 9-3 所示为 C616 车床主轴简图，对其进行选材并制定热处理工艺。

图 9-3　C616 车床主轴简图

**3. 选材分析**

该主轴承受交变弯曲应力与扭转应力，但载荷不大，转速较低，受冲击较小，故材料具有一般综合力学性能即可满足要求。主轴大端的内锥孔和外锥体，经常与卡盘、顶尖有相对摩擦，花键部位与齿轮有相对滑动，因此这些部位硬度及耐磨性有较高要求。该主轴在滚动轴承中运转，为保证主轴运转精度及使用寿命，轴颈处硬度为 220～250HBW。根据上述工作条件分析，该主轴可选 45 钢。

**4. 热处理工艺分析**

热处理工艺及应达到的技术条件是：主轴整体调质，改善综合力学性能，硬度为 220～250HBW；内锥孔与外锥体淬火后低温回火，硬度为 45～50HRC；但应注意保护键槽淬硬，故宜采用快速加热淬火；花键部位采用高频感应表面淬火，以减少变形并达到表面淬硬的目的，硬度达 48～53HRC。由于主轴较长，而且锥孔与外锥体对两轴颈的同轴度要求较高，故锥部淬火应与花键部位淬火分开进行，以减少淬火变形。随后用粗磨纠正淬火变形，然后再进行花键的加工与淬火，其变形可通过最后精磨予以消除。

### 实践任务 9　典型齿轮零件选材与加工工艺分析

**1. 实验目的**

1）掌握齿轮零件选材的分析方法。

2）掌握齿轮零件的热处理工艺。

**2. 实验内容**

图 9-4 所示为某载货汽车变速齿轮简图。该齿轮工作中受一定的冲击，负载较重，轮齿表面要求耐磨。其热处理技术条件是：轮齿表层碳的质量分数 $w_C = 0.80\% \sim 1.05\%$，齿面硬度为 58～63HRC，齿心部硬度为 33～45HRC，要求心部强度 $R_m \geqslant 1000\text{MPa}$，$A_K \geqslant 95\text{J}$。试从如下提供的材料中选择制造该齿轮的合适钢种，并制定其加工工艺路线。

**图 9-4　某载货汽车变速齿轮简图**

材料：35，45，T12，20Cr，40Cr，20CrMnTi，38CrMoAl，1Cr18Ni9Ti，W18Cr4V。

**3. 选材分析**

此载货汽车变速器齿轮在工作时承受载荷较重，轮齿承受周期变化的弯曲应力较大，齿面承受着强烈的摩擦和交变接触应力，为防止磨损，要求具有高硬度、高的疲劳强度和良好的耐磨性（58～63HRC）。在换挡制动时齿轮还受较大的冲击力，齿面承受较大的压力，还要求轮齿的心部具有一定的强度、硬度（33～45HRC）以及适当的韧性，以防止轮齿折断。根据以上分析，可知该汽车齿轮的工作条件很苛刻，因此在耐磨性、疲劳强度、心部强度和冲击韧度等方面的要求均比机床齿轮要高。

从所列钢种中，选调质钢 45 钢、40Cr 钢淬火，均不能满足使用要求（表面硬度只能达到 50～56HRC）；38CrMoAl 钢为氮化钢，氮化层较薄，适合应用于转速高、压力小、不受冲击的使用条件，故也不适合制作此汽车齿轮；合金渗碳钢 20Cr 钢经渗碳淬火虽然表面能达到力学性能要求，材料来源也比较充足，成本也较低，但是淬透性低，容易过热，淬火的变形开裂倾向较大，综合评价仍不能满足使用要求；合金渗碳钢 20CrMnTi 钢经渗碳热处理后，齿面可获得高硬度（58～63HRC），高耐磨性，并且由于该钢含有 Cr、Mn 元素，具有较高的淬透性，油淬后可保证轮齿心部获得强韧结合的组织，具有较高的冲击韧度，同时含有 Ti，不容易过热，渗碳后仍保持细晶粒，可直接淬火，变形较小，另外，20CrMnTi 钢的渗碳速度较快，表面碳的质量分数适中，过渡层平缓，渗碳热处理后，具有较高的疲劳强度，故可满足使用要求。因此该载货汽车变速器齿轮选用 20CrMnTi 钢制造比较适宜。

### 4. 确定加工工艺

加工工艺路线为：下料→齿坯锻造→正火（950～970℃空冷）→机加工→渗碳（920～950℃渗碳6～8h）→预冷淬火（预冷至870～880℃油冷）→低温回火→喷丸→校正花键孔→磨齿。

正火的目的是均匀和细化组织，消除锻造应力，获得良好切削加工性能；渗碳淬火及低温回火的目的是提高齿面硬度和耐磨性，并使心部获得低碳马氏体组织，从而具有足够强的韧性；喷丸处理可使零件渗碳层表面压应力进一步增大，以提高疲劳强度。

## 课后能力拓展

### 📘 案例释疑

**分析：** 要针对具体情况，灵活运用选材原则。一般在经济性和工艺性相近或相同时，应选用使用性能最优的材料。但在加工工艺上无法实现而成为突出的制约因素时，所选材料的使用性能也可以不是最优的。此时需找到使用性能与制约因素之间恰当的平衡点。

**结论：** 改用易切削不锈钢Y1Cr18Ni9钢制造，可获得较理想的效果。

### 📖 拓展阅读 ——"大国工匠"董礼涛：极致匠心，用铣刀雕刻"产业报国"

2024年3月1日，2023年"大国工匠年度人物"在成都揭晓，哈电集团哈尔滨汽轮机厂有限责任公司军工分厂数控铣特级技师董礼涛入选。

#### 1. 不断努力学习，怀揣梦想铸就成绩斐然

董礼涛，中共党员，27岁时打破纪录成为公司最年轻的高级技师，代表哈电汽轮机参加不同级别的职工技术技能大赛，成绩耀眼；工作30多年来，先后取得20余项专利，完成300余项技术创新，累计为公司创造8000余万元，从一名普通铣工成长为首届"龙江工匠年度人物"，获评"全国劳动模范""中华技能大奖得主""全国技术能手"，享受国务院政府特殊津贴。董礼涛秉承"从制造大国成为制造强国"这个中国产业工人共同的梦想，把铣削加工作为不懈奋斗的终身事业，刻苦钻研，锐意创新，耀眼的成就彰显匠心神功，为中国装备制造水平的提升贡献了力量。

在哈电集团汽轮机厂有限责任公司董礼涛技能大师工作室，董礼涛的桌上除各种理论学习资料外，最上面的是一个笔记本，密密麻麻记着他的心得和感悟。"工匠精神不应该是我们需要通过努力才能达到的标准，而是每一个产业工人都应该具有的一种职业素养和自我约束。""坚守才能成就不凡，创造精彩""为什么要学习？学习能发现问题，解决问题"……

1989年，董礼涛进厂做学徒工，他却不安于循规蹈矩。"每干一个活，我都在想，怎么能更好地完成。"他天天围着机床转，原来的工序是这样的，串一串又能咋样？"超级别"的件，到底是咋做的？那时候，不爱说话的"小董"每天闷头研究机床、工序，同样的机床，别的铣工能将孔洞尺寸误差控制在0.05mm内时，他想的是能控制在0.01mm内。为提升自己，他白天上班，晚上读夜校，拿到了本科学历证书。1992年，名不见经传的"小董"开始代表单位参加公司举办的各类职工技术比武，拿了一个冠军后，在接下来的12年蝉联冠军。2007年，首次以他个人命名的"董礼涛——超超临界百万机组主汽阀阀杆键槽加工法"在全公司推广，此后，大家对他的称呼由"小董"变成了"董师傅"。

2. 勇于创新和担当，带徒助力中国创造

"很多任务都是时间紧、任务重，我的目标就是想尽一切办法干好。"2020 年，重型燃机是公司当时攻克的制造难题。"我们需要马上找到一种钻头，能够在直径 $\phi1m$ 的圆桶上钻直径 $\phi1mm$、深度 40mm 的孔。"现去定做工期不允许，董礼涛在刀具商店找到了只能满足孔深的一种钻头，0.7 元一支。"这简直是挑战不可能！"很多工友都表示质疑。为了解决难题，董礼涛马不停蹄进行切削参数试验，当加工任务完成时，大家叹服了。"创新就是要思路开拓，根本是解决问题。"董礼涛说。

这样的故事还有很多。2010 年，长输管道燃气增压设备国产化攻关中，每个工件的结构都很复杂、密集，往往一个工件的图样就能铺现场一地。由于国外的技术封锁，董礼涛的手上只有图样，没有相对应的工艺，一切只能自己摸索着干。从清晨到日落，董礼涛一天在车间 10 多个小时，"每天做梦都是图纸"。功夫不负有心人，经过数月努力，董礼涛终于完成了最后一个工件的加工，成功实现整套增压设备的国产化，成本大大节约。在参与国产首台燃压机组建设时，他 3 年日夜钻研，完成所有任务的同时，申报了 5 项发明专利。"我觉得自己很幸运赶上了好时代，时代发展提速，我们工人也要转变思想，现在都是数控机床，怎么能最大限度发挥设备的性能？就是要不停地学习业务，不停地钻研技能，将中国制造变成中国创造，这才是新时代产业工人最重要的素质。"董礼涛说。

2008 年董礼涛组建了铣工工作研讨小组，带领徒弟们一起攻关。每年工作室都会制定详实的人才培养规划，为每一位工作室成员制定专门的"名师带徒"活动计划书，并予以监督考核。"在我们厂，董大师编写的'错题本'就是他徒弟们的'避坑'指南。"重点工程分厂副厂长张武成说。他口中的"错题本"是董礼涛总结各个项目的制作方法、加工经验编写而成的，如今已经有 5000 多页，摞起来 1m 多高。"为了让我们看得懂，师傅编写得图文并茂，特别实用。"董礼涛的徒弟张世宇说。

目前，董礼涛技能大师工作室已发展包含 5 个工种、52 名成员的"国家级技能大师"工作室。工作室已完成各类创新成果近百项，取得 28 项国家专利、命名操作法 3 项，培养了众多骨干力量，成员中晋升技师、高级技师的就有 26 名。如今，他正带领工作室的伙伴们，通过不断地研究固化加工方案为数字化产线提供精准的基础加工参数，为公司数字化转型贡献着力量。"大国工匠有大责任，更要有大担当、大作为。"董礼涛说。

## 模块小结

（1）机械零件常见的失效形式包括断裂失效、过量变形失效、表面损伤失效和裂纹失效。

（2）选材的原则首先是要满足使用性能要求，然后再考虑工艺性和经济性。

（3）主轴的材料及热处理工艺的选择应根据其工作条件、失效形式及技术要求来确定。

（4）重要用途的齿轮大都采用锻钢制作，如中碳钢或中碳合金钢用来制作中、低速和承载不大的中、小型传动齿轮，低碳钢和低碳合金钢适合于高速、能耐猛烈冲击的重载齿轮；直径较大、形状复杂的齿轮毛坯，采用铸钢制作；一些轻载、低速、不受冲击、精度要求不高的齿轮，用铸铁制造；在仪器、仪表工业中及某些接触腐蚀介质中工作的轻载荷齿轮，常用耐腐蚀、耐磨的有色金属材料来制造；受力不大、在无润滑条件下工作的小型齿轮，采用塑料制造。

## 模块考核与评价

1. 零件失效的常见特征是什么？
2. 零件失效的常见类型有哪些？
3. 机械工程材料选材的基本原则是什么？

表 9-1　模块学习过程评价表

| 姓名 | | 专业班级 | | | 学号 | | | 日期 | |
|---|---|---|---|---|---|---|---|---|---|
| 序号 | 评价项目 | 过程性评价观测点 | | 配分 | 自评分 | 小组评分 | 教师评分 | 心得体会 | 不足与改进 |
| 1 | 综合素质评价 | 平时表现 | 1. 学习期间出勤情况<br>2. 遵守课堂纪律情况<br>3. 回答问题、课堂互动等表现情况<br>4. 课堂作业及实践任务完成情况 | 20分 | | | | | |
| | | 素养态度 | 1. 团队合作情况<br>2. 热爱劳动，注重加强实作动手能力<br>3. 实验工位及学习工位卫生情况<br>4. 节约实验耗材，合理使用材料 | 10分 | | | | | |
| 2 | 综合专业水平评价 | 基本知识 | 1. 分析机械零件的失效形式<br>2. 掌握机械零件材料选择原则<br>3. 对典型零件合理选材 | 35分 | | | | | |
| | | 实践能力 | 1. 善于理论联系实际，积极关注真实生产，注重提高综合实践能力<br>2. 在实验中能积极主动地操作<br>3. 熟悉实验设备操作规范，操作熟练 | 25分 | | | | | |
| 3 | 安全文明生产评价 | | 1. 遵守纪律，听从指导教师指挥<br>2. 掌握操作规程和消防、灭火等安全知识<br>3. 严格遵守安全操作规程、设备使用规范、实验中心规章制度<br>4. 发生重大事故者，本项成绩为0 | 10分 | | | | | |
| 4 | | 合计 | | | | | | | |
| 5 | | 总评等级（画√） | | | □优　□良　□中　□及格　□不及格 | | | | |
| 备忘记录 | | | | | | | | | |

**小贴士**

古往今来，能成就事业，对人类有作为的，无一不是脚踏实地攀登的结果。

——钱三强

# 模块10　制定零件毛坯的热成形工艺

## 能力目标

◇ 掌握铸造成形的类型及应用。
◇ 掌握焊接成形的类型及应用。
◇ 掌握锻压成形的类型及应用。

## 素质目标

◇ 我国古代有着灿烂的铸造技术，增强民族自豪感。
◇ 不同零件有着不同的成形方法，告诉我们具体问题要具体分析，做事情要对症下药。
◇ 培养创新精神和可持续发展能力，提高劳动觉悟。

### 课前学习引导

## 思维导图

零件毛坯的热成形工艺
- 铸造成形工艺
  - 铸造概述
  - 砂型铸造
  - 特种铸造简介
- 焊接成形工艺
  - 焊接概述
  - 焊条电弧焊
  - 埋弧焊
  - 气体保护焊
  - 电阻焊
  - 等离子弧焊
  - 钎焊
- 走进焊接新技术
- 锻压成形工艺
  - 锻压概述
  - 自由锻
  - 模锻
  - 板料冲压
- 走进锻压新技术

## 引导案例——为螺旋起重器选材

检修汽车时，经常使用螺旋起重器将汽车车身顶起，以便操作人员进行检修。螺旋起重器如图 10-1 所示，该起重器的承载能力为 4t，工作时依靠手柄带动螺杆在螺母中转动，以便推动托杯顶起重物，螺母装在支承座上。

对于此螺旋起重器，其各部件应该如何选材，又该用何种方法进行相应毛坯的制备呢？

### 💡 课前思考与预习

1. 根据引导案例，进行思考与预习。
2. 制作零件毛坯有哪些方法？列举几种。
3. 根据思维导图，梳理知识点，扫描二维码资源预习。

### 📝 学习备忘

_____

_____

_____

_____

_____

_____

图 10-1　螺旋起重器

1—托杯　2—手柄　3—螺母
4—螺杆　5—支承座

## 单元 10.1　认识铸造成形工艺

### 10.1.1　铸造概述

**1. 铸造**

铸造是指将熔融金属浇注、压射或吸入铸型型腔中，待其凝固后而得到具有一定形状、尺寸和性能的铸件的成形方法。

**2. 特点**

铸造与其他金属加工方法相比，具有以下特点：

1）可铸造出形状十分复杂的铸件，铸件的尺寸和重量几乎不受限制。

2）铸造原材料价格低廉，铸件的成本较低。

3）铸件的形状和尺寸与零件很接近，因而节省了金属材料及加工工时。

**3. 分类**

根据生产方法的不同，铸造可分为砂型铸造和特种铸造两大类。

**4. 应用**

铸造成形应用十分广泛，常用于制造承重的各类结构件，如各种机器的底座、各类箱体、机床床身、气缸体、泵体、飞轮和坦克炮塔等零件的毛坯。此外，一些有特殊性能要求的构件，如球磨机的衬板、犁铧和轧辊等也常采用铸造方法制造。

### 10.1.2　砂型铸造

砂型铸造是用型砂紧实成形的铸造方法。由于砂型铸造简便易行，原材料来源广，成本低，见效快，因而在目前的铸造生产中占主导地位，用砂型铸造生产的铸件，约占铸件总量的 90%。

砂型铸造可分为湿砂型铸造和干砂型铸造两种。湿砂型不经烘干可直接进行浇注；干砂型是经烘干才能浇注的高黏土砂型。

通用毛坯的砂型铸造工艺过程如图 10-2 所示，图 10-3 所示为某齿轮毛坯的砂型铸造工艺过程。

图 10-2　通用毛坯的砂型铸造工艺过程

图 10-3　某齿轮毛坯的砂型铸造工艺过程

由图 10-2 和图 10-3 可见，砂型铸造的生产工序一般包括如下步骤：

制造模样→制备造型材料→造型（制造砂型）→造芯（制造砂芯）→

烘干（用于干砂型铸造）→合型→熔炼→浇注→落砂→清理与检验

其中，造型、造芯是砂型铸造的重要环节，对铸件的质量影响很大。

模块
10

**1. 模样和芯盒**

模样和芯盒是用来造型和造芯的基本工艺装备，它和铸件的外形相适应；芯盒用于制造芯（型芯），其内腔与型芯的形状和尺寸相适应。在单件或小批量生产时，模样和芯盒可用木材制作，大批量生产时，可用铝合金和塑料等材料来制作。

**2. 砂型**

铸型由型砂、金属或其他耐火材料制成，包括形成铸件形状的空腔、型芯和浇冒口系统。

用型砂制成的铸型称为砂型。砂型用砂箱支撑时，砂箱也是铸型的组成部分。

砂型的制作是砂型铸造工艺过程中的主要工序。制造砂型使用造型材料，借助模样和芯盒造型造芯，以实现铸件外形和内形的要求。

**3. 造型材料**

造型材料是指用于制造砂型（芯）的材料，主要包括型砂和芯砂。

型砂主要由原砂、黏结剂、附加物、水、旧砂按比例混合而成。根据型砂中采用黏结剂种类的不同，型砂可分为黏土砂、树脂砂、水玻璃砂和油砂等。

型砂与芯砂应具备如下性能：

1）足够的强度。

2）较高的耐火度。

3）良好的透气性。

4）较好的退让性。

**4. 造型**

根据生产性质不同，造型方法可分为手工造型和机器造型。

（1）手工造型　手工造型指全部用手工或手动工具完成的造型工序。根据铸件的形状特点，可采用整体模造型、分块模造型、挖砂造型、活块造型、三箱造型和刮板造型等。几种手工造型方法的特点及应用见表10-1。

表10-1　几种手工造型方法的特点及应用

| 造型方法 | | 造型简图 | 特点 | 应用 |
|---|---|---|---|---|
| 按模样特征分 | 整体模造型 | | 模样为一整体，分型面为一平面，型腔在同一砂箱中，不会产生错型缺陷，操作简单 | 最大截面在端部且为一平面的铸件，应用较广 |
| | 分块模造型 | | 模样在最大截面处分开，型腔位于上、下型中，操作较简单 | 最大截面在中部的铸件，常用于回转体类铸件 |

（续）

| 造型方法 | | 造型简图 | 特点 | 应用 |
|---|---|---|---|---|
| 按模样特征分 | 挖砂造型 | | 整体模样，分型面为一曲面，需挖去阻碍起模的型砂才能取出模样，对工人操作技能要求高，生产效率低 | 适宜中小型、分型面不平的铸件，单件或小批量生产 |
| | 假箱造型 | | 将模样置于预先做成好的假箱或成形底板上，可直接造出曲面分型面，代替挖砂造型，操作较简单 | 用于小批量或成批生产、分型面不平的铸件 |
| | 活块造型 | | 将模样上阻碍起模的部分做成活动的，取出模样主体部分后，小心将活块取出 | 造型较复杂，用于单件或小批量生产、带有凸台、难以起模的铸件 |
| | 刮板造型 | 转轴 | 刮板形状和铸件截面相适应，代替实体模样，可省去制模样的工序 | 单件或小批量生产，大、中型轮类、管类铸件 |
| 按砂箱特征分 | 两箱造型 | | 采用两个砂箱，只有一个分型面，操作简单 | 是应用最广泛的造型方法 |
| | 三箱造型 | | 采用上、下、中三个砂箱，有两个分型面，铸件的中间截面小，用两个砂箱时取不出模样，必须分模，操作复杂 | 单件或小批量生产，适合于中间截面小、两端截面大的铸件 |
| | 脱箱造型 | | 它采用带有锥度的砂箱来造型，在铸型合模后将砂箱脱出，重新用于造型。所以一个砂箱可制出许多铸型 | 可用手工造型，也可用机器造型；用于大批量、成批或单件生产的小件 |
| | 地坑造型 | | 节省下砂箱，但造型费工 | 单件生产，大、中型铸件 |

（2）机器造型　用机器全部完成或至少完成紧砂操作的造型工序，主要用于成批大量生产。按紧砂方式不同，常用的造型机有震压造型、微震压实造型、高压造型、抛砂造型、射砂造型和气冲造型等，其中以震压式造型机最为常用。震压式造型机适合于中、小型铸型，主要优点是结构简单、价格低，但噪声大、生产率不够高、铸型的紧实度不高。震压式紧砂方法如图10-4所示。

**5. 造芯**

（1）造芯方法　型芯的主要作用是形成铸件的内腔或局部外形。制造型芯的过程称为造芯，造芯也可分为手工造芯或机器造芯。常用的手工造芯的方法为芯盒造芯，芯盒通常由两半组成。芯盒造芯示意图如图10-5所示。手工造芯主要应用于单件、小批量生产中。机器造芯是利用造芯机完成填砂、紧砂和取芯的，生产效率高，型芯质量好，适用于大批量生产。

（2）型芯的固定　型芯在砂型中靠与砂型接触的芯头来定位和稳固支撑。芯头必须有合适的尺寸和形状，使型芯在型腔中定位准确，支撑稳固，以免型芯在浇注时漂浮、偏斜或移动。

**6. 浇注系统及冒口**

（1）浇注系统　把液态金属引入型腔的通道称为浇注系统，简称为浇口。浇注系统的作用是：保证熔融金属平稳、均匀、连续地充满型腔；阻止熔渣、气体和砂粒随熔融金属进入型腔；控制铸件的凝固顺序；供给铸件冷凝收缩时所需补充的金属液（补缩）。典型的浇注系统包括浇口杯、直浇道、横浇道、内浇道和冒口几部分，如图10-6所示。

图 10-4　震压式紧砂方法

a) 芯盒的装置　　　b) 取芯

图 10-5　芯盒造芯示意图
1—型芯　2—芯盒　3—定位销　4—夹钳

图 10-6　浇注系统
1—浇口杯　2—直浇道　3—横浇道
4—内浇道　5—冒口

（2）冒口　冒口是在铸型内储存供补缩铸件用熔融金属的空腔。除补缩外，冒口有时还起排气和集渣的作用。

**7. 合型**

将铸型的各个组元（如上型、下型、型芯和浇口杯等）组合成一个完整铸型的操作过程称为合型（又称为合箱）。合型前应对砂型和型芯的质量进行检查，若有损坏，需要进行修理；为检查型腔顶面与型芯顶面之间的距离需要进行试合型（称为验型）。合型时要保证铸型型腔几何形状和尺寸的准确及型芯的稳固。

合型后，上、下型应夹紧或在铸型上放置压铁，以防止浇注时上型被熔融金属顶起，造成射箱（熔融金属流出箱外）或跑火（着火的气体溢出箱外）等事故。

**8. 熔炼与浇注**

熔炼是指使金属由固态转变成熔融状态的过程。熔炼的主要任务是提供化学成分和温度合适的熔融金属。

（1）熔炼　铸铁的熔炼设备主要有冲天炉及电炉等。

（2）浇注　金属液应在一定的温度范围内按规定的速度注入铸型。浇注时铁液应以适宜的流量和线速度定量地浇入铸型，速度过快，铸型中的气体来不及排出，易产生气孔，并易形成冲砂。浇注速度过慢，使型腔表面烘烤时间过长，导致砂层翘起脱落，产生结疤、夹砂等缺陷。浇注时既可采用手动浇注，也可采用自动浇注，自动浇注通常用于自动造型线和离心铸管机等。

**9. 落砂、清理及检验**

（1）落砂　用手工或机器使铸件与型砂、砂箱分开的操作称为落砂。

（2）清理　采用铁锤敲击、机械切割或气割等方法清除铸件表面的粘砂、型砂、多余金属（包括浇冒口、飞边和氧化皮）的过程称为清理。

（3）检验　检验指用肉眼或借助于尖嘴锤找出铸件表层或皮下的铸造缺陷，如气孔、砂眼、粘砂、缩孔、冷隔和浇不足等，对铸件内部的缺陷还可采用耐压试验、磁粉检测、超声波检测、金相检验及力学性能试验等方法。铸件的常见缺陷及产生原因分析见表10-2。

表10-2　铸件的常见缺陷及产生原因分析

| 名称 | 缺陷特征及示例 | 产生原因分析 |
|---|---|---|
| 浇不足 | 铸件残缺或轮廓不完整，边角圆且光亮 | 1. 合金流动性差，浇注温度过低<br>2. 远离浇口的铸件壁太薄<br>3. 浇注时断流或浇注速度过慢<br>4. 浇注系统截面过小 |
| 错型 | 铸件的一部分与另一部分在分型面处发生错移 | 1. 合型时定位不准<br>2. 合型时上、下型错位<br>3. 上、下型未夹紧<br>4. 定位销或记号不准 |
| 裂纹 | 在铸件转角处或厚薄交接处开裂 | 1. 铸件壁厚差别大，收缩不一致<br>2. 合金含硫、磷量过高<br>3. 型（芯）砂的退让性差<br>4. 浇注温度过高 |
| 缩孔 | 铸件厚截面处出现形状不规则的孔洞，孔的内壁极粗糙 | 1. 铸件结构设计不当，有热节<br>2. 浇注温度过高，金属液态收缩过大<br>3. 冒口设计不合理，补缩不足 |

（续）

| 名称 | 缺陷特征及示例 | 产生原因分析 |
|------|------|------|
| 气孔 | 铸件内部出现孔洞，大孔孤立存在，小孔成群出现，孔的内壁较光滑 | 1. 砂型紧实度过高，透气性差<br>2. 砂型太湿，起模、修型时刷水过多，型芯、浇包未烘干或通气孔堵塞<br>3. 浇注系统不正确，气体排不出去 |
| 砂眼 | 铸件内部或表面带有砂粒的孔洞 | 1. 浇注系统不合理，冲坏铸型和型芯<br>2. 局部没舂紧，易掉砂<br>3. 型砂强度不够，局部掉砂、冲砂<br>4. 合型时砂型局部挤坏，掉砂 |

## 10.1.3 特种铸造简介

**选用金属型铸造工艺**

特种铸造是指与砂型铸造不同的铸造方法，可列入特种铸造的方法有近20种，常用的有金属型铸造、压力铸造、离心铸造、熔模铸造、陶瓷型铸造和实型铸造等。特种铸造在提高铸件精度和表面质量、提高生产率、改善劳动条件等方面具有独特的优点。

### 1. 金属型铸造

金属型铸造是指在重力的作用下将液态金属浇入金属型中获得铸件的方法。金属型可连续使用几千次甚至数万次，故又称为"永久型"。

（1）材料与结构 金属型常采用铸铁或铸钢制造，按分型面不同，金属型有整体式、垂直分型式及水平分型式等。垂直分型式金属型如图10-7所示，金属型由底座、固定半型及活动半型等部分组成，浇注系统在垂直的分型面上，为改善金属型的通气性，在分型面处开有0.2～0.4mm深的通气槽。移动活动半型、合上铸型后进行浇注，铸件凝固后移开活动半型取出铸件。

（2）工艺要点 由于金属型的导热快、无退让性、无透气性，易使铸件出现冷隔与浇不足、裂纹、气孔等缺陷。因此金属型铸造必须采取一定的工艺措施：浇注前应将铸型预热，并在内腔喷刷一层厚0.3～0.4mm的涂料，以防出现冷隔与浇不足缺陷，并延长金属型的寿命；铸件凝固后应及时开型取出铸件，以防铸件开裂或取出铸件困难。

**图10-7 垂直分型式金属型**
1—底座 2—活动半型
3—定位销 4—固定半型

（3）特点 金属型使用寿命长，可"一型多铸"，提高生产率；铸件的晶粒细小、组织致密，力学性能比砂型铸件高约25%；铸件的尺寸精度高、表面质量好；铸造车间无粉尘和有害气体的污染，劳动条件得以改善。金属型铸造的不足是金属型制造周期长、成本高、工艺要求高，且不能生产形状复杂的薄壁铸件，否则易出现浇不足和冷隔等缺陷；受铸型材料的限制，浇注高熔点的铸钢件和铸铁件时，金属型的寿命会降低。

（4）应用范围 目前，金属型铸造主要用于大批量生产形状简单的铝、铜、镁等非铁金属及合金铸件，如铝合金活塞、油泵壳体，铜合金轴瓦、轴套等。

**2. 压力铸造**

压力铸造是指熔融金属在高压下被快速压入铸型中，并在压力下凝固的铸造方法，简称压铸。常用的压射压力为 5～150MPa，充型速度为 0.5～50m/s，充型时间为0.01～0.20s。

（1）工艺过程　压铸工艺是在专门的压铸机上完成的，压铸机的主要类型有冷压室压铸机和热压室压铸机两类。图 10-8 所示为卧式冷压室压铸机工作原理图。冷压室压铸机的熔化炉与压室分开，压室和压射冲头不浸于熔融金属中，浇注时将定量的熔融金属浇到压室中，然后进行压射。压铸机主要由合型机构、压射机构和顶出机构组成，压铸机的规格通常以合型力的大小来表示。

a) 注入金属　　　b) 压铸　　　c) 抽芯　　　d) 顶出铸件

图 10-8　卧式冷压室压铸机工作原理图

（2）特点　压力铸造生产率高，便于实现自动化；铸件的精度高、表面质量好；组织细密、性能好，能铸出形状复杂的薄壁铸件。但压力铸造设备投资大，压铸型制造周期长、成本高；受压型材料熔点的限制，目前压力铸造不能用于高熔点铸铁和铸钢件的生产；由于浇注速度大，常有气孔残留于铸件内，因此铸件不宜热处理，以防气体受热膨胀，导致铸件变形开裂。

（3）适用范围　目前，压力铸造主要用于大批量生产铝、锌、铜、镁等非铁金属与合金件。如汽车、仪表、计算机、航空、摩托车和日用品等行业的各类中小型薄壁铸件，发动机气缸体、气缸盖、仪表壳体、电动机转子、照相机壳体、各类工艺品和装饰品等。常见压铸件如图 10-9 所示。

图 10-9　常见压铸件

模块 10

241

### 3. 离心铸造

离心铸造是指将金属浇入绕水平、倾斜或立轴旋转的铸型，在离心力的作用下凝固成铸件的铸造方法。离心铸造多用于简单的圆筒体，铸造时不用型芯便可形成内孔。

（1）铸造方法　离心铸造机按旋转轴的方位不同，可分为立式、卧式和倾斜式三种类型。立式离心铸造机适宜铸造直径大于高度的圆环类铸件，卧式离心铸造机适宜铸造长度大于直径的套类和管类铸件。立式和卧式离心铸造如图10-10所示。

a) 立式离心铸造　　　　　　　　b) 卧式离心铸造

图 10-10　立式和卧式离心铸造

（2）特点　离心铸造可省去浇注系统和型芯，比砂型铸造省工省料，生产率高，成本低；铸件在离心力的作用下结晶，组织致密，基本上无缩孔和气孔等缺陷，力学性能好；便于双金属铸件的铸造。但铸件的内孔尺寸误差大、表面粗糙；铸件的密度偏析大，金属中的熔渣等密度小的夹杂物易集中在内表面。

（3）应用　离心铸造广泛用于大口径铸铁管、缸套、双金属轴承、活塞环和特殊钢无缝管坯等的生产。

### 4. 熔模铸造

熔模铸造是用易熔材料制成模样，在模样上涂挂若干层耐火涂料，待硬化后熔出模样形成无分型面的型壳，经高温焙烧后即可浇注并获得铸件的方法。由于易熔材料通常采用蜡料，故这种方法又称为失蜡铸造。

（1）工艺过程　熔模铸造的主要工艺过程如图10-11所示。说明如下：

标准铸件　　压型　　熔蜡　　压制熔模　　单个蜡模　　蜡模组

制型壳、脱蜡　　　　　　填砂、浇注

图 10-11　熔模铸造的主要工艺过程

1）蜡模制造。首先根据要求的标准铸件的形状和尺寸，用钢、铜或铝合金制造压型；然后将熔化成糊状的蜡质材料（常用50%石蜡＋50%硬脂酸）压入压型中，待冷却凝固后取出，修去分型面上的飞边后得到单个的蜡模。为能一次铸出多个铸件，可将多个蜡模黏合在一个蜡制的浇注系统上，构成蜡模组。

2）型壳制造。在蜡模组上涂挂耐火涂料层，以制成具有一定强度的耐火型壳。首先将蜡模浸入涂料（石英砂＋水玻璃、硅酸乙酯等）中，取出后撒上石英砂（粉），再浸入氯化铵的溶液中进行硬化。重复上述过程 4～6 次，制成 5～10mm 厚的耐火型壳。待型壳干燥后，置于 90～95℃ 的热水中浸泡，熔出蜡料即得到一个中空的型壳。

3）焙烧、浇注。将型壳在 850～950℃ 的炉内进行焙烧，去除残留的蜡料和水分，并提高型壳的强度；将焙烧后的型壳趁热置于砂箱中，并在其周围填充砂子或铁丸固定，即可进行浇注。

（2）特点 熔模铸造是一种精密铸造工艺，铸件的尺寸精度高，表面质量好，适应性强，能生产出形状特别复杂的铸件，适合于高熔点和难切削合金，生产批量不受限制。但熔模铸造的工艺复杂、生产周期长、成本高，不适宜大件铸造。

（3）应用 熔模铸造适合于形状复杂、精密的中小型铸件（质量一般不超过25kg）；可生产高熔点、难切削的合金铸件，如形状复杂的涡轮发电机、增压器、汽轮机的叶片和叶轮；可生产复杂刀具；还可生产各种不锈钢、耐热钢和磁钢等的精密铸件。

**5. 实型铸造**

实型铸造又称为消失模铸造或汽化模铸造，是用泡沫塑料代替木模和金属模样，造型后不取出模样，当浇入高温金属液时泡沫塑料模样汽化消失，金属液填充模样的位置，冷却凝固后获得铸件的方法。图 10-12 所示为实型铸造工艺过程示意图。

（1）特点 实型铸造时不用起模、不用型芯、不合模，大大简化了造型工艺，并减少了由造芯、取模、合模引起的铸造缺陷及废品；由于采用了干砂造型，使砂处理系统大大简化，极易实现落砂，改善了劳动条件；由于不分型，铸件无飞边，使清理打磨工作量减少 50% 以上。但实型铸造汽化模造成空气污染；泡沫塑料模具设计生产周期长，成本高，因而只有产品达到相当的批量后才会有经济效益；生产大尺寸的铸件时，由于模样易变形，须采取适当的防变形措施。

a）泡沫塑料模　　b）造型　　c）浇注　　d）无飞边的铸件

图 10-12　实型铸造工艺过程示意图

（2）应用 实型铸造适用于各类合金（钢、铁、铜、铝等合金），适合于结构复杂甚至相当复杂、难以起模或活块和外芯较多的铸件，如模具、气缸头、管件、曲轴、叶轮、壳体、艺术品、床身及机座等。

## 单元 10.2　合理选用焊接成形工艺

### 案例导读

　　焊接是一种低成本、高可靠连接材料的工艺方法，广泛应用于材料间的连接。据统计，全世界钢产量的 50% 要经过焊接连接为产品。焊接技术已发展成为融材料学、力学、热处理学、冶金学、自动控制学、电子学及检验学等学科为一体的综合性学科。你见过如图 10-13 所示的这些焊接方法吗，让我们一起认识焊接吧。

　　　a) 手工电焊　　　　　　　　　b) 埋弧焊　　　　　　　　c) 机器人焊接

图 10-13　焊接方法

### 10.2.1　焊接概述

#### 1. 焊接

　　焊接是现代工业生产中广泛应用的一种金属连接方法，是通过加热、加压或两者兼用，可用或不用填充材料，使焊件达到原子（分子）间结合的一种方法。

#### 2. 特点

　　与机械连接、铆接、粘接等其他连接方法相比，焊接具有质量可靠（如气密性好）、生产率高、成本低及工艺性好等优点。

#### 3. 分类

　　按焊接过程特点不同，焊接方法分为熔化焊（如焊条电弧焊、气焊等）、压焊（如电阻焊、摩擦焊等）和钎焊（如锡焊、铜焊等）三大类。

#### 4. 生产过程

　　焊接的一般生产过程为：

下料→装配→焊接→矫正变形→检验

### 10.2.2　焊条电弧焊

　　焊条电弧焊（旧称为手工电弧焊）是用手工操纵焊条进行焊接的电弧焊方法，是熔化焊中最基本的焊接方法，它是利用焊条与工件间产生的电弧热，将工件和焊条熔化而进行焊接的方法。焊条电弧焊设备简单，操作灵活方便，是目前焊接生产中应用最广泛的一种方法。

#### 1. 电弧焊机

　　电弧焊机的作用是向负载（电弧）提供电能，电弧将电能转换成热能，电弧热能使焊条和焊件熔化，并在冷却过程中结晶，从而实现焊接。

　　电弧焊机分为交流弧焊机和直流弧焊机。交流弧焊机又称为弧焊变压器，直流弧焊机有整流式直流弧焊机和旋转式直流弧焊机，整流式直流弧焊机又称为弧焊整流器。

**2. 常用工具**

除电弧焊机外，焊条电弧焊还常用到电焊钳、面罩、锤子、焊条保温筒及钢丝刷等。

**3. 电焊条**

电焊条简称为焊条，是焊条电弧焊时的焊接材料，由焊芯和药皮两部分组成。焊芯是焊条内的金属丝，由特殊冶炼的焊条钢拉拔制成，主要起传导电流和填充焊缝的作用，同时可渗入合金。一般规定焊芯的直径和长度即为焊条的直径和长度。焊芯表面药皮由多种矿物质、有机物和铁合金等粉末用黏结剂按一定比例配制而成，主要起造气、造渣、稳弧、脱氧和渗合金等作用。

焊条按用途可分为碳素钢焊条、低合金钢焊条、不锈钢焊条、铸铁焊条、镍和镍合金焊条、铜和铜合金焊条、铝和铝合金焊条等；按药皮熔渣化学性质分为酸性焊条和碱性焊条两大类，熔渣中酸性氧化物多的称为酸性焊条，反之称为碱性焊条。酸性焊条有良好的工艺性，但焊缝的力学性能，特别是冲击韧度较差，只适合焊接强度等级一般的结构；碱性焊条的焊缝具有良好的抗裂性和力学性能，特别是冲击韧度较高，常用于焊接重要工件。

常用的酸性焊条牌号有 J422、J502 等，碱性焊条牌号有 J427、J506 等。牌号中的"J"表示结构钢焊条，牌号中三位数字的前两位"42"或"50"表示焊缝金属的抗拉强度等级，分别为 420MPa 或 500MPa；最后一位数字表示药皮类型和焊接电源种类，1~5 为酸性焊条，使用交流电源或直流电源均可，6~7 为碱性焊条，只能用直流电源。

**4. 基本操作**

焊条电弧焊的焊接步骤一般包括引弧、运条、焊缝收尾、焊后清理和检查等几个环节。

（1）引弧　引弧是指使焊条和焊件之间产生稳定的电弧，使焊接过程顺利进行。引弧时，使焊条接触焊件表面形成短路，然后迅速将焊条向上提起 2~4mm 的距离，电弧即被引燃。

（2）运条　引弧后，即进入正常的焊接过程。为了形成良好的焊缝，首先要掌握好焊条与焊件之间的角度，焊条与其纵向移动方向成 70°~80°，与垂直焊接方向成 90°，其次焊条要做三个方向的协调运动：

1）向熔池方向逐渐送进。

2）沿焊接方向移动。

3）为了获得一定宽度的焊缝，焊条沿焊缝横向摆动。

（3）焊缝收尾　焊缝收尾时，要填满弧坑，因此，焊条在停止前移的同时，应在收弧处画一个小圈并自下而上慢慢将焊条提起，拉断电弧。

（4）焊后清理和检查　焊接结束后，焊缝表面被一层焊渣覆盖着，待焊缝温度降低后，用敲渣锤轻轻敲击除掉；焊件上焊缝两侧的飞溅金属，可用扁铲铲除，使用钢丝刷清理焊缝及其周围。清理干净的焊缝，可用肉眼及放大镜进行外观检查，必要时应用仪器检验。如发现焊缝有不允许存在的缺陷，需采用修补措施，若变形超过允许范围，需进行矫正。

**5. 焊接接头与坡口**

在焊接前，应根据焊接部位形状、尺寸和受力的不同，选择合适的接头类型。常见的接头形式有对接接头、搭接接头、角接接头和 T 形接头四种，如图 10-14 所示。

为了保证焊接质量，必须在焊接接头处开适当的坡口。坡口的主要作用是保证焊透，此外，坡口的存在还可形成足够容积的金属液熔池，以便熔渣浮起，不致造成夹渣。坡口的几何尺寸必须设计好，以便减少金属填充量，减少焊接工作量和减少变形。

对钢板厚度在 6mm 以下的双面焊，因焊条电弧焊的熔深可达 4mm，故可不开坡口，即 I

图 10-14　常见焊接接头类型

形坡口。对厚度在 6mm 以上的钢板，可采用 Y 形、X 形和 U 形坡口，如图 10-15 所示。

a) I形坡口　　　　　　　　　　b) Y形坡口

c) X形坡口　　　　　　　　　　d) U形坡口

图 10-15　对接接头坡口形式

#### 6. 焊缝位置设计

依焊接时焊缝在空间的位置不同，有平焊、立焊、横焊和仰焊四种，如图 10-16 所示。

a) 平焊　　　b) 立焊　　　c) 横焊　　　d) 仰焊

图 10-16　对接焊缝的空间位置

平焊操作容易，劳动条件好，生产率高，质量易于保证，应尽量将焊缝放在平焊位置上施焊。进行立焊、横焊和仰焊时，由于重力作用，被熔化的金属向下滴落而造成施焊困难，应尽量避免。若确需采用这些焊接位置时，则应选用直径较小的焊条、较小的电流及短的电弧等措施进行焊接。

#### 7. 焊接参数

焊接参数是指影响焊缝形状、大小、质量和生产率的各种工艺因素的总称，主要包括焊条直径、焊接电流、焊接速度和弧长等。

（1）焊条直径　主要根据被焊工件的厚度、接头形式、焊接位置来选择。为了提高生产率，通常选用直径较粗的焊条，但一般不大于 6mm。平焊对接时焊条直径的选择见表 10-3。

表 10-3　平焊对接时焊条直径的选择

| 钢板厚度/mm | ≤1.5 | 2.0 | 3 | 4~7 | 8~12 | ≥13 |
|---|---|---|---|---|---|---|
| 焊条直径/mm | 1.6 | 1.6~2.0 | 2.5~3.2 | 3.2~4.0 | 4.0~4.5 | 4.0~5.8 |

（2）焊接电流　焊接电流的大小主要根据焊条直径确定，可参考表 10-4。焊接电流过小，焊接生产率较低，电弧不稳定，还可能焊不透工件；焊接电流过大，则引起熔化金属严重飞溅，甚至烧穿工件。在工件厚度大、环境温度低等情况下，可选电流的上限；而在工件厚度小、非平焊位置焊接以及使用碱性焊条时，可选其下限。

表 10-4　焊接电流与焊条直径的关系

| 焊条直径/mm | 1.6 | 2.0 | 2.5 | 3.2 | 4 | 5 | 6 |
|---|---|---|---|---|---|---|---|
| 焊接电流/A | 25~40 | 40~65 | 50~80 | 100~130 | 160~210 | 200~270 | 260~300 |

（3）焊接速度　焊接速度即单位时间内完成的焊缝长度，直接关系到焊接的生产率。一般不对焊接速度的快慢进行规定，由焊工自行掌握。一般原则是在保证焊接质量的前提下寻求高的生产率。

### 10.2.3　埋弧焊

#### 1. 焊接过程

埋弧焊焊接过程示意图如图 10-17 所示。焊接时，先在焊接件接头上面覆盖一层颗粒状的焊剂，焊剂的作用与焊条药皮基本相同，电弧是在焊剂层下燃烧的。自动焊机能自动引弧，靠送进机构可自动送进焊丝并保持一定的弧长，由一辆小车自动载运焊剂、焊丝和送进机构沿着平行于焊缝的导轨等速前进，以实行焊接操作的自动化。焊后，部分焊剂熔化成焊渣，覆盖在焊缝表面，大部分未熔化的焊剂，可以回收重新使用。

图 10-18 所示为埋弧焊的纵向截面图。电弧引燃后，电弧周围的颗粒状焊剂被熔化成熔渣，与熔池金属有冶金反应。部分焊剂被蒸发，所生成的气体将电弧周围熔渣排开，形成一个封闭的熔池，使熔化的金属与空气隔离，并能防止金属液向外飞溅，减少电弧热能损失，同时还阻止弧光四射。

图 10-17　埋弧焊焊接过程示意图
1—垫板　2—导向板　3—焊件　4—焊缝　5—挡板
6—导电嘴　7—焊丝　8—焊剂管　9—焊剂
10—电缆　11—熔池　12—渣壳　13—焊缝

图 10-18　埋弧焊的纵向截面图
1—焊件　2—熔池　3—熔滴　4—焊剂　5—焊剂斗
6—导电嘴　7—焊丝　8—熔渣　9—渣壳　10—焊缝

模块 10

## 2. 生产特点

与焊条电弧焊相比，埋弧焊有下列优点：

（1）生产率高　因为埋弧焊焊接过程中，不存在焊条发热和金属液飞溅的问题，所以能用很大的焊接电流，常高达 1000A 以上，比焊条电弧焊的电流高出 6～8 倍。同时，埋弧焊所用的焊丝是连续成卷的，可节省更换焊条的时间。因此，埋弧焊的生产率可比焊条电弧焊提高 5～10 倍。

（2）节省金属材料　埋弧焊的电弧热量集中，焊件接头的熔深较大，厚度 25mm 以下的工件，不开口就可以进行焊接。由于没有焊条头的浪费，飞溅损失也很小，因此可节省大量焊丝金属。

（3）焊接质量高　主要原因是焊剂对金属液保护得比较严密，空气较难侵入，而且熔池保持液态的时间较长，冶金过程进行得较为完善，气体和熔渣也容易浮出。又因焊接过程能自动控制，所以焊接质量稳定，焊缝成形美观。

（4）劳动条件好　因为没有弧光，所以焊工不必穿戴防护服装和面罩，焊接烟雾也较少。

## 3. 应用范围

1）因为设备费用较贵，准备工作费时，所以只适用于批量生产、长焊缝的焊件。

2）不能焊接薄的工件，以免烧穿，适合焊接的钢板厚度为 6～60mm。

3）只能进行平焊，不能焊接任意弯曲的焊缝。

### 10.2.4　气体保护焊

用外加气体作为电弧介质并保护电弧和焊接区的电弧焊称为气体保护电弧焊，简称为气体保护焊。最常用的气体保护电弧焊方法有氩弧焊和二氧化碳气体保护焊。

### 1. 氩弧焊

氩弧焊是以氩气作为保护气体的电弧焊。按所用电极的不同，可分为不熔化极氩弧焊和熔化极氩弧焊两种，分别如图 10-19a、b 所示，图 10-19c 为实物图。

a) 不熔化极氩弧焊　　　　b) 熔化极氩弧焊　　　　c) 氩弧焊实物图

**图 10-19　氩弧焊分类及实物图**
1—焊丝或电极　2—导电嘴　3—喷嘴　4—进气管　5—氩气流
6—电弧　7—工件　8—填充焊丝　9—送丝辊轮

（1）不熔化极氩弧焊　不熔化极氩弧焊以高熔点的钨棒为电极。焊接时，钨棒并不熔化，只起产生电弧的作用。因为钨棒所能通过的电流密度有限，所以只适用于焊接厚度为 6mm 以下的薄件。

手工操作的不熔化极氩弧焊，在焊接 3mm 以下的薄件时，都采用弯边接头直接熔合，可以不用填充金属；在焊接较厚的工件时，需用手工添加填充金属，或预先将焊丝安放在工件的接头中。焊接钢材时，多用直流电源正接法，以减少钨极的消耗。焊接铝、镁等合金时，则希望用直流电源反接法，因为这时的极间正离子撞击工件，能使熔池表面的氧化膜破碎，以利工件的焊合。不过，反接法会使钨极消耗较快，实际上多采用交流电焊接。

> 🔊 **生产经验提示**：用直流电源焊接时，所谓直流电源正接是指焊件接电源正极而焊条接电源负极，反之称为直流电源反接。

（2）熔化极氩弧焊　熔化极氩弧焊是以连续送进的金属焊丝为电极，因为可以用较大的焊接电流，适用于焊接厚度为 25mm 以下的焊件。自动的熔化极氩弧焊操作与埋弧焊相似，不同的是熔化极氩弧焊不用焊剂，焊接过程中没有冶金反应，氩气只起保护作用。因此，焊前必须把焊件的接头表面清理干净，否则某些杂质和氧化物会残留在焊缝内。

（3）氩弧焊的生产特点　氩弧焊的焊接质量较高，并能焊接各种金属。但因氩气的价格很贵，所以目前主要应用于铝、镁、钛及其合金的焊接，有时也用于合金钢的焊接。

**2. 二氧化碳气体保护焊**

二氧化碳气体保护焊是以 $CO_2$ 作为保护气体，具有一定的氧化作用，因此二氧化碳气体保护焊不适用于焊接容易氧化的有色金属，图 10-20 为 $CO_2$ 气体保护焊机。焊接钢材时，为了保证焊缝的力学性能，补充被烧损的元素，并起一定的脱氧作用，必须应用锰及硅等元素含量较高的焊丝。

**图 10-20　$CO_2$ 气体保护焊机**

二氧化碳气体保护焊生产率较高，热影响区和焊接变形较小，明弧操作。较突出的优点是 $CO_2$ 价廉易得，焊接成本低，只相当于埋弧焊或焊条电弧焊的 40% 左右，因此广泛应用于焊接 30mm 以下厚度的各种低碳钢和低合金结构工件；缺点是不宜焊接容易氧化的有色金属等材料，也不宜在有风的场地工作，电弧光强，熔滴飞溅较严重，焊缝成形不够光滑。

## 10.2.5　电阻焊

电阻焊旧称为接触焊，是电流通过焊件接头处的接触面及其临近区域产生的电阻热，将焊件加热到塑性状态或局部熔化状态，同时施加机械压力进行焊接的一种加工方法，因此属于压焊。

为了提高生产率并防止热量散失，通电加热的时间极短，只有应用强大的电流才能迅速达到焊接所需要的高温。电阻焊需要大功率的焊机，通过交流变压器来提供低电压、大电流的电源，焊接电流高达 5～100kA，通电时间则由精确的电气设备自动控制。

电阻焊的主要优点是生产率高、焊接变形较小、劳动条件好，而且操作简易和便于实行机械化、自动化。但设备费用高、耗电量大，接头形式和工件厚度受到限制。因此，电阻焊主要应用于大批量生产棒料的对接和薄板的搭接。

电阻焊分点焊、缝焊和对焊三种形式。

**1. 点焊**

点焊是一种用柱状电极加压通电，将搭叠好的工件逐点焊合的方法，如图 10-21 所示。因为

模块 10

两个工件接触面上所产生的热量被电极中的冷却水带走，温升有限，电极与工件不会被焊牢。

a) 点焊示意图      b) 实物设备

图 10-21    点焊示意图及实物设备

（1）操作过程   施压→通电→断电→松开，这样就完成一个点焊。先施压，后通电，是为了避免电极与工件之间产生电火花烧坏电极和工件。先断电，后松开，是为了使焊点在压力下结晶，以免焊点缩松。对于收缩性较大的材料，如焊接较厚的铝合金板材，停电之后还要适当增加压力，以获得组织致密的焊点。焊完一点后，将工件向前移动一定距离，再焊第二点。相邻两点之间应保持足够的距离，以免部分电流通过附近已有的焊点，造成过大的分流，影响焊接质量。

（2）点焊的质量   主要与焊接电流、通电时间、电极压力和工件表面的清洁程度等因素有关。焊接电流太小，通电时间太短，电极压力不足，特别是接头表面没有清理干净，都有可能焊接不牢。焊接电流过大、通电时间过长，都会使焊点熔化过大；过大的电极压力，会将工件外表面压陷，如图 10-22 所示。

图 10-22    电流和通电时间对焊接质量的影响

（3）应用   点焊主要用于厚度为 4mm 以下的薄板搭接，这在钣金加工中最为常见。图 10-23 所示为几种典型的点焊接头形式。

**2. 缝焊**

缝焊的电极是一对旋转的圆盘，叠合的工件在圆盘间通电，并随圆盘的转动而送进，于是就能得到连续的焊缝，将工件焊合，焊接过程与点焊相同。缝焊原理及气缸缝焊机如图 10-24 所示。

由于很大的分流通过已经焊合的部分，所以焊接相同的工件时，所需要的电流为点焊的 1.5~2 倍，为了节省电能并使工件和焊接设备有冷却时间，常采用焊缝连续送进和间断通电的操作方法。虽然间断通电，但焊缝还是连续的，因为焊点相互重叠 50% 以上。

缝焊密封性好，主要用于 3mm 以下要求密封性的容器和管道的焊接。

图 10-23　典型点焊接头形式

图 10-24　缝焊原理及气缸缝焊机

**3. 对焊**

对焊是将工件夹持在焊钳中，进行通电加热和施加顶锻压力而将工件焊合的焊接方法。对焊示意图如图 10-25 所示，对焊工件实物如图 10-26 所示。

a) 电阻对焊　　　　b) 闪光对焊　　　　c) 闪光对焊实况

图 10-25　对焊示意图

图 10-26　对焊工件实物

（1）电阻对焊　电阻对焊的操作是先施加顶锻压力，使工件接头紧密接触。然后通电，利用电阻热使工件接触面上的金属迅速升温到高度塑性状态；接着断电，同时增大顶锻压力，在塑性变形中使焊件焊合成一体。电阻对焊只适宜于直径小于 φ20mm 的棒料对接。

（2）闪光对焊　闪光对焊的操作是在没有接触之前接上电源，然后以轻微的压力使工件的端部接触。最先的小面积接触点迅速升温熔化，熔化的金属液体立即在电磁斥力作用下以火花形式从接触面中飞出，造成闪光现象。接着又有新的接触点金属被熔化后飞出，连续产生闪光现象。进行一定时间后，焊件的接头表面达到焊接温度，即可断电，同时迅速增加顶锻压力，使焊件焊合成一体。与电阻对焊相比，闪光对焊的热量集中在接头表面，热影响区较小，而且接头表面的氧化皮等杂物能被闪光作用清除干净，因此焊接质量较高。闪光对焊所需的电流为电阻对焊的 $1/5 \sim 1/2$，消耗的电能也较少。闪光对焊能焊接各种大小截面的工件，能方便地焊接轴类、管子、钢筋等各种断面的棒料和金属丝，并能焊接某些异种金属，例如将高速工具钢的刀头焊接在中碳钢的刀柄上。

### 10. 2. 6　等离子弧焊

#### 1. 工作原理与工作过程

等离子弧是一种热能非常集中的压缩电弧，其弧柱中心温度高达 $24000 \sim 50000K$。等离子弧焊实质上是一种电弧具有压缩效应的钨极氩气保护焊。

一般的焊接电弧因为未受到外界约束，故称为自由电弧，自由电弧区内的电流密度接近常数，因此，自由电弧的弧柱中心温度为 $6000 \sim 8000K$。利用某种装置使自由电弧的弧柱受到压缩，使弧柱中气体完全电离，则可产生温度更高、能量更加集中的电弧，即等离子弧。

图 10-27 所示为等离子弧焊工作原理及实物图。在钨极和焊件之间加一较高电压，经高频振荡使气体电离形成电弧，电弧经过具有细孔道的水冷喷嘴时，弧柱被强迫缩小，即产生电弧"机械压缩效应"。电弧同时又被进入的冷工作气流和冷却水壁所包围，弧柱外围受到强烈的冷却，使电子和离子向高温和高电离度的弧柱中心集中，使电弧进一步产生"热压缩效应"。弧柱中定向运动的带电粒子流产生的磁场间电磁力使电子和离子互相吸引，互相靠近，弧柱进一步压缩，产生"电磁压缩效应"。自由电弧经上述三种压缩效应的作用后形成等离子弧，等离子弧焊电极一般为钨极，保护气体为氩气。

图 10-27　等离子弧焊工作原理及实物图

#### 2. 特点

等离子弧焊除具有氩弧焊的优点外，还具有如下特点：

1）等离子弧的高能量可一次焊透厚度为 $10 \sim 12mm$ 的焊件，焊接速度快，热影响区小，焊接变形小，焊缝质量好。

2）焊接电流小于 0.1A 时，等离子弧仍能保持稳定燃烧，并保持其方向性，所以等离子弧焊可焊 $0.01 \sim 1mm$ 的金属箔和薄板等。

3）等离子弧焊缺点是设备复杂、昂贵，气体消耗大，只适于室内焊接。

**3. 应用**

目前，等离子弧焊在化工、核能、仪器仪表及航天航空等工业部门中广泛应用，主要用于焊接高熔点、易氧化、热敏感性强的材料，如钼、钨、钛、铬及其合金和不锈钢等，也可焊接一般钢材或有色金属。

### 10.2.7　钎焊

钎焊是采用比母材熔点低的金属材料作为钎料，将焊件和钎料加热到高于钎料熔点、低于母材熔点的温度，利用液态钎料润湿母材，填充接头间隙并与母材相互扩散实现连接焊件的方法。其特点是钎料熔化而焊件接头并不熔化。按所用钎料的熔点不同，钎焊分为软钎焊和硬钎焊两类。

**1. 钎焊过程**

将表面清洗好的工件以搭接形式装配在一起，将钎料放在接头的间隙附近或接头间隙中。当工件与钎料被加热到稍高于钎料熔点温度后，钎料熔化而工件未熔化，熔化的钎料借助毛细管的作用被吸入和充满固态工件间隙之间，液态钎料与工件金属相互扩散溶解，冷凝后即形成钎焊接头，如图 10-28 所示。

a) 安置钎料并加热　　　b) 熔化钎料　　　c) 钎料凝固形成钎焊接头

图 10-28　钎焊示意图

钎焊常用的加热方式有电烙铁加热、火焰加热、电阻加热、感应加热、浸渍加热和炉中加热等。

**2. 软钎焊**

软钎焊所用钎料的熔点在 450℃ 以下。常用的软钎料是锡铅合金，焊接接头强度一般不超过 70MPa。软钎料熔点低，熔液渗入接头间隙的能力较强，具有较好的焊接工艺性能。锡铅钎料还有良好的导电性，因此，软钎焊广泛应用于焊接受力不大的仪表、导电元件以及钢铁、铜和铜合金等材料的各种制品。

**3. 硬钎焊**

硬钎焊所用钎料的熔点都在 500℃ 以上。常用的硬钎料是黄铜和银铜合金，焊接接头强度都在 200MPa 以上。硬钎焊都应用于受力较大的钢铁和铜合金机件，以及某些工具的焊接。用银钎料焊接的接头具有较高的强度、导电性和耐蚀性，而且熔点较低，并能改善焊接工艺性能，但银钎料价格较贵，只用于要求较高的焊接件。耐热的高强度合金，须用镍铬合金作为钎料，并添加适量硅、硼等元素，以改善焊接工艺性能。

**4. 钎焊工艺方法**

钎焊机件的接头形式都采用板料搭接和管套件镶接，如图 10-29 所示，这样的接头之间有较大的结合面，以弥补钎料的强度不足，保证接头有足够的承载能力。接头之间还应有良好的配合，控制适当大小的间隙。间隙太大，不仅浪费钎料，而且会降低焊缝的强度。如果间隙太小，则会影响钎料熔液渗入，可能使结合面不能全部焊合。

焊接前应把表面的污物清除，钎焊过程中还要应用溶剂清除被焊金属表面的氧化膜，并

图 10-29　钎焊接头形式

增进钎料熔液渗入接头间隙的能力，以及保护钎料和工件接头表面免受氧化。软钎焊常用的溶剂为松香或氯化锌溶液，硬钎焊的主要溶剂是由硼砂、硼酸和碱性氟化物组成的。

**5. 钎焊的特点及应用**

与其他焊接方法相比，钎焊的主要优点如下：

1）钎焊过程中，工件的温升较低，因此工件的结晶组织和力学性能变化很小，而且焊接应力和变形也很小，容易保证焊件形状和尺寸的准确度。

2）钎焊可以焊接性能悬殊的异种金属，对工件厚度之差并无严格的限制。

3）整体加热钎焊时，可以同时焊合很多条焊缝，生产率较高。

4）钎焊接头外表光滑整齐，不需进行加工。

5）钎焊设备简单，生产投资较低。

但钎料强度较低，接头承载能力有限，且耐热能力较差。一般钎料都是有色金属及其合金，价格较贵。钎焊不适用一般钢结构和重载构件的焊接，主要用于焊接精密仪表、电气零部件、异种金属焊件，以及制造某些复杂薄板构件（如蜂窝构件、夹层构件及板式换热器）等。

## 单元 10.3　走进焊接新技术

目前焊接技术的发展趋势具有如下特点：焊接材料和结构不断出现；新的焊接工艺方法将不断被开发；常用的普通焊接工艺方法不断被改进，以提高焊接过程机械化、自动化水平，提高焊接质量和生产率；计算机焊接控制、焊接机器人、焊接中心不断得到推广；专用成套焊接设备不断涌现。下面介绍部分成熟的焊接新技术。

（1）超声波焊接　超声波焊接是指利用超声波的高频振荡能对工件接头进行局部加热和表面清理，然后施加压力实现焊接的一种压焊方法。进行超声波焊接时，焊件表面无变形，表面不需严格清理，焊接质量高。超声波焊接适合于焊接厚度小于 0.5mm 的工件。目前广泛应用于无线电、仪表、精密机械及航空工业等部门。

（2）爆炸焊　爆炸焊是利用炸药爆炸产生的冲击力造成工件的迅速碰撞，实现连接工件的一种压焊方法。爆炸焊的质量较高，工艺操作简单，主要用于生产复合材料。美国"阿波罗"登月宇宙飞船的燃料箱用钛板制成，它与不锈钢管的连接采用了爆炸焊方法。

（3）等离子弧焊　等离子弧焊是借助水冷喷嘴对电弧的拘束作用，获得较高能量密度的等离子弧进行焊接的方法。等离子弧能量易于控制，能量密度大，穿透能力强，焊接质量高，生产率高，焊缝深宽比大。但其焊枪结构复杂，对控制系统要求较高，等离子弧焊广泛用于航空航天等尖端技术所用的铜合金、钛合金、合金钢等金属的焊接。

（4）扩散焊　扩散焊是指将工件在高温下加压，但不产生可见变形和相对移动的固态焊接方法。扩散焊的特点是焊接接头质量高，焊件变形小，它能焊接同种和异种金属材料，特别是不适于熔化焊的材料，还可用于金属与非金属间的焊接，能用小件拼成力学性能均一和形状复杂的大件，以代替整体锻造和机械加工。

（5）激光焊　激光焊（见图 10-30）是指以聚焦的激光束轰击焊件所产生的热量进行焊接的方法。其特点是：能量密度高，焊接速度快；焊缝可极为窄小，变形很小；灵活性较大，并可实现一般焊接方法难以接近的接头或无法安置的焊接点及远距离焊接，多用于仪器、微电子工业中超小型元件及空间技术中特种材料的焊接。此外，激光还可以用来切割各种金属与非金属材料。

图 10-30　机器人激光焊

（6）磁力脉冲焊　磁力脉冲焊是指依靠被焊工件之间脉冲磁场相互作用而产生冲击的结果来实现金属之间连接的焊接方法，其工作原理与爆炸焊相似，适合于焊接薄壁管材和异种金属。

（7）电子束焊　电子束焊是指利用加速和聚焦的电子束轰击置于真空或非真空中的焊件所产生的热能进行焊接的方法。其焊接特点是：能量利用率高，速度快，焊缝窄而深，焊接变形很小，焊缝金属纯净，焊接质量很高，但焊接设备复杂、造价高、使用与维护要求技术高。电子束焊在核能、航空航天等尖端技术部门应用日益广泛。

## 单元 10.4　合理选用锻压成形工艺

### 案例导读

图 10-31 所示是生活中常见的不锈钢制品，它们都是采用什么工艺生产的？我们在接下来的学习中一起思考吧。

图 10-31　常见不锈钢制品

## 10.4.1　锻压概述

锻压是一种对坯料施加外力，使其产生塑性变形，改变其尺寸、形状，用于制造机械零件或毛坯的成形方法。锻压包括锻造和冲压。

**1. 锻造**

（1）锻造的作用及应用　通过锻造能消除金属在冶炼过程中产生的铸态疏松等缺陷，优化微观组织结构，同时由于保存了完整的金属流线，锻件的力学性能一般优于同样材料的铸件。负载高、工作条件严峻的重要零件，除形状较简单的可用轧制的板材、型材或焊接件外，多采用锻件。

（2）始锻温度　指开始锻造的温度，一般始锻温度应尽可能高一些，一方面金属的塑性可以提高，另一方面又可延长锻造的时间。但加热温度过高，金属将产生过热或过烧的缺陷，使金属塑性急剧降低，可锻性变差。通常将变形允许加热达到的最高温度定为始锻温度。一般金属材料的始锻温度应比其熔点低 $100 \sim 200℃$。

（3）终锻温度　指终止锻造的温度，一般终锻温度应尽可能低一些，这样可延长锻造时间，减少加热次数。但温度过低，金属塑性降低，变形抗力增大，可锻性同样变差，金属还会产生加工硬化，甚至发生开裂。通常将变形允许的最低温度定为终锻温度。

（4）锻造的方法和种类　根据成形方式不同，锻造分为自由锻和模锻两大类，锻造方法如图 10-32 所示。自由锻按锻造时工件受力来源不同，又分为手工自由锻与机器自由锻，手工自由锻劳动强度大，目前已逐步被机器自由锻和模锻所替代；模锻按所用锻造设备不同，又分为锤上模锻和胎模锻。

a) 自由锻　　　　　　　　b) 模锻

图 10-32　锻造方法

**2. 板料冲压**

利用冲模使板料产生分离或变形，以获得零件的加工方法，称为板料冲压。板料冲压一般在室温下进行，故称为冷冲压；只有当板料厚度超过 8mm 时，才采用热冲压。

### 10.4.2　自由锻

自由锻是利用冲击力或压力使金属在上、下两个砧铁（砧座与锤头）之间产生变形，从而获得所需形状及尺寸的锻件，由于坯料在砧铁之间受力变形时，沿变形方向可自由流动，不受限制，故而得名，也称为自由锻造，如图 10-32a 及图 10-33 所示。坯料在砧铁间受力变形时，可向各个方向变形，不受限制。

自由锻工序分为基本工序、辅助工序和精整工序三类。基本工序是达到锻件基本成形的工序，包括镦粗、拔长、冲孔、弯曲、切割及扭转等，最常用的是镦粗、拔长和冲孔。辅助工序是为基本工序操作方便而进行的预变形工序，如压钳口、倒棱和压肩等。精整工序是修整锻件的最后尺寸和形状，消除表面的不平和歪扭，使锻件达到图样要求的工序，如修整鼓形、平整端面和校直弯曲等。

图 10-33　自由锻设备

#### 1. 镦粗

使毛坯高度减小、横断面积增大的锻造工序称为镦粗，如图 10-34 所示。镦粗一般用来制造齿轮坯或盘饼类毛坯，或为拔长工序增大锻造比及为冲孔工序做准备等。为了防止坯料在镦粗时产生轴向弯曲，坯料镦粗部分的高度不应大于坯料直径的 2.5～3 倍。局部镦粗时，可只对所需镦粗部分进行加热，然后放在垫环（漏盘或胎模）上锻造，以限制变形范围，如图 10-34b、c、d 所示。

a) 完全镦粗　　b) 端部镦粗一　　c) 端部镦粗二　　d) 中间镦粗

图 10-34　镦粗

#### 2. 拔长

使毛坯横截面积减小、长度增加的锻造工序称为拔长，如图 10-35a 所示。拔长用来制造轴杆类毛坯，如光轴、台阶轴、连杆和拉杆等较长的锻件。拔长需用夹钳将坯料钳牢，锤击时应将坯料绕其轴线不断翻转。常用方法有两种：一种是反复 90°翻转锤击，如图 10-35b 所示，此法操作方便，但变形不均匀；另一种是沿螺旋线翻转锤击，如图 10-35c 所示，该法坯料变形和温度变化较均匀，但操作不方便。空心毛坯的拔长是加芯轴进行变形，如图 10-35d 所示，一般用于锻造长筒类锻件。

#### 3. 冲孔

在坯料上冲出通孔或不通孔的锻造工序称为冲孔。冲孔常用于制造带孔齿轮、套筒、圆环及重要的大直径空心轴等锻件。为减小冲孔深度和保持端面平整，冲孔前通常先将坯料镦粗。冲孔后大部分锻件还需拔长、扩孔或修整。冲孔分双面冲孔和单面冲孔两种。

双面冲孔时，先试冲一凹痕，检查孔的位置无误后，在凹痕中撒少许煤粉，以利于冲头的取出，然后用冲头冲深至坯料厚度的 2/3 ~ 3/4，再翻转坯料将孔冲穿。图 10-36 所示为双面冲孔过程示意图。单面冲孔是直接将孔冲穿，主要用于较薄的坯料。

a) 平砧拔长　　b) 反复90°翻转锤击　　c) 沿螺旋线翻转锤击　　d) 芯棒拔长

图 10-35　拔长

a) 冲第一面　　　　b) 冲另一面　　　　c) 冲孔完成

图 10-36　双面冲孔过程示意图

**4. 弯曲**

采用特定的工模具将毛坯弯成所规定的外形的锻造工序称为弯曲，弯曲方法主要有锻锤压紧弯曲法和垫模弯曲法两种，如图 10-37 所示。坯料弯曲变形时，金属的纤维组织未被切断，并沿锻件的外形连续分布，可保证力学性能不致削弱。质量要求较高并具有弯曲轴线的锻件，如角尺和吊钩等都是利用弯曲工序来锻制的。

a) 锻锤压紧弯曲　　　　b) 垫模弯曲

图 10-37　弯曲
1—成形压铁　2—坯料　3—成形垫铁

**5. 切割**

把板材或型材等切成所需形状和尺寸的坯料或工件的锻造工序称为切割。

**6. 自由锻的特点及应用**

（1）特点　自由锻工艺灵活，所用工具、设备简单，通用性大，成本低，可锻造小至几克大至数百吨的锻件。但自由锻尺寸精度低，加工余量大，生产率低，劳动条件差，强度大，要求工人技术水平高。

（2）应用　自由锻是大型锻件的主要生产方法，因为自由锻可以击碎钢锭中粗大的铸造组织，锻合钢锭内部气孔、缩松等空洞，并使流线状组织沿锻件外形合理分布。自由锻是生产水轮发电机轴、涡轮盘等重型锻件唯一可行的方法，在重型机械制造中占有重要地位。对中、小型锻件，从经济上考虑，只在单件、小批生产中才采用自由锻。典型自由锻锻件分类、基本工序方案及应用举例见表 10-5。

表 10-5　典型自由锻锻件分类、基本工序方案及应用举例

| 类别 | 示意图 | 基本工序方案 | 应用举例 |
|---|---|---|---|
| 饼块类 | | 镦粗或局部镦粗 | 圆盘、齿轮、模块及锤头等 |
| 轴杆类 | | 拔长<br>镦粗-拔长（增大锻造比）<br>局部镦粗-拔长（横截面相差较大的阶梯轴） | 传动轴、主轴及连杆类零件 |
| 空心类 | | 镦粗-冲孔<br>镦粗-冲孔-扩孔<br>镦粗-冲孔-芯棒拔长 | 圆环、法兰、齿圈、套筒及空心轴等 |
| 弯曲类 | | 轴杆类锻件工序-弯曲 | 吊钩、弯杆及轴瓦盖等 |
| 曲轴类 | | 拔长-错移（单拐曲轴）<br>拔长-错移-扭转 | 曲轴及偏心轴等 |
| 复杂形状件 | | 前几类锻件工序的组合 | 阀杆及吊环等 |

模块
10

259

### 10.4.3 模锻

利用模具使毛坯变形而获得锻件的锻造方法称为模锻。与自由锻比较，模锻具有模锻件尺寸精度高、形状可以很复杂、质量好、节省金属和生产率高等优点。此外，在大批量生产时，模锻件的成本较低。其不足之处是锻件质量较小，受模锻设备吨位的限制，模锻件质量一般在150kg以下；模锻设备投资大，每种锻模只可加工一种锻件，在小批量生产时模锻不经济；工艺灵活性不如自由锻。

模锻适用于中、小型锻件的成批和大量生产，广泛应用于汽车、拖拉机、飞机、机床和动力机械等工业中。模锻分为锤上模锻和胎模锻两类。

**1. 锤上模锻**

锤上模锻简称为模锻，是在模锻锤上利用模具（锻模）使毛坯变形而获得锻件的锻造方法。

（1）模锻设备 常用的锤上模锻设备有模锻空气锤、螺旋压力机、平锻机和模锻水压机等。锻模紧固在锤头（或滑块）与砧座（或工作台）上。锤头沿导向性良好的导轨运动，砧座通常与模锻设备的机架连接成整体。

（2）锻模结构 使坯料成形而获得模锻件的工具称为锻模。锻模由上模和下模组成，上模靠楔铁紧固在锤头上，随锤头一起做上下往复运动，下模用紧固楔铁固定在模座上。上、下模合在一起，其中间部形成的空间称为模膛。根据作用不同，模膛分成制坯模膛和模锻模膛两大类；根据模锻件的复杂程度不同，锻模又分单膛锻模和多膛锻模。

单膛锻模是在一副锻模上只有终锻模膛，如齿轮坯模锻件，就可将截下的圆柱形坯料直接放入单膛锻模中成形，如图10-38所示。多膛锻模是在一副锻模上具有两个以上模膛的锻模，图10-39所示为弯曲连杆的多膛锻模及其模锻过程。

**图10-38 单膛锻模及其锻件成形过程**
1—砧座 2、4、8—楔铁 3—模座 5—下模 6—坯料 7—上模 9—锤头
10—坯料 11—带飞边的锻件 12—切下的飞边 13—成形锻件

形状复杂的锻件应先用制坯模膛将坯料经几次变形，逐步锻成与锻件断面形状近似的毛坯，以利于金属均匀变形，顺利充满模膛，从而获得准确形状的模锻件。图10-39中的拔长、滚挤、弯曲等模膛，都属制坯模膛。

模锻模膛是锻件最终成形的模膛，包括预锻模膛和终锻模膛。

预锻模膛是复杂锻件制坯以后预锻变形用的模膛，目的是使毛坯形状和尺寸更接近锻件，在终锻时更容易充填终锻模膛，同时改善坯料锻造时的流动条件和提高终锻模膛的使用寿命。

图 10-39　弯曲连杆的多膛锻模及其模锻过程

终锻模膛是使坯料最后成形得到与锻件图一致的锻件的模膛。为了使终锻时锤击力比较集中，锻件受力均匀及防止偏心、错移等缺陷，终锻模膛一般设置在锻模的居中位置。终锻成形后的锻件，周围存在较薄的飞边，可在压力机上用切边模切除。

**2. 胎模锻**

胎模锻是在自由锻设备上使用可移动模具（胎模）生产模锻件的一种锻造方法。胎模不固定在锤头或砧座上，只在使用时才放到下砧上去。

（1）胎模锻的应用特点　胎模锻前，通常先用自由锻制坯，再在胎模中终锻成形。它既具有自由锻简单、灵活的特点，又兼有模锻能制造形状复杂、尺寸准确的锻件的优点，因此适于小批量生产中用自由锻成形困难、模锻又不经济的复杂形状锻件。

（2）胎模的种类　根据胎模的结构特点，胎模可分成制坯整形模、成形模和切边冲孔模等。

1）摔子是用于锻造回转体或对称锻件的一种简单制坯整形胎模，如图 10-40a 所示，这类胎模最为常用，用于锻件成形前的整形、拔长、制坯和校正。用摔子锻造时，须不断旋转锻件，适用于锻制回转体锻件，如光轴和台阶轴等。

2）扣模、套模、合模分别如图 10-40b、c、d 所示，均为成形模。扣模由上扣和下扣组成，或只有下扣，而以上砧块代替上扣。扣模既能制坯，也能成形，锻造时，锻件不转动，可移动。扣模用于非回转体杆料的制坯、弯曲或终锻成形。套模分开式和闭式两种，开式套模只有下模，上模由上砧块代替，适用于回转体料的制坯或成形，锻造时常产生小飞边；闭式套模锻造时，坯料在封闭模膛中变形，无飞边，但产生纵向毛刺，除能完成制坯或成形外，还可以冲孔。合模一般由上、下模及导向装置组成，如图 10-40d 所示，常用于形状复杂的非

261

a) 摔子            b) 扣模

c) 套模            d) 合模            e) 切边模

**图 10-40　胎模种类**

1—垫块　2—套筒　3、5—上模　4—模膛　6—定位销　7—下模　8—冲头　9—锻件飞边　10—垫环（凹模）

回转体锻件的成形。

3）由于材料的各向异性，拉深后得到的拉深件周边高度一般不一致。对于端部要求平齐、美观的零件就需要补充一道切边工序。如果拉深件为圆筒形件，虽然可以用车床切边，但是其工作效率低且难以装夹，并有可能发生变形。用切边模来完成这一道工序，如图 10-40e所示，不仅工作效率高而且制件质量良好。

### 10.4.4　板料冲压

使板料经分离或成形而得到制件的工艺统称为冲压。

**1. 板料冲压的特点**

板料冲压工艺广泛应用于汽车、拖拉机、农业机械、航空、电器、仪表以及日用品等工业部门。板料冲压所用的原材料通常是塑性较好的低碳钢、塑性高的合金钢、铜合金、铝合金等的薄板料、条带料，图 10-41 为精密五金冲压件。板料冲压具有下列特点：

1）可冲压形状复杂的零件，废料较少。

2）冲压件有较高的尺寸精度和表面质量，互换性好。

3）冲压件的重量轻、强度和刚度好，有利于减轻结构重量。

4）冲压操作简单，工艺过程便于实现机械化、自动化，生产率高，成本低。

但冲模制造复杂，模具材料及制作成本高。冲压只有大批量生产时才能显示优越性。

**2. 板料冲压设备**

板料冲压生产中常用的设备有剪床和压力机。剪床用来把板料剪成一定宽度的条料，以供下一步的冲压工序用。压力机用来实现冲压工序，制成所需形状和尺寸的成品零件。

**3. 板料冲压的基本工序**

板料冲压的基本工序分为分离工序和成形工序两大类。分离工序是使板料的一部分和另一部分分开的工序，包括冲裁和剪切等；成形工序是使板料发生塑性变形，以获得规定形状工件的工序，主要包括弯曲和拉深、缩口与翻边等。

（1）剪切　剪切是使板料按不封闭轮廓部分分离的工序。其分离部分的材料发生弯曲，称为切口，如图 10-42 所示。

图 10-41　精密五金冲压件

图 10-42　切口

（2）冲裁　利用冲模将板料以封闭的轮廓与坯料分离的冲压工序称为冲裁，是落料和冲孔的总称。这两个工序的模具结构和板料变形过程是相同的，只是作用不同。落料时，冲下的部分是工件成品，带孔的周边是废料，如图 10-43 所示；冲孔时冲下部分是废料，周边是成品。

图 10-43　落料

1—板料　2—凹模　3—凸模　4—冲压制件　5—余料

（3）弯曲　弯曲是将板料、型材或管材在弯矩作用下弯成一定角度的工序，如图 10-44 所示。弯曲时，材料内侧受压，外侧受拉；塑性变形集中在与凸模接触的狭窄区域内。坯料越厚，内弯曲半径越小，则压缩及拉伸应力越大，越容易弯裂。为防止产生裂纹，可采取措施为：选用塑性好的材料；限制最小弯曲半径；使弯曲方向与坯料流线方向一致，防止坯料表面的划伤，以免产生应力集中。

$R = r + S/2$

a) 弯曲过程　　　　　　b) 弯曲产品

图 10-44　弯曲

1—板料　2—凸模　3—凹模

（4）拉深（拉延）　拉深是指变形区在拉、压应力作用下，使坯料成为空心件而厚度基本不变的加工方法，如图 10-45 所示。

**零件拉深工艺动画仿真**

**图 10-45　拉深**

1—坯料　2—第一次拉深的产品（第二次拉深的坯料）　3—凸模　4—凹模　5—成品

（5）翻边　翻边指在板料或半成品上，使材料沿其内孔或外缘的一定曲线翻成竖立边缘的变形工序。若零件所需凸缘的高度较大，翻边时极易破裂，可采用先拉深后冲孔，再翻边的工艺。翻边实例如图 10-46 所示，图中 $d_0$ 为坯料上孔的直径，$\delta$ 为坯料厚度，$d$ 为凸缘平均直径，$h$ 为凸缘的高度。

**图 10-46　翻边**

（6）成形　通过局部变形使坯料或半成品改变形状的工艺称为成形。起伏是在板料和制品表面通过局部变薄，获得各种形状的凸起和凹陷的成形方法，如图 10-47a 所示；胀形是将空心件轴向方向上的局部区段直径胀大的成形方法，如图 10-47b 所示。

a）起伏　　　　b）胀形

**图 10-47　成形**

## 10.4.5　走进锻压新技术

### 1. 精密模锻

精密模锻是在普通的模锻设备上锻制形状复杂的高精度锻件的一种模锻工艺，如锥齿轮、汽轮叶片、航空零件、电器零件等。锻件公差可在 ±0.02mm 以下。精密模锻具有如下工艺特点：

1）精确计算原始坯料的尺寸，否则会增大锻件尺寸公差，降低精度。

2）需要仔细清理坯料表面，除净坯料表面的氧化皮、脱碳层及其他缺陷等。

3）采用无氧化加热方法，尽量减少坯料表面形成氧化皮。

4）精密模锻的锻件精度必须比锻件高两级。精锻模一定要有导柱、导套结构，以保证合模准确。为排除模膛中的气体，减小金属流动阻力，使金属更好地充满模膛，模膛内应开有排气小孔。

5）严格控制模具温度、锻造温度、润滑条件及操作方法。

6）精密模锻宜在刚度大、精度高的模锻设备上进行，如摩擦压力机或高速锤等。

### 2. 液态模锻

液态模锻是一种介于压力铸造和模锻之间的加工方法，它是将定量的金属液直接浇入金属模内，然后在一定时间内以一定压力作用于液态或半液态金属上使之成形的一种方法。由于结晶过程是在压力下进行的，因而改变了常态下结晶的宏观及微观组织，使柱状晶变为细小的等轴晶。用于液态模锻的金属可以是各种类型的合金，如铝合金、铜合金、灰铸铁、碳素钢及不锈钢等。液态模锻与一般模锻、铸造相比，具有以下优良特性：

1）锻件的强度指标可以接近或达到模锻件的水平，组织致密均匀，性能优良。

2）锻件外形准确，表面粗糙度值低，有时可不用进行机械加工。

3）液态模锻可以一次成形，不像一般模锻需要多个模膛，而且液态金属充满模膛要比一般模锻容易得多，因而可提高生产率，减小劳动强度，也节省了大量模具钢。

4）液态模锻结构简单、紧凑。不像压铸需要浇口、浇道，使模具复杂。

5）液态模锻不需要用专门的压铸机，而采用通用设备。

### 3. 超塑性模锻

超塑性是指金属或合金在特定条件下进行拉伸试验，其断后伸长率超过 100% 以上的特性，如纯钛可超过 300%，锌铝合金可超过 1000%。特定的条件是指一定的变形温度、一定的晶粒度、低的形变速率。目前，常用的超塑性成形材料主要是锌铝合金、铝基合金、铁合金及高温合金。超塑性状态下的金属在变形过程中不产生缩颈现象，变形应力可为常态下的几分之一至几十分之一。因此此种金属极易成形，可采用多种工艺方法制出复杂的零件。超塑性模锻工艺有以下特点：

1）扩大了可锻金属的种类。如过去认为只能采用铸造成形的某些合金，也可以进行超塑性模锻成形。

2）金属填充模膛性能好，锻件尺寸精度高，机械加工余量小，甚至可以不再加工，这对很难加工的钛合金和高温合金特别有利。

3）能获得均匀细小的晶粒组织，零件整体力学性能均匀一致。

4）金属的变形抗力小，可充分发挥中、小设备的作用。

#### 4. 旋压

如图 10-48 所示，旋压是利用旋压机使毛坯和模具以一定的速度共同旋转，并在滚轮作用下，使毛坯在与滚轮接触的部位产生局部塑性变形，滚轮的进给运动和毛坯的旋转运动使毛坯的局部塑性变形逐步扩展到全部所需表面，从而获得所需形状与尺寸零件的加工方法。旋压基本靠弯曲成形的，不像冲压有明显的拉深作用，故壁厚的减薄量小。旋压工艺特点如下：

1）旋压是局部连续成形，变形区很小，因此所需的成形力就小，仅为整体冲压成形力的几十分之一，甚至更小。

2）旋压工具简单，费用低，而且旋压设备的调整、控制比较简便灵活，具有很大的柔性，非常适用于多品种小批量生产。根据零件形状不同，有时也用于大批量生产。

3）冲压难以成形某些形状复杂的零件，旋压加工可有效解决。例如，头部很尖的火箭弹药锥形罩、薄壁收口容器以及带内旋线的猎枪管等。

4）旋压件尺寸精度高，甚至可与切削加工相媲美。

5）旋压件表面粗糙度容易保证。此外，经旋压成形的零件，抗疲劳强度高，屈服强度、抗拉强度、硬度也都大幅度提高。

图 10-48　旋压工艺、设备及产品
1—毛坯　2—顶杆　3—滚轮　4—模具

> 📢 **生产经验提示**：旋压省力且效果明显，用小功率、小吨位的旋压机即可加工大型件。但只适于生产小批量回转体零件，大批量时不如冲压高效、经济。旋压后材料塑性指标下降且存在残余应力。

## 课后能力拓展

### 📭 案例释疑

分析：①托杯工作时直接支撑重物，承受压应力，宜选用灰铸铁材料，如 HT200。由于托杯具有凹槽和内腔结构，形状较复杂，所以采用铸造方法成形。若采用中碳钢制造托杯，则可采用模锻进行生产。②手柄工作时，承受弯曲应力。受力不大，且结构形状较简单，可直接选用碳素结构钢材料，如 Q235 等。③螺母工作时沿轴线方向承受压应力，螺纹承受弯曲应力和摩擦力，受力情况较复杂。但为了保护螺杆，以及从降低摩擦阻力考虑，宜选用耐磨的材料，如青铜 ZCuSn10Pb1，毛坯生产可以采用铸造方法成形。螺母孔尺寸较大时可直接铸出。④螺杆工作时，受力情况与螺母类似，但毛坯结构形状较简单规则，宜选用中碳钢或中碳合金钢材料，如 40Cr 钢等，毛坯生产方法可以采用锻造成形方法。⑤支承座是起重器的基础零件，承受静载荷压应力，宜选用灰铸铁 HT200。又由于它具有锥度和内腔，结构形状较复杂，因此，采用铸造成形方法比较合理。

### 📖 拓展阅读 ——"全国劳动模范"毛腊生：匠心报国，毕生为导弹铸"外衣"

有这样一位铸造工人，他的工作是用砂子给导弹铸造"外衣"（舱体），曾获得"航天技能大奖""国防科技工业有突出贡献的中青年专家""全国技术能手""中华技能大奖""贵州榜样·最美人物""全国劳动模范""全国道德模范"等称号，他就是中国航天科工集团首席技师毛腊生。

1. 干一行爱一行，精一行干一生

毛腊生 1956 年生于遵义市绥阳县，初中毕业后到绥阳县团山公社插队，1977 年由于表现优秀被推荐进入贵州航天风华精密设备有限公司从事铸造工作。身材瘦弱的他，干一行、爱一行、精一行，一干就是一生，完成了从学徒工到首席技师再到全国技术能手"大国工匠"的华丽蜕变。

砂型铸造成本低、周期短，是目前应用广泛的一种传统铸造方法。不管何种砂子，毛腊生抓一把就知道好坏，他的工作是对砂模进行造型、修型，做成铸件的形状，这是整个铸造过程最考验功力的环节。之后浇灌金属熔液，冷却后打开铸型就可以得到最终的铸件。他所在的车间是为导弹铸造舱体的，相当于给导弹做外衣。导弹在高速飞行中与空气摩擦会产生高热，这件衣服要求耐得住高压、抗得住高温，小瑕疵都会埋下重大隐患。

在铸造行业，导弹舱体属于大件，内部结构复杂，造型无法用机器替代，即便是制造业高度发达的国家，这种铸件也只能手工操作。砂子本身质地疏松，对造型精准度有很高要求，造型中工人还要不停移动。为了更灵活方便，工人都是蹲着来完成作业。毛腊生刚接触这个工作时，蹲上 20 多分钟腿就又酸又麻，为了练就这"蹲"的功夫，他吃饭时、看书时也蹲着，后来一天能蹲 7~8h 甚至更久。作为造型工，毛腊生还承担着翻模、搬模等工作，由于身体总朝一个方向着力，他的鞋子总是鞋面还完好鞋底却已磨成薄斜片。

40 多年来，毛腊生怀揣"匠心"，用满腔热情去"读懂"冰冷的砂子；扎根一线，用勤奋进取书写了航天工人的精彩篇章；执着信念，用聪明才智铸造了强大国防的基石。他参与生产的系列型号导弹，4 次亮相国家阅兵仪式。

2. 学习伴随一生，攻克铸造难题

爱学习是很多人对毛腊生的评价，他手机里存的都是拍下的铸造用的文字数据，竟找不到一张与铸造无关的照片。随着新材料、新工艺在军品生产中不断出现，材料既要轻，还要耐高温、耐高压，毛腊生在自豪的同时也感到压力越来越大，他觉得自己"还得学习"。

当年刚进厂时，毛腊生因为只有初中文化，连图样都看不懂，没想到自己能坚持下来。他的师傅虽没什么文化，但实际操作能力特别强，任何零件都能做得特别好。师傅炉火纯青的技艺让毛腊生感慨，凭着不服输的干劲，他终于成了厂里公认的技术能手。然而，有一次他做的砂模造型浇铸出来的竟是废件，后来经调查发现是金属液有问题。毛腊生意识到，铸造是一个团队合作的行业，哪个环节出问题，都会让所有人的努力前功尽弃，从那以后，毛腊生开始钻研铸造全工艺流程，后来他居然还懂了流体力学和材料学。

2006 年，他所在单位与中南大学合作，为国家某重点型号共同开发舱体，在实验室成功的技术，到了实际操作中铸件裂纹很厉害，试验了 20 多次全部失败，开了很多分析会也无法解决。大家都一筹莫展时，有人提出让毛腊生试试。他带着干粮和一节废件住进了实验室，面对那个破裂的铸件也一筹莫展，他脑海里算了很多方案，经过一次次推敲却都不可行。同事回忆，毛腊生也不跟人打招呼，总是不停念叨铸造的各种参数、工艺、性能，他在实验室呆了两天两夜，当他红着眼睛走出来时，大家知道问题解决了。实验室张教授直接竖起大拇指，称赞他"确实是奇人"，说很多高级工程师都没法解决的问题，毛师傅好像轻描淡写地就解决了。

3. 老骥伏枥退休不退岗，再次"应征入伍"带徒创新

面对强军新征程的需要，退休后的"航天老兵"毛腊生很快再次"应征入伍"，接受返聘重回公司，加入到轻质合金铸造一流专业建设队伍中，领衔金属外膜镁合金项目研究，产品主要用在导弹外壳，有强度好、成本省、效率高、铸件质量性能得到提高等优势。2024 年 68 岁的毛腊生早已功成名就，但依然走在创新路上，每天泡在铸造现场指导学徒、传授技术。

有人问他"大国工匠"成功的秘诀，他说："没有秘诀，只有勤奋。"有人又问，已功成名就，为何还要接受返聘，他掷地有声地说："因为热爱，所以干一生都不悔。只要身体还允许，国家需要我，企业需要我，年纪再大我都一定到！"

"发展路上，不大力创新不行。"毛腊生说。退休后空闲时间多了，他先后走访了七、八家全国较知名的铸造企业，学习观摩铸造工艺。"不能躺在功劳簿上'吃老本'，只有不断学习掌握新的知识，加以总结归纳，才能形成自己的东西，从而推动创新。我现在的想法就是能有所创新，带动一批年轻人干，心里面就会有成就感，会觉得踏实。"毛腊生接受采访时说。他每天都会到生产现场走走看看，年轻人在操作上有什么疑问他都耐心细致回答，加以指导。"我要尽可能把经验技艺传给年轻人，让他们少走一些弯路，早日成才。"他表示。

## 模 块 小 结

（1）铸造是指将熔融金属浇注、压射或吸入铸型型腔中，待其凝固后而得到一定形状、尺寸和性能的铸件的成形方法。

（2）砂型铸造可分为湿砂型（不经烘干可直接进行浇注的砂型）铸造和干砂型（经烘干的高黏土砂型）铸造两种。

（3）常用的特种铸造有金属型铸造、压力铸造、离心铸造、熔模铸造、陶瓷型铸造和实型铸造等。特种铸造在提高铸件精度和表面质量、提高生产率、改善劳动条件等方面具有独特的优点。

（4）焊接是现代工业生产中广泛应用的一种金属连接方法，是通过加热或加压或两者兼用，并且用或不用填充材料，使焊件达到原子（分子）间结合的一种方法。

（5）按焊接过程的特点，焊接方法分为熔化焊（如焊条电弧焊、气焊等）、压焊（如电阻焊、摩擦焊等）和钎焊（如锡焊、铜焊等）三大类。

（6）锻压是一种对坯料施加外力，使其产生塑性变形，改变其尺寸、形状，用于制造机械零件或毛坯的成形方法。锻压包括锻造和冲压。

（7）锻件的力学性能一般优于同样材料的铸件，负载高、工作条件严峻的重要零件，除形状较简单的可用轧制的板材、型材或焊接件外，多采用锻件。

## 模块考核与评价

1. 简述铸造的应用领域。
2. 说明铸件的常见缺陷。
3. 按焊接过程的特点，焊接方法分为哪几类？
4. 与焊条电弧焊相比，埋弧焊有哪些优点？
5. 简述锻造的作用及应用特点。
6. 自由锻的基本工序有哪些？

表 10-6 模块学习过程评价表

| 姓名 | | 专业班级 | | | 学号 | | | 日期 | | |
|---|---|---|---|---|---|---|---|---|---|---|
| 序号 | 评价项目 | | 过程性评价观测点 | 配分 | 自评分 | 小组评分 | 教师评分 | 心得体会 | 不足与改进 | |
| 1 | 综合素质评价 | 平时表现 | 1. 学习期间出勤情况<br>2. 遵守课堂纪律情况<br>3. 回答问题、课堂互动等表现情况<br>4. 课堂作业及实践任务完成情况 | 20分 | | | | | | |
| | | 素养态度 | 1. 团队合作情况<br>2. 热爱劳动，注重加强动手能力<br>3. 实验工位及学习工位卫生情况<br>4. 节约实验耗材，合理使用材料 | 10分 | | | | | | |
| 2 | 综合专业水平评价 | 基本知识 | 1. 合理选用铸造成形工艺<br>2. 合理选用焊接成形工艺<br>3. 合理选用锻压成形工艺 | 35分 | | | | | | |
| | | 实践能力 | 1. 善于理论联系实际，积极关注真实生产，注重提高综合实践能力<br>2. 在实验中能积极主动地操作<br>3. 熟悉实验设备操作规范，操作熟练 | 25分 | | | | | | |
| 3 | 安全文明生产评价 | | 1. 遵守纪律，听从指导教师指挥<br>2. 掌握操作规程和消防、灭火等安全知识<br>3. 严格遵守安全操作规程、设备使用规范、实验中心规章制度<br>4. 发生重大事故者，本项成绩为0 | 10分 | | | | | | |

模块
10

（续）

| 姓名 | | 专业班级 | | | | 学号 | | 日期 | | |
|---|---|---|---|---|---|---|---|---|---|---|
| 序号 | 评价项目 | 过程性评价观测点 | | 配分 | 自评分 | 小组评分 | 教师评分 | 心得体会 | 不足与改进 | |
| 4 | | 合计 | | | | | | | | |
| 5 | | 总评等级（画√） | | | □优 □良 □中 □及格 □不及格 | | | | | |
| 备忘记录 | | | | | | | | | | |

**小贴士**

应该随时学习，学习一切；应该集中精力，以求知道得更多，知道一切。

——高尔基

# 附　录

## 附录 A　压痕直径与布氏硬度对照表

| 球直径 $D/mm$ | | | | 试验力-球直径二次方的比率 $0.102 \times F/D^2$ | | | | | |
|---|---|---|---|---|---|---|---|---|---|
| | | | | 30 | 15 | 10 | 5 | 2.5 | 1 |
| | | | | 试验力 $F/N$ | | | | | |
| 10 | | | | 29420 | 14710 | 9807 | 4903 | 2452 | 980.7 |
| | 5 | | | 7355 | — | 2452 | 1226 | 612.9 | 245.2 |
| | | 2.5 | | 1839 | — | 612.9 | 306.5 | 153.2 | 61.29 |
| | | | 1 | 294.2 | — | 98.07 | 49.03 | 24.52 | 9.807 |
| 压痕的平均直径 $d/mm$ | | | | 布氏硬度 HBW | | | | | |
| 2.40 | 1.200 | 0.6000 | 0.240 | 653 | 327 | 218 | 109 | 54.5 | 21.8 |
| 2.45 | 1.225 | 0.6125 | 0.245 | 627 | 313 | 209 | 104 | 52.2 | 20.9 |
| 2.50 | 1.250 | 0.6250 | 0.250 | 601 | 301 | 200 | 100 | 50.1 | 20.0 |
| 2.55 | 1.275 | 0.6375 | 0.255 | 578 | 289 | 193 | 96.3 | 48.1 | 19.3 |
| 2.60 | 1.300 | 0.6500 | 0.260 | 555 | 278 | 185 | 92.6 | 46.3 | 18.5 |
| 2.65 | 1.325 | 0.6625 | 0.265 | 534 | 267 | 178 | 89.0 | 44.5 | 17.8 |
| 2.70 | 1.350 | 0.6750 | 0.270 | 514 | 257 | 171 | 85.7 | 42.9 | 17.1 |
| 2.75 | 1.375 | 0.6875 | 0.275 | 495 | 248 | 165 | 82.6 | 41.3 | 16.5 |
| 2.80 | 1.400 | 0.7000 | 0.280 | 477 | 239 | 159 | 79.6 | 39.8 | 15.9 |
| 2.85 | 1.425 | 0.7125 | 0.285 | 461 | 230 | 154 | 76.8 | 38.4 | 15.4 |
| 2.90 | 1.450 | 0.7250 | 0.290 | 444 | 222 | 148 | 74.1 | 37.0 | 14.8 |
| 2.95 | 1.475 | 0.7375 | 0.295 | 429 | 215 | 143 | 71.5 | 35.8 | 14.3 |
| 3.00 | 1.500 | 0.7500 | 0.300 | 415 | 207 | 138 | 69.1 | 34.6 | 13.8 |
| 3.05 | 1.525 | 0.7625 | 0.305 | 401 | 200 | 134 | 66.8 | 33.4 | 13.4 |
| 3.10 | 1.550 | 0.7750 | 0.310 | 388 | 194 | 129 | 64.6 | 32.3 | 12.9 |
| 3.15 | 1.575 | 0.7875 | 0.315 | 375 | 188 | 125 | 62.5 | 31.3 | 12.5 |
| 3.20 | 1.600 | 0.8000 | 0.320 | 363 | 182 | 121 | 60.5 | 30.3 | 12.1 |

（续）

| 球直径 $D$/mm | | | | 试验力-球直径二次方的比率 $0.102 \times F/D^2$ | | | | | |
|---|---|---|---|---|---|---|---|---|---|
| | | | | 30 | 15 | 10 | 5 | 2.5 | 1 |
| | | | | 试验力 $F$/N | | | | | |
| 10 | | | | 29420 | 14710 | 9807 | 4903 | 2452 | 980.7 |
| | 5 | | | 7355 | — | 2452 | 1226 | 612.9 | 245.2 |
| | | 2.5 | | 1839 | — | 612.9 | 306.5 | 153.2 | 61.29 |
| | | | 1 | 294.2 | — | 98.07 | 49.03 | 24.52 | 9.807 |
| 压痕的平均直径 $d$/mm | | | | 布氏硬度 HBW | | | | | |
| 3.25 | 1.625 | 0.8125 | 0.325 | 352 | 176 | 117 | 58.6 | 29.3 | 11.7 |
| 3.30 | 1.650 | 0.8250 | 0.330 | 341 | 170 | 114 | 56.8 | 28.4 | 11.4 |
| 3.35 | 1.675 | 0.8375 | 0.335 | 331 | 165 | 110 | 55.1 | 27.5 | 11.0 |
| 3.40 | 1.700 | 0.8500 | 0.340 | 321 | 160 | 107 | 53.4 | 26.7 | 10.7 |
| 3.45 | 1.725 | 0.8625 | 0.345 | 311 | 156 | 104 | 51.8 | 25.9 | 10.4 |
| 3.50 | 1.750 | 0.8750 | 0.350 | 302 | 151 | 101 | 50.3 | 25.2 | 10.1 |
| 3.55 | 1.775 | 0.8875 | 0.355 | 293 | 147 | 97.7 | 48.9 | 24.4 | 9.77 |
| 3.60 | 1.800 | 0.9000 | 0.360 | 285 | 142 | 95.0 | 47.5 | 23.7 | 9.50 |
| 3.65 | 1.825 | 0.9125 | 0.365 | 277 | 138 | 92.3 | 46.1 | 23.1 | 9.23 |
| 3.70 | 1.850 | 0.9250 | 0.370 | 269 | 135 | 89.7 | 44.9 | 22.4 | 8.97 |
| 3.75 | 1.875 | 0.9375 | 0.375 | 262 | 131 | 87.2 | 43.6 | 21.8 | 8.72 |
| 3.80 | 1.900 | 0.9500 | 0.380 | 255 | 127 | 84.9 | 42.4 | 21.2 | 8.49 |
| 3.85 | 1.925 | 0.9625 | 0.385 | 248 | 124 | 82.6 | 41.3 | 20.6 | 8.26 |
| 3.90 | 1.950 | 0.9750 | 0.390 | 241 | 121 | 80.4 | 40.2 | 20.1 | 8.04 |
| 3.95 | 1.975 | 0.9875 | 0.395 | 235 | 117 | 78.3 | 39.1 | 19.6 | 7.83 |
| 4.00 | 2.000 | 1.0000 | 0.400 | 229 | 114 | 76.3 | 38.1 | 19.1 | 7.63 |
| 4.05 | 2.025 | 1.0125 | 0.405 | 223 | 111 | 74.3 | 37.1 | 18.6 | 7.43 |
| 4.10 | 2.050 | 1.0250 | 0.410 | 217 | 109 | 72.4 | 36.2 | 18.1 | 7.24 |
| 4.15 | 2.075 | 1.0375 | 0.415 | 212 | 106 | 70.6 | 35.3 | 17.6 | 7.06 |
| 4.20 | 2.100 | 1.0500 | 0.420 | 207 | 103 | 68.8 | 34.4 | 17.2 | 6.88 |
| 4.25 | 2.125 | 1.0625 | 0.425 | 201 | 101 | 67.1 | 33.6 | 16.8 | 6.71 |
| 4.30 | 2.150 | 1.0750 | 0.430 | 197 | 98.3 | 65.5 | 32.8 | 16.4 | 6.55 |
| 4.35 | 2.175 | 1.0875 | 0.435 | 192 | 95.9 | 63.9 | 32.0 | 16.0 | 6.39 |
| 4.40 | 2.200 | 1.1000 | 0.440 | 187 | 93.6 | 62.4 | 31.2 | 15.6 | 6.24 |
| 4.45 | 2.225 | 1.1125 | 0.445 | 183 | 91.4 | 60.9 | 30.5 | 15.2 | 6.09 |
| 4.50 | 2.250 | 1.1250 | 0.450 | 179 | 89.3 | 59.5 | 29.8 | 14.9 | 5.95 |
| 4.55 | 2.275 | 1.1375 | 0.455 | 174 | 87.2 | 58.1 | 29.1 | 14.5 | 5.81 |

（续）

| 球直径 $D$/mm | | | | 试验力-球直径二次方的比率 $0.102 \times F/D^2$ | | | | | |
|---|---|---|---|---|---|---|---|---|---|
| | | | | 30 | 15 | 10 | 5 | 2.5 | 1 |
| | | | | 试验力 $F$/N | | | | | |
| 10 | | | | 29420 | 14710 | 9807 | 4903 | 2452 | 980.7 |
| | 5 | | | 7355 | — | 2452 | 1226 | 612.9 | 245.2 |
| | | 2.5 | | 1839 | — | 612.9 | 306.5 | 153.2 | 61.29 |
| | | | 1 | 294.2 | — | 98.07 | 49.03 | 24.52 | 9.807 |
| 压痕的平均直径 $d$/mm | | | | 布氏硬度 HBW | | | | | |
| 4.60 | 2.300 | 1.1500 | 0.460 | 170 | 85.2 | 56.8 | 28.4 | 14.2 | 5.68 |
| 4.65 | 2.325 | 1.1625 | 0.465 | 167 | 83.3 | 55.5 | 27.8 | 13.9 | 5.55 |
| 4.70 | 2.350 | 1.1750 | 0.470 | 163 | 81.4 | 54.3 | 27.1 | 13.6 | 5.43 |
| 4.75 | 2.375 | 1.1875 | 0.475 | 159 | 79.6 | 53.0 | 26.5 | 13.3 | 5.30 |
| 4.80 | 2.400 | 1.2000 | 0.480 | 156 | 77.8 | 51.9 | 25.9 | 13.0 | 5.19 |
| 4.85 | 2.425 | 1.2125 | 0.485 | 152 | 76.1 | 50.7 | 25.4 | 12.7 | 5.07 |
| 4.90 | 2.450 | 1.2250 | 0.490 | 149 | 74.4 | 49.6 | 24.8 | 12.4 | 4.96 |
| 4.95 | 2.475 | 1.2375 | 0.495 | 146 | 72.8 | 48.5 | 24.3 | 12.1 | 4.86 |
| 5.00 | 2.500 | 1.2500 | 0.500 | 143 | 71.3 | 47.5 | 23.8 | 11.9 | 4.75 |
| 5.05 | 2.525 | 1.2625 | 0.505 | 140 | 69.8 | 46.5 | 23.3 | 11.6 | 4.65 |
| 5.10 | 2.550 | 1.2750 | 0.510 | 137 | 68.3 | 45.5 | 22.8 | 11.4 | 4.55 |
| 5.15 | 2.575 | 1.2875 | 0.515 | 134 | 66.9 | 44.6 | 22.3 | 11.1 | 4.46 |
| 5.20 | 2.600 | 1.3000 | 0.520 | 131 | 65.5 | 43.7 | 21.8 | 10.9 | 4.37 |
| 5.25 | 2.625 | 1.3125 | 0.525 | 128 | 64.1 | 42.8 | 21.4 | 10.7 | 4.28 |
| 5.30 | 2.650 | 1.3250 | 0.530 | 126 | 62.8 | 41.9 | 20.9 | 10.5 | 4.19 |
| 5.35 | 2.675 | 1.3375 | 0.535 | 123 | 61.5 | 41.0 | 20.5 | 10.3 | 4.10 |
| 5.40 | 2.700 | 1.3500 | 0.540 | 121 | 60.3 | 40.2 | 20.1 | 10.1 | 4.02 |
| 5.45 | 2.725 | 1.3625 | 0.545 | 118 | 59.1 | 39.4 | 19.7 | 9.85 | 3.94 |
| 5.50 | 2.750 | 1.3750 | 0.550 | 116 | 57.9 | 38.6 | 19.3 | 9.66 | 3.86 |
| 5.55 | 2.775 | 1.3875 | 0.555 | 114 | 56.8 | 37.9 | 18.9 | 9.47 | 3.79 |
| 5.60 | 2.800 | 1.4000 | 0.560 | 111 | 55.7 | 37.1 | 18.6 | 9.28 | 3.71 |
| 5.65 | 2.825 | 1.4125 | 0.565 | 109 | 54.6 | 36.4 | 18.2 | 9.10 | 3.64 |
| 5.70 | 2.850 | 1.4250 | 0.570 | 107 | 53.5 | 35.7 | 17.8 | 8.92 | 3.57 |
| 5.75 | 2.875 | 1.4375 | 0.575 | 105 | 52.5 | 35.0 | 17.5 | 8.75 | 3.50 |
| 5.80 | 2.900 | 1.4500 | 0.580 | 103 | 51.5 | 34.3 | 17.2 | 8.59 | 3.43 |
| 5.85 | 2.925 | 1.4625 | 0.585 | 101 | 50.5 | 33.7 | 16.8 | 8.42 | 3.37 |

（续）

| 球直径 D/mm | | | | 试验力-球直径二次方的比率 0.102 × F/D² | | | | | |
|---|---|---|---|---|---|---|---|---|---|
| | | | | 30 | 15 | 10 | 5 | 2.5 | 1 |
| | | | | 试验力 F/N | | | | | |
| 10 | | | | 29420 | 14710 | 9807 | 4903 | 2452 | 980.7 |
| | 5 | | | 7355 | — | 2452 | 1226 | 612.9 | 245.2 |
| | | 2.5 | | 1839 | — | 612.9 | 306.5 | 153.2 | 61.29 |
| | | | 1 | 294.2 | — | 98.07 | 49.03 | 24.52 | 9.807 |
| 压痕的平均直径 d/mm | | | | 布氏硬度 HBW | | | | | |
| 5.90 | 2.950 | 1.4750 | 0.590 | 99.2 | 49.6 | 33.1 | 16.5 | 8.26 | 3.31 |
| 5.95 | 2.975 | 1.4875 | 0.595 | 97.3 | 48.7 | 32.4 | 16.2 | 8.11 | 3.24 |
| 6.00 | 3.000 | 1.5000 | 0.600 | 95.5 | 47.7 | 31.8 | 15.9 | 7.96 | 3.18 |

## 附录 B　黑色金属硬度及强度换算表

| 洛氏硬度 | | 维氏硬度 | 布氏硬度 | 碳钢抗拉强度 | 洛氏硬度 | | 维氏硬度 | 布氏硬度 | 碳钢抗拉强度 |
|---|---|---|---|---|---|---|---|---|---|
| HRC | HRA | HV | HBS | $R_m$/MPa | HRC | HRA | HV | HBS | $R_m$/MPa |
| 65 | 83.9 | 822 | | | 43 | 72.1 | 416 | 401 | 1378 |
| 64 | 83.3 | 795 | | | 42 | 71.6 | 404 | 391 | 1340 |
| 63 | 82.8 | 770 | | | 41 | 71.1 | 393 | 380 | 1305 |
| 62 | 82.2 | 745 | | | 40 | 70.5 | 381 | 370 | 1271 |
| 61 | 81.7 | 721 | | | 39 | 70.0 | 371 | 360 | 1238 |
| 60 | 81.2 | 698 | | | 38 | 69.5 | 360 | 350 | 1207 |
| 59 | 80.6 | 676 | | | 37 | 69.0 | 350 | 341 | 1177 |
| 58 | 80.1 | 655 | | | 36 | 68.4 | 340 | 332 | 1147 |
| 57 | 79.5 | 635 | | | 35 | 67.9 | 331 | 323 | 1119 |
| 56 | 79.0 | 615 | | | 34 | 67.4 | 321 | 314 | 1092 |
| 55 | 78.5 | 596 | | | 33 | 66.9 | 313 | 306 | 1065 |
| 54 | 77.9 | 578 | | | 32 | 66.4 | 304 | 298 | 1039 |
| 53 | 77.4 | 561 | | | 31 | 65.8 | 296 | 291 | 1014 |
| 52 | 76.9 | 544 | | | 30 | 65.3 | 288 | 283 | 989 |
| 51 | 76.3 | 527 | | | 29 | 64.8 | 280 | 276 | 965 |
| 50 | 75.8 | 512 | | 1710 | 28 | 64.3 | 273 | 269 | 942 |
| 49 | 75.3 | 497 | | 1653 | 27 | 63.8 | 266 | 263 | 919 |
| 48 | 74.7 | 482 | | 1600 | 26 | 63.3 | 259 | 257 | 897 |
| 47 | 74.2 | 468 | 449 | 1550 | 25 | 62.8 | 253 | 251 | 875 |
| 46 | 73.7 | 454 | 436 | 1503 | 24 | 62.5 | 247 | 245 | 854 |
| 45 | 73.2 | 441 | 424 | 1459 | 23 | 61.7 | 241 | 240 | 833 |
| 44 | 72.6 | 428 | 413 | 1417 | 22 | 61.2 | 235 | 234 | 813 |

## 附录 C　钢铁产品牌号表示方法

### 1. 碳素结构钢

1）由 Q + 数字 + 质量等级符号 + 脱氧方法符号组成。其钢号冠以"Q"，代表钢材的屈服强度，后面的数字表示屈服强度数值，单位是 MPa。例如 Q235 表示屈服强度为 235MPa 的碳素结构钢。

2）必要时钢号后面可标出表示质量等级和脱氧方法的符号。质量等级符号分别用 A、B、C、D、E、F……表示。脱氧方法符号：F 表示沸腾钢；b 表示半镇静钢；Z 表示镇静钢；TZ 表示特殊镇静钢，镇静钢、特殊镇静钢可不标符号，即 Z 和 TZ 都可不标。例如 Q235AF 表示 A 级沸腾钢。

3）专门用途的碳素钢，例如桥梁钢、船用钢等，基本上采用碳素结构钢的表示方法，但在钢号最后附加表示用途的符号。

### 2. 优质碳素结构钢

1）钢号开头的两位数字表示平均碳含量，以碳平均质量分数的万分之几表示，例如碳的平均质量分数为 0.45% 的钢，钢号为"45"，"45"不是顺序号。

2）锰含量较高的优质碳素结构钢，应将锰元素标出，例如 50Mn。

3）沸腾钢、半镇静钢及专门用途的优质碳素结构钢应在钢号最后特别标出，例如碳的平均质量分数为 0.1% 的半镇静钢，其钢号为 10b。

### 3. 碳素工具钢

1）钢号冠以"T"，以免与其他钢类相混。

2）钢号中的数字表示平均碳含量，以平均碳质量分数的千分之几表示。例如 T8 表示碳的平均质量分数为 0.8%。

3）锰含量较高者，在钢号最后标出"Mn"，例如 T8Mn。

4）高级优质碳素工具钢的磷、硫含量，比一般优质碳素工具钢低，在钢号最后加注字母"A"，以示区别，例如 T8MnA。

### 4. 易切削钢

1）钢号冠以"Y"，以区别于优质碳素结构钢。

2）字母"Y"后的数字表示平均碳含量，以平均碳质量分数的万分之几表示，例如碳的平均含量为 0.3% 的易切削钢，其钢号为 Y30。

3）锰含量较高者，也在钢号后标出"Mn"，例如 Y40Mn。

### 5. 合金结构钢

1）钢号开头的两位数字表示平均碳含量，以碳平均质量分数的万分之几表示，如 40Cr。

2）钢中主要合金元素，除个别微合金元素外，一般以百分之几表示。当合金平均质量分数 < 1.5% 时，钢号中一般只标出元素符号，而不标明含量，但在特殊情况下易致混淆者，在元素符号后也可标以数字"1"，例如钢号"12CrMoV"和"12Cr1MoV"，前者铬的质量分数为 0.4% ~ 0.6%，后者为 0.9% ~ 1.2%，其余成分全部相同。当合金元素平均质量分数 1.50% ~ 2.49%、2.50% ~ 3.45%、3.50% ~ 4.49%……时，在元素符号后面应标明含量，可相应表示为 2、3、4 等，例如 18Cr2Ni4WA。

附录

# 参 考 文 献

［1］李蕾. 金属材料与热加工基础［M］. 2 版. 北京：机械工业出版社，2023.

［2］吕烨，许德珠. 机械工程材料［M］. 5 版. 北京：高等教育出版社，2019.

［3］姜敏凤，宋佳娜. 机械工程材料及成形工艺［M］. 4 版. 北京：高等教育出版社，2019.

［4］陈文凤. 机械工程材料［M］. 3 版. 北京：北京理工大学出版社，2018.

［5］李占君. 机械工程材料［M］. 北京：机械工业出版社，2023.

［6］周超梅，王淑君. 机械工程材料［M］. 北京：机械工业出版社，2018.

［7］铁军，王建. 神刀匠蒲元［M］. 北京：中国连环画报出版社，1977.

［8］高美兰，白树全. 工程材料与热加工基础［M］. 2 版. 北京：机械工业出版社，2020.

［9］徐跃，聂金凤，李玉胜，等. 工程材料及热加工技术［M］. 北京：机械工业出版社，2022.

［10］ 吴玉程. 工程材料与先进成形技术基础［M］. 北京：机械工业出版社，2022.

［11］ 王运炎. 机械工程材料［M］. 3 版. 北京：机械工业出版社，2017.